Asbeck/Winter/von Kraack

Jägerprüfung in Nordrhein-Westfalen

Jägerprüfung in Nordrhein-Westfalen

Die amtlichen 500 Fragen mit möglichen Antworten

Zur Vorbereitung auf den schriftlichen wie den mündlich-praktischen Teil

Kurzlernbuch

von

Alexandra Asbeck
Dr. Susanne Winter
Dr. Christian von Kraack

3. Auflage

KSV Medien • Wiesbaden

Bibliografische Information der Deutschen Nationalbibliothek
Die Deutsche Nationalbibliothek verzeichnet diese Publikation in der Deutschen Nationalbibliografie; detaillierte bibliografische Daten sind im Internet über http://dnb.ddb.de abrufbar.

3. Auflage 2023
Satz: Kumpernatz + Bromann · Schenefeld b. Hamburg
Druck: C.H.Beck · Nördlingen

ISBN 978-3-8293-1856-3

Inhaltsübersicht

Vorwort

Wer einen Jagdschein lösen will, muss nicht nur das achtzehnte Lebensjahr vollendet haben, über eine ausreichende Jagdhaftpflichtversicherung verfügen und persönlich geeignet sowie zuverlässig sein: Er muss die Jägerprüfung bestanden haben – eine entscheidende erste Hürde, die man gemeinhin auch als „grünes Abitur" bezeichnet. Auch den Autoren, die – und das sei vorweggeschickt – diese Prüfung mit Bravour bestanden haben, kam bei dieser Bezeichnung früher das Schmunzeln auf die Lippen. Das aber änderte schon die achtmonatige Prüfungsvorbereitung, die sie – unter den Fittichen einer Kreisjägerschaft – mit permanentem Lernen verbrachten. Auch sie mussten lernen, dass die Jägerprüfung, die aus einem schriftlichen, einem mündlich-praktischen Teil und einer Schießprüfung besteht, anderen Examina in nichts – gar nichts – nachsteht und diese an Breite des Prüfungsstoffs wohl übertreffen dürfte. In Tiefe geprüft werden nämlich – in der schriftlichen ebenso wie in der mündlich-praktischen Prüfung vier Sachgebiete, die weite Teile der Biologie, Physik und der Rechtskunde abdecken und letztlich unsere gesamte natürliche Lebensumwelt betreffen:

1. Kenntnis der Tierarten, Wildbiologie, Wildhege, Naturschutz;
2. Jagdbetrieb, waidgerechte Jagdausübung, Sicherheitsbestimmungen, Jagdhundewesen, Behandlung des erlegten Wildes, Wildkrankheiten, Grundzüge des Land- und Waldbaues, Wildschadenverhütung;
3. Waffentechnik, Führung von Jagd- und Faustfeuerwaffen (insbesondere sichere Handhabung, Gebrauch und Pflege der Jagd- und Faustfeuerwaffen);
4. Jagdrecht, Grundsätze und wichtige Einzelbestimmungen des Waffenrechts, des Tierschutzrechts, des Naturschutz- und Landschaftspflegerechts.

Auch die Prüfungstiefe lässt dabei nichts zu wünschen offen: Wer Prüfungen liebt, für den ist die Jägerprüfung eine echte Herausforderung. Sie kann zu einem wahren Feuerwerk werden, wenn man sich gründlich vorbereitet – und das ist möglich. Denn die schriftliche Prüfung, die landeseinheitlich am selben Tag in der letzten Aprilwoche eines jeden Jahres stattfindet, verlangt die Beantwortung von 25 Fragen je Sachgebiet, insgesamt also 100 Fragen aus einem veröffentlichten – also bekannten – Katalog von derzeit 500 Fragen. Der Fragebogen wird, anders als früher, für jeden Prüfungstermin von der obersten Jagdbehörde – also dem Ministerium für Landwirtschaft und Verbraucherschutz des Landes Nordrhein-Westfalen (MLV NRW) – landeseinheitlich erstellt. Er wird in ausreichender Zahl mit einer Musterlösung den unteren Jagdbehörden – also den Kreisen und kreisfreien Städten – in einem verschlossenen Umschlag übersandt, der erst bei Beginn der Prüfung von der Aufsicht in Gegenwart der Bewerber geöffnet werden darf. Diese Fragen, die im Antwort-Wahl-Verfahren (sog. „multiple choice"-Verfahren) zu beantworten sind, bilden jedoch nicht nur den Gegenstand der schriftlichen Prüfung, sondern zudem weite – wenn auch nicht abschließende – Teile des Gegenstands der mündlich-praktischen Prüfung ab. Was schriftlich gefragt wird, vermittelt damit einen guten Eindruck von dem, was auch mündlich erwartet wird. Wer auf die schriftliche Prüfung gründlich vorbereitet ist, ist auch solide für Kerninhalte der mündlichen Prüfung gewappnet.

Voraussetzung dafür ist es allerdings, nicht lediglich Antworten auswendig zu lernen, die die oberste Jagdbehörde in vergangenen Jahren auf die gestellten Fragen zuließ. Notwendig ist es, die Zusammenhänge verstanden zu haben, denn in einem kommenden Jahr werden in der Regel nicht mehr in der Vergangenheit zugelassene Antworten zur Prüfung vorgelegt werden, sondern neue. Denn das ist die Kernproblematik eines Antwort-Wahl-Verfahrens in einer Welt, in der die Fragen jeweils einer bekannten Fragensammlung entnommen werden: Soll die Prüfung nicht zur Farce werden, müssen die jeweils zum Ankreuzen vorgegebenen Antwortalternativen zu den – bekannten – Fragen von Jahr zu Jahr neu und damit komplexer formuliert werden. Wer sich auf die Prüfung vorbereitet, muss sich daher darauf einstellen, die ihm bekannten Fragen auch durch Ankreuzen neuer Antworten zu lösen – also solcher, die es in der Vergangenheit noch nicht gab.

Dies ist jedoch kein Nachteil, sondern – im Gegenteil – ein großer Vorteil: Denn in der mündlich-praktischen Prüfung müssen ähnliche Fragen zu denselben Sachgebieten ohnehin frei beantwortet werden.

Die Autoren haben sich daher dazu entschlossen, zu jeder der 500 bekannten Fragen jeweils in den Prüfungen der vergangenen Jahre gestellte, richtige Ankreuzalternativen darzustellen und sodann einen freien Text mit Antwortformulierungen darzustellen, wie sie in der mündlich-praktischen Prüfung genutzt werden könnten. Mit der vorliegenden 3. Auflage wurden sämtliche Antworten und Erläuterungstexte zudem auf den aktuellsten Stand nach den Änderungen des LJG-NRW und der Durchführungsbestimmungen in den Jahren 2016 bis 2022, also der Änderungen durch

- Art. 25 des Gesetzes vom 15.11.2016 (GV. NRW. S. 934),
- Art. 1 des Gesetzes vom 26.2.2019 (GV. NRW. S. 153) und
- Art. 36 des Gesetzes vom 1.2.2022 (GV. NRW. S. 122),

gebracht. Das Werk entspricht damit dem gesetzgeberischen Stand vom November 2022. Der Katalog der amtlichen Prüfungsfragen ist dabei gegenüber der Vorauflage unverändert. Er wurde zuletzt mit Erlass vom 21.10.2015 angepasst.

Bonn, im November 2022

Alexandra Asbeck
Dr. Susanne Winter
Dr. Christian von Kraack

Abkürzungsverzeichnis

Abs.	Absatz
BArtSchV	Verordnung zum Schutz wild lebender Tier- und Pflanzenarten (Bundesartenschutzverordnung)
BfN	Bundesamt für Naturschutz
BGB	Bürgerliches Gesetzbuch
BJagdG	Bundesjagdgesetz
BNatSchG	Gesetz über Naturschutz und Landschaftspflege (Bundesnaturschutzgesetz)
BWaldG	Gesetz zur Erhaltung des Waldes und zur Förderung der Forstwirtschaft (Bundeswaldgesetz)
BWildSchV	Verordnung über den Schutz von Wild (Bundeswildschutzverordnung)
bzw.	beziehungsweise
CITES	Convention on International Trade in Endangered Species
cm	Zentimeter
DVO LJG-NRW	Verordnung zur Durchführung des Landesjagdgesetzes (Landesjagdgesetzdurchführungsverordnung)
etc.	et cetera
FeiertagsG NRW	Gesetz über die Sonn- und Feiertage
FJW	Forschungsstelle für Jagdkunde und Wildschadenverhütung
FLG	Flintenlaufgeschoss
g	Gramm
ggf.	gegebenenfalls
GGVSEB	Verordnung über die innerstaatliche und grenzüberschreitende Beförderung gefährlicher Güter auf der Straße, mit Eisenbahnen und auf Binnengewässern (Gefahrgutverordnung Straße, Eisenbahn und Binnenschifffahrt)
Ha	Hektar
Hs.	Halbsatz
i. S. d.	im Sinne des
i. V. m.	in Verbindung mit
JagdZVO	Verordnung über die Jagdzeiten (Bund)

kg	Kilogramm
LANUV NRW	Landesamt für Natur, Umwelt und Verbraucherschutz Nordrhein-Westfalen
LFoG NRW	Landesforstgesetz für das Land Nordrhein-Westfalen
lit.	litera (Buchstabe)
LJG-NRW	Landesjagdgesetz Nordrhein-Westfalen
LJV NRW	Landesjagdverband Nordrhein-Westfalen
LJZeitVO NRW	Verordnung über die Jagdzeiten (Landesjagdzeitenverordnung)
LNatSchG NRW	Gesetz zum Schutz der Natur in Nordrhein-Westfalen (Landesnaturschutzgesetz)
m	Meter
MLV NRW	Ministerium für Landwirtschaft und Verbraucherschutz des Landes Nordrhein-Westfalen
MUNV NRW	Ministerium für Umwelt, Naturschutz und Verkehr des Landes Nordrhein-Westfalen
qm	Quadratmeter
sog.	sogenannter/sogenannte/sogenanntes
StGB	Strafgesetzbuch
TierGesZustVO NRW	Verordnung über Zuständigkeiten auf den Gebieten der Tiergesundheit, Tierseuchenbekämpfung und Beseitigung tierischer Nebenprodukte sowie zur Übertragung von Ermächtigungen zum Erlass von Tierseuchenverordnungen Nordrhein-Westfalen
TierSchG	Tierschutzgesetz
TierschHuV	Tierschutz-Hundeverordnung
TollwV	Verordnung zum Schutz gegen die Tollwut (Tollwut-Verordnung)
u. a.	unter anderem
u. U.	unter Umständen
UVV Jagd	Unfallverhütungsvorschrift Jagd (VSG 4.4), Stand: 1.1.2000, der landwirtschaftlichen Berufsgenossenschaft
vgl.	vergleiche
v. g.	vorgenanntem
WaffG	Waffengesetz
z. B.	zum Beispiel

A. Sachgebiet „Kenntnis der Tierarten, Wildbiologie, Wildhege, Naturschutz“

1. Wie viele Monate vergehen in der Regel beim Rothirsch vom Abwerfen des alten Geweihes bis zum Fegen des neuen Geweihes?

Kurzantwort für die schriftliche Prüfung

✓ etwa 5 Monate

✓ etwa 140 Tage

✓ ca. zwanzig Wochen

Hintergrundorientierung für die mündlich-praktische Prüfung

Der Rothirsch (*cervus elephus*) wirft sein Geweih in der Regel im Januar/Februar ab. Bei den meisten Rothirschen erfolgt der Geweihabwurf im Februar, bei einigen zieht er sich bis Anfang März. Es gilt der Grundsatz, dass ein Hirsch desto früher abwirft, je besser er veranlagt ist („Alt wirft zuerst ab.“). Das Schieben des neuen Geweihes beginnt danach unmittelbar. Die Abwurfstelle (Petschaft) überzieht sich mit einer stark durchbluteten Nährhaut (Bast). Darunter wird die Knochenstruktur des neuen Geweihes gebildet. Die Bildung des neuen Geweihes nimmt sodann die Zeit bis Ende Juli/Anfang August in Anspruch – und dauert folglich etwa fünf Monate. Auch hier gilt der Grundsatz, dass ein Hirsch desto früher mit dem „Schieben“ fertig ist, je besser seine Veranlagungen sind. Im Juli/August endet die Geweihbildung mit dem Abscheuern der Nährhaut (Fegen des Bastes). Gut veranlagte, alte Hirsche vollziehen diesen Prozess zeitlich vor den schlecht veranlagten bzw. den jüngeren („Alt fegt zuerst.“).

2. Welche Schalenwildarten suhlen?

Kurzantwort für die schriftliche Prüfung

✓ Rotwild

✓ Schwarzwild

✓ Sikawild

Hintergrundorientierung für die mündlich-praktische Prüfung

Rotwild, Schwarzwild und Sikawild nehmen gerne ausgiebige Schlammbäder in Erdsenken. Ziel ist dabei einerseits die Kühlung – das Suhlen nimmt während der Sommermonate zu – und andererseits ein natürlicher Schutz der empfindlichen Haut durch den sich im Fell (der Decke) verklebenden Schlamm. Es handelt sich damit also auch um eine Prävention gegen Insektenstiche.

Im Gegensatz zu den drei vorgenannten Schalenwildarten suhlen Reh- und Damwild nicht.

3. Wann ist ein Rothirsch ein Hirsch der Klasse I?

Kurzantwort für die schriftliche Prüfung

✓ Hirsche ab dem 12. Kopf und älter

Hintergrundorientierung für die mündlich-praktische Prüfung

Das stärkste Geweih trägt der Hirsch zwischen dem 12. und 14. Lebensjahr.

4. Auf wie viele Monate beläuft sich beim Rotwild in der Regel die Tragezeit?

Kurzantwort für die schriftliche Prüfung

✓ 34 Wochen

✓ 8,5 Monate

Hintergrundorientierung für die mündlich-praktische Prüfung

Die Brunft findet etwa Mitte September bis Mitte Oktober statt.

Das beschlagene Alttier setzt dann zwischen dem 20. Mai und dem 15. Juni meist ein Kalb.

5. Mit welchen Körperteilen tragen die Kolbenhirsche beim Rotwild ihre Streitigkeiten aus?

Kurzantwort für die schriftliche Prüfung

✓ mit den Vorderläufen

Hintergrundorientierung für die mündlich-praktische Prüfung

Während der Geweihentwicklung spricht man bei dem knorpeligen Eiweißgewebe oberhalb der Rosenstöcke von Kolben oder Kolbenstangen. Dieses noch sehr empfindliche, stark durchblutete Bastgeweih wird von den Kolbenhirschen, die in den Monaten April bis Juli kleine Rudel bilden, bei Auseinandersetzungen gemieden.

6. Welche Rothirsche werfen das Geweih zuerst ab?

Kurzantwort für die schriftliche Prüfung

✓ alte Hirsche zuerst

Hintergrundorientierung für die mündlich-praktische Prüfung

Es gilt der Merksatz: Alt vor jung. Alte Hirsche haben zur Brunftzeit ein fertig ausgebildetes und verfegtes Geweih, also werfen diese bereits im Februar ab, gefolgt von dem Geweihabwurf der mittelalten Hirsche im März und der jungen im April.

7. Welche Schalenwildarten haben im Oberkiefer keine Schneidezähne?

Kurzantwort für die schriftliche Prüfung

✓ Cerviden (Rotwild, Damwild, Sikawild, Rehwild, Elchwild)
✓ Boviden (Muffelwild, Steinwild, Gamswild, Wisent)
✓ alles Schalenwild, außer Schwarzwild

Hintergrundorientierung für die mündlich-praktische Prüfung

Das Merkmal des Wiederkäuergebisses ist anstelle der Oberkieferschneidezähne eine verhornte Gaumenplatte mit einer verkümmerten Anlage der Eckzähne (Grandeln) bei Rotwild und Sikawild.

8. Wer führt während der Brunftzeit in der Regel ein Rotwildrudel an?

Kurzantwort für die schriftliche Prüfung

✓ erfahrenes Alttier mit Kalb

Hintergrundorientierung für die mündlich-praktische Prüfung

Ein Kahlwildrudel wird während der Brunftzeit mit dem Platzhirsch zusammen als Brunftrudel bezeichnet. Das Leittier ist ein führendes Alttier.

9. Bei welchen Schalenwildarten fällt die Hauptbrunft in die Monate Oktober/November?

Kurzantwort für die schriftliche Prüfung

✓ Damwild

✓ Sikawild

Hintergrundorientierung für die mündlich-praktische Prüfung

Etwa vier Wochen nach dem Rotwild (September/Oktober) beginnt die Brunftzeit des Damwildes und des Sikawildes (Oktober/November).

10. Welche Schalenwildarten werfen den Kopfschmuck nicht ab?

Kurzantwort für die schriftliche Prüfung

✓ alle Hornträger oder Boviden

Hintergrundorientierung für die mündlich-praktische Prüfung

Der Kopfschmuck der Hornträger wie Muffelwild, Steinwild und Gämse (Krucken) besteht aus jährlich neugebildeten ineinander gesteckten Horntüten, wobei die neu gebildete Hornschicht unter der zuvor gebildeten steckt, d. h. die Spitze ist der älteste Teil des Gehörns. Beide Geschlechter bei den Boviden tragen Hörner, mit Ausnahme des Muffelwildes, wo die weiblichen Tiere nur manchmal Stumpen haben.

11. Welche Schalenwildarten haben keine Gallenblase?

Kurzantwort für die schriftliche Prüfung

✓ alle Cerviden

✓ alles Schalenwild außer Schwarzwild und Boviden

Hintergrundorientierung für die mündlich-praktische Prüfung

Die Gallenblase dient der Speicherung und der Eindickung der in der Leber gebildeten Gallenflüssigkeit. Auch Pflanzenfresser müssen pflanzliche Fette verdauen und bilden Gallenflüssigkeit. Bei Cerviden sammelt sich diese nur nicht in einer Blase.

12. Welche Verletzung führt beim Rehbock zum Perückengehörn?

Kurzantwort für die schriftliche Prüfung

✓ Verletzung des Kurzwildbrets

✓ Verlust oder Verletzung der Testikel (Hoden)

Hintergrundorientierung für die mündlich-praktische Prüfung

Durch Ausfall des Testosterons, wird das Wachstumshormon nicht mehr gebremst und das Knorpelgewebe wächst weiter und wuchert auf dem Kopf des Bockes. Das Perückengehörn wird auch nicht verfegt oder abgeworfen, sondern kann eitrig zerfallen. Der Bock sollte erlegt werden.

13. Mit wie viel Monaten ist die Zahnentwicklung beim Rehwild abgeschlossen?

Kurzantwort für die schriftliche Prüfung

✓ mit ca. (12) 13 bis (14) 15 Monaten

Hintergrundorientierung für die mündlich-praktische Prüfung

Das Milchgebiss ist bereits zur Geburt mit insgesamt 20 Zähnen komplett. Ab dem dritten Monat schieben nach und nach die bleibenden Backenzähne, Molar M1, M2 und M3. Die Prämolaren P1, P2 und P3 wechseln dann etwa ab dem ersten Lebensjahr. Das bleibende Gebiss ist mit insgesamt 32 Zähnen um den 15. Lebensmonat vollständig.

14. An welchen Merkmalen kann man im Dezember eine Ricke von einem Bock unterscheiden?

Kurzantwort für die schriftliche Prüfung

✓ am Spiegel

✓ am Pinsel

✓ an der Schürze

Hintergrundorientierung für die mündlich-praktische Prüfung

Da im Dezember auch die Jährlinge bereits ihr Gehörn abwerfen, dienen zur Unterscheidung andere äußere Merkmale wie der Pinsel und der nierenförmige Spiegel beim Bock sowie die Schürze und der herzförmige Spiegel bei der Ricke.

15. Bei welcher Schalenwildart leben die über einjährigen männlichen Stücke im Sommer nicht in Rudeln zusammen?

Kurzantwort für die schriftliche Prüfung

✓ Rehwild

Hintergrundorientierung für die mündlich-praktische Prüfung

Die Böcke sind territorial, d. h., sie dulden in ihrem Revier nur weibliche Stücke und unreife Böcke. Der einzige Zusammenschluss beim Rehwild findet im Winter in der Form eines sogenannten Sprunges statt, ein kleiner Familienverbund aus Ricke und Kitzen. Diese Sprünge werden auch als Notgemeinschaft bezeichnet.

16. Bei welcher Schalenwildart ist der Zuwachs am größten?

Kurzantwort für die schriftliche Prüfung

✓ bei Schwarzwild

Hintergrundorientierung für die mündlich-praktische Prüfung

Die Bache frischt drei bis neun Junge. Die Geschlechtsreife setzt mit 15 bis 20 Monaten ein. Bei guten Bedingungen werden Bachen sogar bereits im ersten Lebensjahr rauschig.

17. Wo befindet sich beim Reh- und Muffelwild der Muffelfleck?

Kurzantwort für die schriftliche Prüfung

✓ Rehwild (Rehböcke)

✓ Muffelwild (Teil der Gesichtsmaske)

Hintergrundorientierung für die mündlich-praktische Prüfung

Beim Rehwild befindet sich der weiße Fleck oberhalb des Windfanges. Beim Muffelwild ist er neben der Brille Teil der Gesichtsmaske.

18. In welchen Monaten werfen die älteren Rehböcke in der Regel ihr Gehörn ab?

Kurzantwort für die schriftliche Prüfung

✓ Oktober/November

Hintergrundorientierung für die mündlich-praktische Prüfung

Auch hier gilt der Merksatz: „Alt vor Jung“. Die älteren Böcke schieben früher und fegen früher, demzufolge werfen sie auch zeitiger im Jahr ihr Geweih ab. Mittelalte Böcke werfen etwa im November ab und junge im Dezember.

19. Welche Körpermerkmale deuten beim Ansprechen des Rehwildes auf ein älteres Stück hin?

Kurzantwort für die schriftliche Prüfung

✓ kräftiger Träger mit bulligem Haupt

✓ starker Vorschlag

✓ verfärbt später, verfegt früher und wirft eher das Geweih ab

Hintergrundorientierung für die mündlich-praktische Prüfung

Bei ausgewachsenen Tieren nimmt die Muskelmasse zu. Dadurch erscheinen sie bulliger und gedrungener. Der Träger wirkt kräftig und kürzer, und das Haupt wird tiefer getragen.

20. Welche Aufgaben erfüllen Duftdrüsen beim Wild?

Kurzantwort für die schriftliche Prüfung

✓ Reviermarkierung, Einstandsmarkierung

✓ Feindabschreckung (Iltis)

✓ Fährtenmarkierung

Hintergrundorientierung für die mündlich-praktische Prüfung

Besonders hervorzuheben sind beim Rehwild die Stirnlocke, die Laufbürste am Sprunggelenk und die Klauensäckchen zwischen den Schalen der Hinterläufe. Der Fuchs verfügt über die Nelke oder Viole, ein Duftmarkierungsorgan an der Luntenoberseite. Baum- und Steinmarder besitzen Analdrüsen an der Rutenwurzel. Der Dachs stempelt mit Analdrüsen und einer speziellen Duftdrüse, dem Saugloch. Der Iltis ist bekannt für seine Stinkdrüsen, die ebenfalls am Weidloch zu finden sind. Die Bache hat Voraugendrüsen, mit deren Sekret sie zur Rauschzeit markiert.

21. Wann geht die Eiruhe beim Rehwild zu Ende?

Kurzantwort für die schriftliche Prüfung

✓ Ende Dezember

✓ Wintersonnenwende

✓ Jahreswende

Hintergrundorientierung für die mündlich-praktische Prüfung

Die Eiruhe dauert von der Befruchtung bis Ende Dezember und beträgt etwa 18 Wochen. In dieser Zeit befindet sich das befruchtete Ei noch nicht im Tragesack. Der Keim ruht. Zur Wintersonnenwende beginnt die Embryonalentwicklung mit einer Austragzeit von etwa sechs Monaten. Insgesamt ergibt sich somit eine Tragezeit beim Rehwild von ca. zehn Monaten.

22. Kann ein im Februar geborener Frischling schon im ersten Lebensjahr rauschig werden?

Kurzantwort für die schriftliche Prüfung

✓ ja

✓ bei günstigen Nahrungsbedingungen

Hintergrundorientierung für die mündlich-praktische Prüfung

Die Geschlechtsreife kann bei den weiblichen Tieren ab dem achten Lebensmonat einsetzen. In der Regel kommt es in einer Rotte zur Rauschsynchronisation, wobei nur die Leitbache und Bachen ab dem zweiten Lebensjahr rauschig werden. Zu einem Rauschchaos führt der Verlust der Leitbache. Dann werden auch bei gutem Nahrungsangebot weibliche Frischlinge im ersten Lebensjahr rauschig. Die Nachkommen sind jedoch in solchen Fällen meist wenige an der Zahl und die Überlebensrate ist wegen der unzureichenden Erfahrung und ungünstigen Jahreszeit gering.

23. Welche Entfernungen kann Schwarzwild in einer Nacht zurücklegen?

Kurzantwort für die schriftliche Prüfung

✓ 30 km und mehr

24. Wo frischt die Bache?

Kurzantwort für die schriftliche Prüfung

✓ im Wurfkessel oder Wurfnest

Hintergrundorientierung für die mündlich-praktische Prüfung

Der Wurfkessel ist eine mit trockenem Laub, Moos sowie Gras ausgepolsterte Mulde an einem windstillen und regengeschützten Platz.

25. Wie lange werden Frischlinge in der Regel gesäugt?

Kurzantwort für die schriftliche Prüfung

✓ ca. zwei bis vier Monate

Hintergrundorientierung für die mündlich-praktische Prüfung

Die Bache hat zehn Zitzen, aber nur acht Zitzen geben Milch (laktieren). Gesäugt wird in Seitenlage. Die Frischlinge suchen bereits mit drei Wochen nach zusätzlicher Nahrung.

26. Woran erkennt man einen Überläufer?

Kurzantwort für die schriftliche Prüfung

✓ an der nicht abgeschlossenen Zahnentwicklung
✓ an der geringen Größe
✓ an der kurzhaarigen und silbergrauen Schwarte

Hintergrundorientierung für die mündlich-praktische Prüfung

Die typische Streifenzeichnung der Frischlinge ist mit etwa einem halben Jahr verschwunden. Im Herbst und Winter sind die Frischlinge rötlich braun. Anfangs haben die Überläufer noch etwas von dieser bräunlichen Färbung. Zum Sommer hin wird die Färbung eher silbergrau. Im Winter zeigt sich das Haarkleid langhaarig und dunkelgrau. Augenfällig bei der Zahnentwicklung des Überläufers sind die wechselnden Frontzähne und Prämolaren (P4 von dreiteilig auf zweiteilig). Sind die Frontzähne (Incisivi) I1 und I2 auf gleiche Länge gewachsen und der dritte Molar komplett durchgebrochen, handelt es sich um ein älteres Tier.

27. Wie lange dauert die Tragezeit beim Schwarzwild?

Kurzantwort für die schriftliche Prüfung

✓ drei Monate, drei Wochen und drei Tage

✓ ca. vier Monate

✓ ca. 120 Tage

Hintergrundorientierung für die mündlich-praktische Prüfung

Gefrischt wird meist im Februar bis Mai.

28. Welche Merkmale lassen beim Schwarzwild im Winter auf ein älteres Stück schließen?

Kurzantwort für die schriftliche Prüfung

✓ Körpergröße

✓ schwarze Färbung

✓ Größe des Trittsiegels

Hintergrundorientierung für die mündlich-praktische Prüfung

Beim Keiler kann die Kopf-Rumpflänge 1,5 bis 1,8 m betragen. Der Wiederrist hat etwa eine Höhe von 1,0 m. Aufgebrochen können Keiler ein Gewicht von 100 bis 200 kg und Bachen 80 bis 100 kg erreichen. Im Winterkleid ist Schwarzwild dunkelbraun bis schwarz mit besonders langen Borsten auf dem Rücken, den sogenannten Federn. Das Trittsiegel zeigt bei weichem Boden stets das Geäfter und verfügt über eine Schrittlänge von bis zu 70 cm.

29. Bei welcher Schalenwildart ist bei der Fährte in der Regel das Geäfter zu sehen?

Kurzantwort für die schriftliche Prüfung

✓ Schwarzwild

Hintergrundorientierung für die mündlich-praktische Prüfung

Das Geäfter ist aber auch bei flüchtigem Rotwild oder Rehwild sichtbar. Es erscheint dann allerdings nicht wie beim Schwarzwild seitlich abgesetzt, sondern mit den Schalen in einer Flucht, wobei die Schalen sich auch geöffnet darstellen. Das Muffelwild ist das einzige Schalenwild, bei dem sich das Geäfter auch während der Flucht nicht zeigt.

30. Welche Raubwildart polstert den Bau mit trockenem Gras und Farnkraut aus?

Kurzantwort für die schriftliche Prüfung

✓ der Dachs

Hintergrundorientierung für die mündlich-praktische Prüfung

Der Dachsbau ist im Vergleich zum Fuchsbau nicht nur ausgepolstert, sondern auch sauberer. Der bewohnte oder befahrene Bau ist am Geschleife und an Haaren in den Haupteinfahrten zu erkennen. Außerdem legt der Dachs Losungsgruben (Dachsaborte) außerhalb seines Baues an.

31. Welche Wildart hat Winterruhe?

Kurzantwort für die schriftliche Prüfung

✓ der Dachs

✓ der Waschbär

✓ der Marderhund

Hintergrundorientierung für die mündlich-praktische Prüfung

Neben dem Dachs halten auch noch Waschbär und Marderhund Winterruhe. Winterschlaf hingegen hält das Murmeltier.

32. Wie viele Junge umfasst in der Regel das Geheck des Dachses?

Kurzantwort für die schriftliche Prüfung

✓ zwei bis fünf

Hintergrundorientierung für die mündlich-praktische Prüfung

Etwa Ende Februar bis Anfang April werden die Dachse blind und weiß behaart als sogenannte Nesthocker geboren.

33. Welche Raubwildart wirft schon im Februar?

Kurzantwort für die schriftliche Prüfung

✓ der Dachs

Hintergrundorientierung für die mündlich-praktische Prüfung

Die Ranz der Dachse findet im Juli oder August statt, wobei es bei der Dachsfähe zu einer Eiruhe kommt. Ältere Dachsfähen sind sogar kurz nach dem Werfen wieder paarungsbereit.

34. Wo lebt der Altfuchs überwiegend?

Kurzantwort für die schriftliche Prüfung

✓ außerhalb des Baues

Hintergrundorientierung für die mündlich-praktische Prüfung

Nur zur Ranzzeit, in den Monaten Januar/Februar, bei Regen („Sauwetter ist Bauwetter") und während der Aufzucht der Jungen hält sich der Fuchs im Bau auf.

35. Aus wie vielen Welpen besteht in der Regel ein Fuchsgeheck?

Kurzantwort für die schriftliche Prüfung

✓ vier bis sieben

Hintergrundorientierung für die mündlich-praktische Prüfung

Die Fähe wölft im März/April im Ruhekessel oder Wurfkessel des Baues. Bei gutem Nahrungsangebot können es auch schon mal bis zu zehn Junge werden. Diese werden blind sowie behaart geboren und für insgesamt acht Wochen gesäugt. Ab der fünften Woche sind die Welpen auch schon vor dem Bau beim Erkunden und Spielen. Im Juli/August, manchmal aber auch erst Anfang Herbst, löst sich der Familienverband auf.

36. Welche Raubwildart kommt in Deutschland am zahlreichsten vor?

Kurzantwort für die schriftliche Prüfung

✓ der Fuchs

Hintergrundorientierung für die mündlich-praktische Prüfung

Raubwild ist definitionsgemäß eine dem Jagdrecht unterliegende Tierart, die andere Tiere nahrungssuchend tötet, wie zum Beispiel Dachs, Fuchs, Steinmarder oder Hermelin usw.

37. Welcher Zahn ist der „Reißzahn“ im Unterkiefer beim Fuchs?

Kurzantwort für die schriftliche Prüfung

✓ der erste Molar (M1)

Hintergrundorientierung für die mündlich-praktische Prüfung

Der Fuchs besitzt ein typisches Raubtiergebiss mit 42 Zähnen. Kennzeichnend sind die Fang- und Reißzähne. Die Eckzähne dienen dem Festhalten der Beute, darum der Name Fangzähne oder Haken. Die Prämolaren und Molaren dienen dem Zerreißen und Zerkauen. Besonders augenscheinlich sind der kräftig ausgebildete vierte Prämolar (P4) im Oberkiefer und der erste Molar im Unterkiefer (M1).

38. In welchen Monaten ranzt der Fuchs?

Kurzantwort für die schriftliche Prüfung

✓ im Januar/Februar

Hintergrundorientierung für die mündlich-praktische Prüfung

Füchse sind mit neun bis zehn Monaten geschlechtsreif. Mehrere Rüden folgen oft einer Fähe. Die typische Lautäußerung zur Paarungszeit ist ein heiseres Bellen. Die Ranz findet im Bau statt, wobei Rüde und Fähe hundeartig zusammenhängen.

39. Welche Wildarten ranzen im Juli/August?

Kurzantwort für die schriftliche Prüfung

✓ der Dachs

✓ der Steinmarder

✓ der Baummarder

Hintergrundorientierung für die mündlich-praktische Prüfung

Nach der Paarungszeit in den Monaten Juli/August, folgt die Tragzeit von ca. neun Monaten beim Marder und ca. sieben Monaten beim Dachs, jeweils mit einer verzögerten Keimentwicklung, so dass der Nachwuchs im März/April bzw. beim Dachs im Februar bis Anfang April zur Welt kommt.

40. Welche Tierart besitzt einen hellgelben nach unten hin abgerundeten Kehlfleck?

Kurzantwort für die schriftliche Prüfung

✓ der Baummarder

Hintergrundorientierung für die mündlich-praktische Prüfung

Beide Marderarten besitzen einen Kehlfleck. Beim Baummarder ist dieser jedoch abgerundet und aufgrund der gelben Unterwolle gelblich gefärbt. Beim Steinmarder hebt sich der Kehlfleck, wegen der weißen Unterwolle, weißlich hervor, ist gegabelt und reicht oft bis zu den Vorderbeinen.

41. Bei welchen Wildarten beträgt die Satz- bzw. Wurfstärke zwei bis drei Junge?

Kurzantwort für die schriftliche Prüfung

✓ beim Feldhasen

✓ beim Luchs

✓ beim Fischotter

Hintergrundorientierung für die mündlich-praktische Prüfung

Hasen setzen nach einer Tragzeit von 42 bis 44 Tagen bis zu zweimal im Jahr zwei bis vier Junge. Beim Luchs werden nach ca. zehn Wochen Tragzeit zwei bis vier Junge geboren. Fischotter haben eine Tragzeit von neun Wochen und bringen zwei bis vier Junge zur Welt.

42. Wo findet man beim Hasen das Stroh'sche Zeichen?

Kurzantwort für die schriftliche Prüfung

✓ an der Außenseite des Vorderlaufes

Hintergrundorientierung für die mündlich-praktische Prüfung

Um einen ausgewachsenen Hasen von einem jungen zu unterscheiden, ertastet man bis zum sechsten Lebensmonat an der Außenseite der Vorderpfote etwa 1 cm über dem Handwurzelgelenk eine knorpelige Verdickung. Da bei einem Dreiläufer diese Verdickung bereits verwachsen ist, wird dieser ¾ ausgewachsene Hase fälschlicher Weise mit zu den Althasen gezählt.

43. Wie schwer ist im Durchschnitt ein erwachsener Hase?

Kurzantwort für die schriftliche Prüfung

✓ 3 bis 5 kg

Hintergrundorientierung für die mündlich-praktische Prüfung

Zur Geburt hat ein Hase etwa 80 bis 150 g. Mit einem Lebensjahr sind die Hasen schon fast ausgewachsen. Je nach Nahrungsangebot und Lebensraum erreichen sie ein Körpergewicht von 3 kg bis 6 kg.

44. Wo werden in der Regel Jungkaninchen gesetzt?

Kurzantwort für die schriftliche Prüfung

✓ in der Setzröhre

✓ im Mutterbau oder Setzbau

Hintergrundorientierung für die mündlich-praktische Prüfung

Kaninchen leben im Bau. Der Setzbau wird ausgepolstert und befindet sich in der Nähe des Wohnbaus.

45. Welche Niederwildarten bringen mehrmals im Jahr Junge zur Welt?

Kurzantwort für die schriftliche Prüfung

✓ Kaninchen

✓ Feldhase

✓ Ringeltaube

Hintergrundorientierung für die mündlich-praktische Prüfung

Die Rammelzeit der Kaninchen erstreckt sich von Februar bis Oktober. Es werden drei- bis fünfmal jährlich fünf bis neun Junge gesetzt. Die Jungtiere werden blind und nackt geboren, sind also Nesthocker.

Die Paarungszeit der Hasen beginnt im Januar und endet etwa im August. Die Häsin setzt dreimal jährlich zwei bis vier Junge in einer Sasse (Bodenmulde). Hasen sind Nestflüchter.

Ringeltauben balzen im Frühjahr (März). Es kommt aber oft auch bis zu drei erfolgreichen Bruten im Jahr (April bis August).

46. Welche Falkenarten benutzen zur Brut alte Nester anderer Vogelarten?

Kurzantwort für die schriftliche Prüfung

✓ Turmfalke

✓ Baumfalke

✓ Wanderfalke

Hintergrundorientierung für die mündlich-praktische Prüfung

Die drei aufgeführten Falkenarten brüten in unserer Region und sind wie alle Falken Horstbenutzer, bauen also keinen eigenen Horst. Der Turmfalke brütet auf hohen Gebäuden, in Nistkästen und alten Baumhöhlen. Der Baumfalke nutzt vor allem alte Krähen- und Elsternester. Wanderfalken bringen ihre Brut in alten Baumhöhlen oder Felsspalten unter.

47. Bei einem Reviergang beobachten Sie einen bussardgroßen, dunklen Vogel mit keilförmigem Schwanz. Um welchen Vogel handelt es sich?

Kurzantwort für die schriftliche Prüfung

✓ um einen Kolkraben

Hintergrundorientierung für die mündlich-praktische Prüfung

Der Kolkrabe gehört zu der Ordnung der Sperlingsvögel und zur Familie der Rabenvögel. Im Flug kann man den keilförmigen Stoß sehr gut erkennen. Er ist ein Baum- und Felsenbrüter, legt vier bis sechs Eier und brütet 21 Tage. Kolkraben sind Allesfresser und scheiden Gewölle aus. Man findet den Kolkraben vom Flachland bis ins Hochgebirge. Er zählt mittlerweile zu den Kulturfolgern.

48. Bei welchen Greifvogelarten unterscheidet sich das Jugendgefieder vom Alterskleid?

Kurzantwort für die schriftliche Prüfung

✓ Habicht

- ✓ Sperber
- ✓ Weihen
- ✓ Wanderfalken
- ✓ Baumfalke
- ✓ Seeadler

Hintergrundorientierung für die mündlich-praktische Prüfung

Beim Habicht haben die Altvögel orangefarbene Augen, graubraunes Gefieder auf der Oberseite und helleres an der Unterseite. Die Jungvögel dagegen haben gelbe Augen, sind oben braun und unten rostgelb mit dunkler Längszeichnung.

Bei den Weihen ähneln die Jungvögel den weiblichen Altvögeln. So erscheint bei der Rohrweihe das Federkleid braun mit rostgelbem Nacken und Oberkopf. Die Wiesenweihe ist der Kornweihe sehr ähnlich. Beide zeigen bräunliches Gefieder mit weißlichem Bürzel und rostgelber Unterseite.

Die Altvögel der Wanderfalken zeigen stahlblaues Deckgefieder mit fast schwarzem Kopf und an der Brust weißes Gefieder mit dunkler Querbänderung und schwarzem Bartstreif. Die Jungvögel sind auf der Oberseite schwarzbraun und an der Unterseite gelbbraun mit dunklen Längsstreifen.

Beim Baumfalken sind die Altvögel dunkelblaugrau mit heller Unterseite und dunklen Längsflecken sowie rostrotem Unterstoß und Hose. Bei den Jungvögeln fehlt die rostrote Färbung und es überwiegt dunkelbraungraues Gefieder. Der Kopf ist in jedem Alter schwarz mit schmalem Backenbart.

Eher hell gefärbt mit weißem Stoß ist das Gefieder der Altvögel des Seeadlers, dagegen dunkelbraun das der Jungvögel.

49. Wo horstet der Habicht in der Regel?

Kurzantwort für die schriftliche Prüfung

- ✓ im oberen Baumdrittel
- ✓ in Altholzbeständen oder Waldrändern

Hintergrundorientierung für die mündlich-praktische Prüfung

Der Habicht baut seinen Horst für mehrere Jahre und, im Gegensatz zum Sperber, begrünt er ihn jedes Jahr aufs Neue.

50. Welche Greifvogelarten kommen in Nordrhein-Westfalen vor?

Kurzantwort für die schriftliche Prüfung

✓ Mäuse-, Rauhfuß- und Wespenbussard

✓ Rot- und Schwarzmilan

✓ Habicht, Sperber

✓ Baum-, Turm- und Wanderfalke

✓ Rohr-, Korn- und Wieseweihe

✓ Merlin (seltener Überwinterungsgast)

Hintergrundorientierung für die mündlich-praktische Prüfung

Zu den Zugvögeln gehören der Wespen- und Raufußbussard, wobei man den Raufußbussard oft nur in den Wintermonaten sieht, wenn er zu uns aus der Tundra oder Taiga kommt. Der Wespenbussard überwintert in Afrika und brütet hier. Auch Rot- und Schwarzmilan sind Zugvögel, ebenso wie alle Weihen und der Baum- und Turmfalke. Ganzjährig bleiben nur Habicht, Sperber, Mäusebussard und Wanderfalke in unseren Breiten.

51. Woran kann man bei Rebhühnern die Geschlechter unterscheiden?

Kurzantwort für die schriftliche Prüfung

✓ an den oberen Flügeldeckfedern

Hintergrundorientierung für die mündlich-praktische Prüfung

Die Rebhühner haben Taubengröße, einen rostbraunen Kopf, eine graue Hals- und Brustseite sowie rotbraunes Gefieder auf der Oberseite. Die Flügeldeckfedern der Männchen weisen nur einen mittigen Längsstrich auf, wogegen bei den Weibchen noch zusätzlich eine weiße Querstreifung zu sehen ist.

52. Welche Federwildarten haben von Mitte Juni bis Mitte Juli die Schlupfzeit?

Kurzantwort für die schriftliche Prüfung

✓ das Rebhuhn

✓ die Taube

Hintergrundorientierung für die mündlich-praktische Prüfung

Das Rebhuhn brütet einmal im Jahr und legt etwa 15 einfarbig grünliche Eier im April/Mai ab. Die Tauben brüten zwei- bis dreimal jährlich. Ihre Brutzeit beginnt im März und endet etwa im August. Das Gelege besteht aus zwei weißen Eiern.

53. Lebt der Fasan in Einehe oder in Mehrehe?

Kurzantwort für die schriftliche Prüfung

✓ in Mehrehe

✓ polygam

Hintergrundorientierung für die mündlich-praktische Prüfung

Ein Hahn hat mehrere Hennen, wobei das natürliche Geschlechterverhältnis bei 1:1 oder 1:3 liegt. Durch die Jagd verschiebt sich dieses Verhältnis auf 1:5. Die Balz findet im März/April statt. Dann hört man das typische Gocken der Hähne. Der Hahn beteiligt sich nicht an der Aufzucht der Jungen, dient aber als Wächter im Brutrevier.

54. Wie können Gelege von Fasanen und Rebhühnern vor dem Ausmähen gerettet werden?

Kurzantwort für die schriftliche Prüfung

✓ durch Absuchen mit Jagdhunden

✓ durch Mähen nach der Brutperiode

- ✓ durch Aufstellen von Wildscheuchen vor dem Mähen
- ✓ durch Anlegen von geeigneten Brutbiotopen außerhalb der Mähfläche

Hintergrundorientierung für die mündlich-praktische Prüfung

Bereits Tage vor dem Mähen sollten die Gelege mit geeigneten Hunden aufgespürt werden. Außerdem können sogenannte Wildretter, spezielle Zusatzgeräte, an den Mähmaschinen Verwendung finden. Auch das Abklingeln kann durch Glocken erfolgen, die an langen Schnüren befestigt werden.

55. Wo brütet die Waldschnepfe?

Kurzantwort für die schriftliche Prüfung

- ✓ auf dem Waldboden

Hintergrundorientierung für die mündlich-praktische Prüfung

Die Waldschnepfe ist ein Kulturflüchter und lebt in feuchten Bruchwäldern und Mischwäldern mit Schneisen und Bachtälern. Sie brütet in einem Muldennest auf dem Waldboden. Die Eier sind meist vier an der Zahl und braungefleckt.

56. In welchen Monaten zieht die Waldschnepfe?

Kurzantwort für die schriftliche Prüfung

- ✓ März/April
- ✓ Oktober/November

Hintergrundorientierung für die mündlich-praktische Prüfung

Die Waldschnepfe ist ein Zugvogel, kommt im Frühjahr zu uns und zieht im Herbst wieder Richtung Süd-, Westeuropa und Nordafrika. Im milden Winter bleibt sie in Mitteleuropa.

57. Welche Taubenarten kommen in Nordrhein-Westfalen vor?

Kurzantwort für die schriftliche Prüfung

✓ die Ringeltaube

✓ die Hohltaube

✓ die Turteltaube

✓ die Türkentaube (inzwischen)

Hintergrundorientierung für die mündlich-praktische Prüfung

Die Ringeltaube war auch ein Zugvogel und ist nun ein verbreiteter Kulturfolger. Sie ist die größte Wildtaube. Die Turteltaube gehört zu den Zugvögeln, unterliegt jedoch – im Gegensatz zur Ringeltaube – wie die Hohltaube in Nordrhein-Westfalen nicht dem Jagdrecht. Gleiches gilt für die Türkentaube, die in den vergangenen Jahrzehnten aus Kleinasien eingewandert und heimisch geworden ist.

58. Woran lassen sich bei der Ringeltaube flügge Jungvögel von Alttauben unterscheiden?

Kurzantwort für die schriftliche Prüfung

✓ an dem weißen Halsfleck

✓ dunkle Iris und Schnabel bei den Jungtieren

Hintergrundorientierung für die mündlich-praktische Prüfung

Die Altvögel haben den typischen weißen Fleck an den Halsseiten, gelbe Augen (Iris) und karminrote Ständerfärbung. Bei den Jungvögeln sind Ständer und Schnabel noch grau gefärbt, auch die Iris zeigt sich dunkel und der weiße Halsfleck fehlt.

59. Womit füttern Ringeltauben ihre Jungen?

Kurzantwort für die schriftliche Prüfung

✓ zunächst hauptsächlich mit Kropfmilch und zunehmend mit pflanzlicher Nahrung

Hintergrundorientierung für die mündlich-praktische Prüfung

Bei der Kropfmilch handelt es sich um einen quarkartigen Nahrungsbrei aus dem Kropf der Taube. Mit diesem von den Innenseiten der Kropfschleimhaut gebildeten Produkt, das also kein Drüsensekret darstellt, füttern Ringeltauben – wie alle Taubenarten – ihre Nestjungen in der ersten Zeit. Von Anfang an erhalten die Jungen jedoch auch pflanzliche Nahrung. Deren Anteil steigt von etwa 8 % am dritten Lebenstag auf etwa 80 % in der dritten Lebenswoche.

60. Was sind Lagerschnepfen?

Kurzantwort für die schriftliche Prüfung

✓ überwinternde Waldschnepfen

Hintergrundorientierung für die mündlich-praktische Prüfung

Eine Bezeichnung für Waldschnepfen, die nicht im Herbst wegziehen, sondern in milden Wintern bleiben.

61. Welche Rabenvögel brüten in Kolonien?

Kurzantwort für die schriftliche Prüfung

✓ die Saatkrähe

✓ die Dohle

✓ die Alpendohle

Hintergrundorientierung für die mündlich-praktische Prüfung

Die Rabenvögel gehören zur Ordnung der Sperlingsvögel. In ihre Familie gehören der Kolkrabe, die Rabenkrähe, die Nebelkrähe, die Saatkrähe, die Dohle, die Alpendohle, die Elster, der Eichelhäher und der Tannenhäher. Sie zählen zu den Baumbrütern und Nesthocker. Die Saatkrähen, die Dohlen und die Alpendohlen brüten in Kolonien.

62. Welche Schalenwildart wird in der freien Wildbahn nicht nach einem Abschussplan bejagt?

Kurzantwort für die schriftliche Prüfung

✓ Schwarzwild

✓ Rehwild

Hintergrundorientierung für die mündlich-praktische Prüfung

Während bis zum Jahre 2015 allein Schwarzwild nicht der Abschussplanung unterlag, zählt in Nordrhein-Westfalen seither auch Rehwild dazu. Hierzu hatte zuvor ein mehrjähriger Versuch im Gebiet mehrerer unterer Jagdbehörden stattgefunden, der zeigte, dass die Jäger damit verantwortungsbewusst umgingen, Aufzeichnungen führten und dass keine wildbiologischen Beeinträchtigungen oder erhöhten Vegetationsbelastungen eintraten.

63. Welches Geschlechterverhältnis ist bei Schalenwildarten anzustreben?

Kurzantwort für die schriftliche Prüfung

✓ 1:1

Hintergrundorientierung für die mündlich-praktische Prüfung

Ein natürliches Geschlechterverhältnis von 1:1 ist unter Berücksichtigung einer natürlichen Altersstruktur anzustreben.

64. Welche Wilddichte pro 100 ha soll beim Rotwild in der Regel nicht überschritten werden?

Kurzantwort für die schriftliche Prüfung

✓ vom Lebensraum abhängig ca. zwei bis vier Stück auf 100 ha

Hintergrundorientierung für die mündlich-praktische Prüfung

Die Frühjahrswilddichte (ab 1. April) kann je nach Region und Umgebungsgüte bei Rotwild unter Berücksichtigung des Bewirtschaftungskonzepts des Waldbesitzers, der Äsungskapazität, der Einstände und vorhandenen Ruhe und Deckung, evtl. noch des Vorkommens von weiteren Hochwildarten im Gebiet variieren; der Lebensraum bestimmt die optimale Wilddichte. Entscheidend ist dabei der Gefährdungsgrad des Waldes durch Verbiss und Schälung sowie die Gefahr von Wildschäden in der angrenzenden Feldflur.

Faustzahlen für durchschnittliche Wilddichten je 100 ha Bezugsfläche:

Rotwild: zwei bis vier Stück

Damwild: drei bis sechs Stück

Muffelwild: zwei bis vier Stück

Rehwild: vier bis acht Stück (bis 12 Stück bei Feldrehen)

In § 42 DVO LJG-NRW ist vorgesehen, dass die Wilddichte in den Verbreitungsgebieten so zu regeln ist, dass das Wild in einer artgemäßen Dichte erhalten bleibt und übermäßige Wildschäden vermieden werden.

65. Wie hoch ist die durchschnittliche Zuwachsrate bezogen auf die Zahl des am 1. April vorhandenen weiblichen Bestandes beim Rehwild?

Kurzantwort für die schriftliche Prüfung

✓ 100 %.

Hintergrundorientierung für die mündlich-praktische Prüfung

In der Praxis allerdings variiert die Zuwachsrate zwischen 80 und 120 % aufgrund des Nahrungsangebots in den Wintermonaten, der Witterungsverhältnisse, vermehrter Zwillingsgeburten und Konkurrenz innerhalb der gleichen Wildart.

66. Welches Kitz von Zwillingskitzen soll vorrangig erlegt werden?

Kurzantwort für die schriftliche Prüfung

✓ das schwächere der beiden (Zahl vor Wahl)

Hintergrundorientierung für die mündlich-praktische Prüfung

Unter Berücksichtigung der Einhaltung des jeweiligen Abschussplanes und Jagdzeiten wird unabhängig vom Geschlecht das Schwächere der beiden erlegt. Die Anfälligkeit für bedenkliche Krankheitsbilder ist bei schwächeren Wildtieren deutlich höher und stellt somit auch ein Risiko für andere Wildtiere dar.

67. In welche Klassen ist in Nordrhein-Westfalen das männliche Rehwild eingeteilt?

Kurzantwort für die schriftliche Prüfung

- ✓ alte Rehböcke ab 4 Jahre: Klasse 1
- ✓ mehrjährige Böcke ab 2 bis 3 Jahre: Klasse 2
- ✓ Jährlinge: Klasse 4
- ✓ Bockkitze: Klasse 5

Hintergrundorientierung für die mündlich-praktische Prüfung

Die Klasseneinteilung nach Alter, wie hier beim Reh, ist deshalb besonders wichtig, um die Abschussanteile in den Kategorien zu ermitteln. Die Klasseneinteilung ebenso wie die Abschussquotierung ist in Anlage 1 zur DVO LJG-NRW gesetzlich festgelegt. Bei den Bockkitzen und den Jährlingen, also den Klassen 5 und 4, liegt der Abschussanteil bei jeweils 30 %. Bei den mehrjährigen Böcken (Klasse 2) liegt er bei 20 % und bei den alten – diese können etwa 12 bis 16 Jahre alt werden – Rehböcken (Klasse 1) bei bis zu 20 % bei normalem Altersaufbau. Fallwild sowie Fehlabschüsse werden in den Folgejahren bei der Abschussplanung kompensiert (§ 21 Abs. 2 Satz 2 DVO LJG-NRW).

68. In welcher Reihenfolge sind eine alte Ricke und ein Kitz zu erlegen?

Kurzantwort für die schriftliche Prüfung

- ✓ erst Kitz, dann Ricke

Hintergrundorientierung für die mündlich-praktische Prüfung

Bei Rehwild kommen fast immer Zwillingsgeburten vor. Deshalb ist bei der Bejagung besonders auf verzögerte Folgekitze zu achten, bevor final die Ricke erlegt wird. Ricken ziehen ihre Kitze bis zur Selbständigkeit alleine auf; sie leben nicht im Familienverbund, wie es beim Schwarzwild zu beobachten ist. (Hier werden bei Verlust der Bache noch unselbständiger Frischlinge diese von im Familienverbund begleitenden Bachen aufgenommen und auch gesäugt.)

Deshalb im Plural: Kitze vor Ricke

69. In welcher Zeit ist der Nahrungsbedarf der Wiederkäuer am höchsten?

Kurzantwort für die schriftliche Prüfung

✓ im Frühsommer, während der Regenerationszeit

✓ vor und nach dem Setzen

✓ während des Säugens

✓ während des Geweihwachstums

✓ vor der Brunft

Hintergrundorientierung für die mündlich-praktische Prüfung

Alle Wiederkäuer haben einen täglichen Äsungsrhythmus (vier bis zwölf Äsungsperioden, je nach Wildart), der eine kontinuierliche Energieversorgung gewährleistet. Die jahreszeitliche Vegetation bestimmt grundsätzlich die Nahrungsaufnahme, somit schwankt der Nahrungsbedarf (reguliert sich durch Herab- und Heraufsetzten der Aktivität) im Jahresverlauf. Auch der Biorhythmus beider Geschlechter ist unterschiedlich. Somit haben weibliche Tiere zur Zeit des Säugens den stärksten Nahrungsbedarf, während männliche Tiere in der Zeit des Geweihaufbaus und zur Feistzeit (Feistrudel bei Rotwild) vor der Brunft und nach der kräftezehrenden Brunft den höchsten Nahrungsbedarf haben.

70. Die Begrenzung der Schwarzwildbestände verlangt auch einen selektiven Bachenabschuss. Was ist dabei zu beachten?

Kurzantwort für die schriftliche Prüfung

✓ Leitbache verschonen

✓ führende Bachen, deren Frischlinge nicht selbständig sind (unter acht Monaten, geringer als 25 kg), sind zu verschonen

✓ Geleitbachen können erlegt werden

Hintergrundorientierung für die mündlich-praktische Prüfung

Der Hüter einer geregelten Fortpflanzungsstruktur ist unter den Schwarzkitteln die Leitbache, die aufgrund eines Hormons im Urin den „Startschuss“ einer kollektiven Empfängnis bzw. Fortpflanzung erteilt, man spricht hier von der Rauschsynchronisation (November bis Januar). Fehlt die Leitbache in einer Rotte, ist die soziale Struktur gestört, was beispielsweise zum Rauschchaos führt. Führende Bachen mit Frischlingen unter 25 kg und jünger als acht Monate sind zu schonen, da diese noch evtl. gesäugt werden und somit noch nicht selbständig sind.

71. Wie hoch soll der Frischlingsanteil beim Abschuss von Schwarzwild sein?

Kurzantwort für die schriftliche Prüfung

✓ 80 %

Hintergrundorientierung für die mündlich-praktische Prüfung

Da sich Schwarzwild auf keine bestimmte Nahrung spezialisiert hat (Allesfresser), ist es sehr anpassungsfähig und somit seine Population stetig steigend (durch Ausbleiben langanhaltender Frostperioden, großes Nahrungsangebot an Eicheln und Bucheckern sowie die Veränderung in der Landwirtschaft, beispielsweise im Maisanbau). Die Wildschadenregulierung muss daher durch konsequente Frischlingsreduzierung im Sinne der Agrarwirtschaft erfolgen: Strecke rauf, Schaden runter!

In Nordrhein-Westfalen ist diese Quotierung ebenfalls in Anlage 1 zur DVO LJG-NRW mit 80 % sowohl bei Frischlingskeilern als auch bei Frischlingsbachen gesetzlich festgeschrieben.

72. Welche Stücke sollen bei Drückjagden nicht geschossen werden?

Kurzantwort für die schriftliche Prüfung

✓ führende Alttiere

✓ Leitbache

✓ geschützte Arten

Hintergrundorientierung für die mündlich-praktische Prüfung

Das saubere Ansprechen und die richtige Kaliberwahl sind insbesondere auf Drückjagden, bei denen es auch für den Schützen mitunter stressig werden kann, von großer Bedeutung.

73. Welche Jagdarten dienen speziell der Bejagung der Hasen?

Kurzantwort für die schriftliche Prüfung

✓ Treibjagd

✓ Streife / Böhmische Streife

✓ Kesseltreiben

✓ Vorstehtreiben

✓ Standtreiben

✓ Brackieren nur mit absolut gehorsamen, sicher apportierenden Hunden mit guter Nase und unbedingtem Spurwillen

✓ Ansitzjagd

Hintergrundorientierung für die mündlich-praktische Prüfung

Grundsätzlich bestimmt der Besatz, feststellbar durch Scheinwerfertaxation, eine Bejagung von Hasen. Da Feldhasen ein ausgeprägtes Ruhebedürfnis haben, sollten Treibjagden auf Langohren nur einmal pro Jahr und Feld abgehalten werden.

74. Was ist Prossholz?

Kurzantwort für die schriftliche Prüfung

✓ Rückschnitte von z. B. Weiden, Pappeln, Vogelbeere oder Holunder

Hintergrundorientierung für die mündlich-praktische Prüfung

Als Prossholz bezeichnet man Weichhölzer, die dem Wild im Winter zur Äsung ausgelegt werden und somit Wildschäden vermeiden. Dabei handelt es sich etwa um Rückschnitte von z. B. Weiden, Pappeln, Vogelbeere oder Holunder.

75. Welcher Standort eignet sich unter Berücksichtigung des Naturschutzes zur Anlage eines Wildackers?

Kurzantwort für die schriftliche Prüfung

✓ stillgelegte Agrarschläge im Feldrevier

✓ Windwurf, Waldbrand, Kahlschlag im Waldrevier

✓ Wegeränder, Grabenränder

✓ Lichtungen

✓ aufgegebene Holzlagerplätze

✓ Schneisen

✓ Feuerschutzstreifen

✓ Trassen von Strom- und Telefonleitungen

Hintergrundorientierung für die mündlich-praktische Prüfung

Wildäcker werden grundsätzlich dann angelegt, wenn es das Wild von wertvollen Sonderbiotopen mit einer schützenswerten Pflanzengesellschaft fernzuhalten gilt. Wildäcker dürfen nur mit dem Einverständnis des Wald- bzw. Feldbesitzers angelegt werden.

76. Welche Mindestgröße empfiehlt sich für die Anlage einer Grünäsungsfläche in Waldrevieren?

Kurzantwort für die schriftliche Prüfung

✓ 0,2 bis 0,5 ha

Hintergrundorientierung für die mündlich-praktische Prüfung

Mehrere kleine Flächen (0,2 bis max. 0,5 ha) sind wertvoller als eine große Äsungsfläche; optimal in störungsarmen Zonen, möglichst in der Nähe der Tageseinstände und/oder der Wildruhezonen liegend.

77. Welche der genannten Wildackerpflanzen sind winterhart?

Kurzantwort für die schriftliche Prüfung

✓ Westfälischer Furchenkohl, Markstammkohl, Blattstammkohl
✓ Winterraps
✓ Ölrettich
✓ Wintererbse, Eiweißerbse
✓ Futtermöhre
✓ Winterrübsen
✓ Waldstaudenroggen, Johannisroggen
✓ Topinambur
✓ Winterweizen
✓ Wintergerste

Hintergrundorientierung für die mündlich-praktische Prüfung

Die richtige Auswahl der Pflanzen gewährleistet eine oft mehrjährige Nutzung durch das Wild. Gute Wildäsungsmischungen müssen zu jeder Jahreszeit eine entsprechende Anziehungskraft auf die im Revier vorkommenden Wildarten ausüben. Dafür sorgen im Sommer des ersten Jahres attraktive Kulturpflanzen wie Flachs, Buchweizen, Klee, Serradella und verschiedene Körnerleguminosen. Im Herbst und Winter stehen frostresistente Kohl-, Raps- und Rübenarten sowie Wintergetreide zur Verfügung. Ab dem zweiten Jahr bieten Dauerroggen, Westfälischer Furchenkohl, mehrjähriger Klee, Malve und Süßgräser ausreichend Äsung und gute Deckung.

78. Welche der genannten Pflanzen eignen sich besonders gut zur Anlage einer Prossholzfläche?

Kurzantwort für die schriftliche Prüfung

✓ geeignete Verbissholzarten sind alle Laub- und Weichhölzer wie: Eiche, Linde, Hainbuche, Esche, Feldahorn, Wildobst, Weide, Pfaffenhut, Hartriegel, Aspe, Robinie, Vogelbeere, Vogelkirsche, Ginster, Hirschholunder, Hasel, Eberesche

Hintergrundorientierung für die mündlich-praktische Prüfung

Als „Verbissholz" bezeichnet man Anpflanzungen von Weichhölzern, die dem Wild als Äsung und Deckung dienen sollen. Verbisshölzer sollen das Wild vom Nutzholz ablenken und somit Wildschäden vermeiden.

79. Welche Bäume tragen für die Äsung geeignete Mast?

Kurzantwort für die schriftliche Prüfung

✓ Eichen

✓ Buchen

✓ Kastanien

✓ Ebereschen

✓ Wildobst

Hintergrundorientierung für die mündlich-praktische Prüfung

Bäume mit starkem Fruchtanhang, die von Wild gerne angenommen werden, bezeichnet man als Mastbäume.

80. Welche Straucharten sind im Winter wichtige Äsungspflanzen?

Kurzantwort für die schriftliche Prüfung

✓ Himbeere

✓ Brombeere

✓ Blau- bzw. Heidelbeere

✓ Heide bzw. Heidekraut

✓ Besenginster

Hintergrundorientierung für die mündlich-praktische Prüfung

Wenn im Winter die natürliche Äsung gering wird, werden winterharte Straucharten wie Himbeere, Brombeere, Blau- bzw. Heidelbeere, Heide bzw. Heidekraut, Besenginster gerne angenommen.

81. Junge Triebe und Knospen von Waldbäumen werden abgebissen von?

Kurzantwort für die schriftliche Prüfung

✓ Rehwild, Damwild, Rotwild, Hasen

Hintergrundorientierung für die mündlich-praktische Prüfung

Verbissschäden speziell an jungen Trieben und Knospen von Waldbäumen werden vor allem durch Rehwild verursacht. In Frage kommen jedoch auch Rotwild, Damwild und nachrangig Hasen. Die relative Häufigkeit der Verbissschäden von Rehwild an jungen Trieben und Knospen hängt damit zusammen, dass Rehwild ein Konzentratselektierer ist: Die Knospen und jungen Triebe enthalten eine vergleichsweise hohe Eiweißkonzentration. Die Schäden treten dabei insbesondere an Baumarten wie Fichte, Buche, Tanne und Edellaubhölzern auf, die für die Waldverjüngung von hoher Bedeutung sind. Der Gebissanlage entsprechend sind die Verbissspuren von Reh-, Rot- und Damwild von denen des Hasen neben der Höhe, in der sie vorliegen, daran zu unterscheiden, dass die des Hasen – der Schneidezähne wegen – schräg angelegt und relativ glatt sind, während die der anderen genannten Wildarten tendentiell horizontal angelegt und ausgefranst wirken. Man sagt daher vom Hasen auch, er „schneide“.

82. Welche Wildackerpflanze bildet nährstoffhaltige Knollen?

Kurzantwort für die schriftliche Prüfung

✓ Kartoffel

✓ Zuckerrübe

✓ Topinambur

Hintergrundorientierung für die mündlich-praktische Prüfung

Die Topinambur gehört zu den wertvollsten Wildäsungspflanzen: zunächst ein dichtes sehr eiweißreiches Kraut, dann unter der Erde viele frostharte, kartoffelähnliche Knollen.

83. Was versteht man unter Anwelksilage?

Kurzantwort für die schriftliche Prüfung

✓ Silage (Gärfutter, Silo) ist ein durch Milchsäuregärung unter Luftabschluss konserviertes hochwertiges Futtermittel

✓ Gras, Klee, Luzerne, gehäckselter Mais, Apfeltrester, Himbeerlaub, Ackerbohnen können siliert werden.

Hintergrundorientierung für die mündlich-praktische Prüfung

Wasserhaltige Futtermittel wie Gras, Klee, Luzerne, gehäckselter Mais, Apfeltrester, Himbeerlaub, Ackerbohnen können siliert werden. Hierbei wird das zerkleinerte Pflanzenmaterial unter Luftabschluss fermentiert. Es entsteht Milchsäure, die von Milchsäurebakterien gebildet wird. Dies ist ein natürliches Konservierungsmittel. Dadurch wird das Futtermittel haltbar gemacht und ist für Wiederkäuer hochwertig nutzbar.

84. Welche Zwischenfruchtarten bieten dem Wild Deckung?

Kurzantwort für die schriftliche Prüfung

✓ Raps, Rübsen, Senf, Ölrettich, Ackerbohnen, Lupine, Kleearten, Seradella, Esparsette, Felderbsen, Wicken, Welsches Weidelgras, Saatwicken, Stoppelrüben, Sonnenblumen, Rauhafer

Hintergrundorientierung für die mündlich-praktische Prüfung

Als Zwischenfrucht bezeichnet man in der Landwirtschaft eine Feldfrucht, die zwischen anderen zur Hauptnutzung dienenden Feldfrüchten (Hauptfrucht) als Gründüngung (hierbei wird die aus der Luft mit Stickstoff gebundene Zwischenfrucht untergearbeitet [Naturdünger]) oder zur Nutzung als

Tierfutter angebaut wird, zudem verhindert die Zwischenfrucht unnötige Wasserverdunstung des brachen Bodens.

85. Für welche Wildarten sind Ackerränder wichtig?

Kurzantwort für die schriftliche Prüfung

- ✓ Rebhühner
- ✓ Hasen (Feldhasen)
- ✓ Wildkaninchen
- ✓ Fasanen

Hintergrundorientierung für die mündlich-praktische Prüfung

Ackerränder (Ackerrandstreifen) stellen Rückzugsgebiete dar, in denen viele Tierarten (Reptilien, Vögel, Säugetiere und Insekten) bei Störungen durch Feldbestellung oder Grünlandbewirtschaftung der angrenzenden Flächen Schutz (Nahrung, Wohn-, Nistplätze sowie Deckung) suchen.

86. Welche Maßnahmen dienen der Stockentenhege?

Kurzantwort für die schriftliche Prüfung

- ✓ Erhaltung und Anlegen von geeigneten Feuchtbiotopen, die Deckung und Äsung bieten
- ✓ Sicherung geeigneter Lebensräume
- ✓ Schaffung von ungestörten Brutmöglichkeiten (Brutbiotope)
- ✓ Raubwildbejagung
- ✓ Rattenbekämpfung
- ✓ Kurzhalten von Rabenkrähen
- ✓ Überwinterungsquartiere schaffen
- ✓ Strömungsbrecher an Fließgewässern schaffen

Hintergrundorientierung für die mündlich-praktische Prüfung

Da Enten und zahlreiche andere Wasservögel Bodenbrüter sind, muss bei der Niederwildhege das Augenmerk auf vorkommende Beutegreifer gerichtet werden, damit sich ein Bruterfolg einstellen kann. Natürliche Feinde sind in erster

Linie der Fuchs, gefolgt von der Rabenkrähe bis hin zur Wanderratte, zum Iltis, Steinmarder und in Küstenregionen auch zu Silber-, Herings- und Mantelmöwe. Die Ufergehölzpflanzung bzw. Ufergehölzpflege ist eine weitere Maßnahme, die bedeutend für die Stockentenhege ist. Beispielsweise festigen Erlen das Gewässerbett, Eichen am Ufer bieten Mast, nicht nur beim Gründeln. Auch am Ufer und beim Freischneiden sollte auf trockene Ruhe-, Sonnen- sowie Schattenplätze mit ausreichend Deckung geachtet werden. Um Fließgeschwindigkeiten zu reduzieren, kann ein gefällter Baum als Strömungsbrecher vollkommen ausreichen. Größere Maßnahmen an oder in Gewässern sind häufig genehmigungspflichtig.

87. Welche Federwildart nimmt vornehmlich Salzlecken an?

Kurzantwort für die schriftliche Prüfung

✓ Ringeltauben

Hintergrundorientierung für die mündlich-praktische Prüfung

Da Böden in deutschen Revieren relativ wenig Natriumchlorid enthalten und das Mineral bei vielen physiologischen Abläufen im Tierorganismus mitwirkt, decken einige Wildarten (Schalenwild, Hase, Kanin und Federwild) bei Mangel diesen Bedarf über Salzlecken ab. Bei der Bildung von Kropfmilch ist bei den Taubenartigen beispielsweise ein erhöhter Bedarf an Salz zu verzeichnen. Die Vorliebe für Salzlecken besteht damit bei allen Taubenartigen. Zum Federwild zählt in Nordrhein-Westfalen davon jedoch allein noch die Ringeltaube.

88. Welche Tierarten nehmen mit besonderer Vorliebe Eier auf?

Kurzantwort für die schriftliche Prüfung

✓ fast alle Rabenvögel, vornehmlich Kolkrabe, Raben- und Nebelkrähe, Elster und Eichelhäher

✓ Dachse

- ✓ Baum- und Steinmarder
- ✓ Iltis
- ✓ Hermelin
- ✓ Igel und vor allem die Wanderratte

Hintergrundorientierung für die mündlich-praktische Prüfung

Das Nahrungsspektrum von Haarraubwild ist vielseitig und passt sich dem jeweiligen Angebot an. Kleinsäuger bis Kaninchengröße, Insekten, Aas sowie Vögel und deren Gelege gehören zum Beutespektrum. Bei den Marderartigen (echte Marder: Baum-, Steinmarder; Stinkmarder: Hermelin, Dachs, Iltis) unterscheidet man lediglich die Erbeutungsart. Der Dachs beispielsweise weidet gerne und nimmt dabei Eier auf. Der Iltis klettert wenig, ist aber ein hervorragender Schwimmer und ernährt sich gerne von Entengelegen. Ein größerer Feind der Wildenten sind die Wanderratten, die der Iltis wiederum auch gerne jagt. Rabenvögel sind Allesfresser; auf ihrem Speiseplan stehen beispielswiese Aas, Ratten oder Obst: Sie plündern auch gerne aus anderen Nestern Eier oder Jungvögel. Gelege und Nestlinge von bodenbrütenden Vögeln lässt sich ein Igel (Allesfresser) nicht entgehen.

89. Was ist eine Stocksulze?

Kurzantwort für die schriftliche Prüfung

- ✓ Salzlecke (Salzleckstein)

Hintergrundorientierung für die mündlich-praktische Prüfung

Salzlecken (auch Stammsulzen, Stocksulzen, Stangensulzen genannt) dienen zur Aufnahme von Mineralien durch das Wild. Heute werden die Salzblöcke auf einem entrindeten / ausgehöhlten Baumstubben (Baumstumpf oder Totholz) angebracht, so dass eine direkte Aufnahme durch das Wild nicht mehr möglich ist, sondern nur der salzige Stamm (durch Niederschlagausschwämmungen) oder von dem darunter befindlichen Boden geleckt werden kann.

90. Welche Maßnahmen dienen der Verhütung von Wildunfällen?

Kurzantwort für die schriftliche Prüfung

- ✓ Wildschutzzäune
- ✓ Auslichten und Freihalten bewaldeter Straßenränder von Unterholz
- ✓ Einwirken auf das Verhalten von Kfz-Führern durch Verkehrsschilder
- ✓ Installation elektrischer Wildwarner
- ✓ Duftzäune und akustische Schutzmaßnahmen
- ✓ Wildwarnreflektoren

Hintergrundorientierung für die mündlich-praktische Prüfung

Ein Wildunfall ist ein Verkehrsunfall mit einem Wildtier. Da Wild oft bestimmten Pfaden folgt, den sogenannten Wildwechseln, ergeben sich besondere Gefahrenquellen, wenn diese über Straßen führen. Wildunfälle kommen täglich zu jeder Tageszeit vor, aber besonders aktiv ist Wild während der Morgen- und der Abenddämmerung und während der Brunft. An bekannten kritischen Straßenabschnitten werden Maßnahmen getroffen, die einerseits die Aufmerksamkeit des Fahrers wecken und/oder andererseits die Aufmerksamkeit des Wildes lenken. Die Beschilderung und der Appell zu einem vorausschauenden Fahren sind stets nützlich, während der Einsatz von Wildwarnreflektoren, so auch der von blauen, die in den letzten Jahren unter Verweis auf die Qualität der Farbe Blau als natürliche Warnfarbe für das Wild propagiert wird, wissenschaftlich umstritten ist. Derzeit wird bis 2017 ein Forschungsprojekt an der Universität Göttingen dazu durchgeführt, in dem zusätzlich auch die Effektivität akustischer Wildwarnreflektoren untersucht wird.

Der Gesamtkomplex des Umgangs mit verunfalltem Wild – also Unfallwild – wurde in der Novelle des LJG-NRW im Jahre 2015 ausführlich in § 28 a LJG-NRW gesetzlich geregelt. Verunfalltes Wild ist danach unverzüglich beim zuständigen Jagdausübungsberechtigten zu melden. Die Meldung sollte über die örtliche Polizeidienststelle abgewickelt werden, die zu diesem Fall bereits seit längerem über eine Liste der Jagdausübungsberechtigten – über Meldungen der unteren Jagdbehörden bzw. Zugriff auf deren Datenbank – verfügt (vgl. dazu Ziff. 2.1.5.3 des Runderlasses des Innenministeriums des Landes Nordrhein-Westfalen vom 25.8.2008 – Az. 41-61-05.01-3 –). Der Jagdausübungsberechtigte hat der zuständigen Polizeidienststelle zu diesem Zweck vorsorglich für seinen Jagdbezirk mindestens eine zur Jagd befugte Person zu benennen, die bei Wildunfällen zu benachrichtigen ist und der die Pflichtenstellung des Jagdausübungsberechtigten zukommt. Soweit der Auffindende Jagdscheininhaber ist, hat er das Stück unabhängig von der Jagdzeit unverzüglich selbst zu erlegen, soweit der Jagdausübungsberechtigte bzw. die von ihm benannte Person keine anderweitige Abhilfe schafft. Das Fortschaffen des Wildes ist dabei unzulässig, da das Aneignungsrecht am verunfallten Wild dem Jagdausübungsberechtigten zusteht.

91. Wann ist der Straßenverkehr durch Schalenwild besonders gefährdet?

Kurzantwort für die schriftliche Prüfung

✓ vornehmlich in der Morgen- und Abenddämmerung und besonders während der Brunft-, Blatt-, Rausch- bzw. Ranzzeit

Hintergrundorientierung für die mündlich-praktische Prüfung

Da Wildarten unterschiedliche Reproduktionszeiten haben und keine allerorts gleiche Verteilung der entsprechenden Wildart vorliegt, sollte grundsätzlich jeder Kraftfahrzeugfahrer ganzjährig besonders während der Dämmerungszeiten (morgens sowie abends) auf außerörtlichen Straßen vorausschauend fahren. Anhand der Wildunfälle einiger Wildarten wird deutlich, dass während der Reproduktionszeit einer Wildart die Mortalität prozentual höher liegt (Statistik der verunfallten Tiere) und somit alle Kalendermonate betroffen sein können: Schwarzwild von November bis Februar, Fuchs von Januar bis Februar, Feldhase von Januar bis August, Rehwild von Juli bis August, Rotwild von September bis Oktober, Damwild von Oktober bis November.

92. Wann liegt eine Übernutzung des Wildbestandes vor?

Kurzantwort für die schriftliche Prüfung

✓ Soweit der Bestand angepasst ist, dann wenn die Nutzung höher ist, als der Zuwachs, ansonsten nur dann, wenn der Abschuss dazu führt, dass der zur artgerechten Hege und Bejagung erforderliche Mindestwildbestand unterschritten wird.

Hintergrundorientierung für die mündlich-praktische Prüfung

Wenn eine bestimmte jagdbare Wildart nicht mehr in der Lage ist, durch Reproduktion einen im Interesse artgerechter Hege und Bejagung angemessenen Besatz oder den Bestand der Art im betreffenden Gebiet zu gewährleisten.

93. Wann spricht man von Überhege?

Kurzantwort für die schriftliche Prüfung

✓ wenn der Wildbestand höher ist, als der Lebensraum zulässt

Hintergrundorientierung für die mündlich-praktische Prüfung

Wenn der Besatz oder Bestand einer bestimmten Wildart (unabhängig davon, ob mit oder ohne Jagdzeit) so groß ist, dass sie den eigenen Lebensraum schädigt, das Biotop zum Nachteil anderer Tierarten stört und es zu Degenerationserscheinungen kommt.

94. Welche Maßnahmen dienen der Lebensraumberuhigung?

Kurzantwort für die schriftliche Prüfung

✓ das Anlegen von Wildruhezonen

✓ örtliche und zeitliche Wegegebote (Sport- und Freizeitaktivitätsmanagement)

- ✓ Besucherlenkung
- ✓ effektive Bejagung mit möglichst geringem Jagddruck (z. B. Intervalljagd)
- ✓ Leinenzwang für Hunde
- ✓ Reduzierung von wildernden Hunden
- ✓ örtliche Beschränkung des Pilzsammelns und des Sammelns von Abwurfstangen
- ✓ zivile Aufklärungsarbeit

Hintergrundorientierung für die mündlich-praktische Prüfung

Durch das attraktive Sport- und Freizeitangebot (Wandern [„Hiken“], Fahrradfahren [„Mountainbiken“], Klettern, Schneeschuhwandern etc.) nimmt der Mensch zunehmend den Lebensraum der Wildtiere in Beschlag und somit wichtige Brut-, Aufzucht-, Nahrungs- und Rückzugsgebiete. Wildtierbiologisch wirken sich häufige Störreize negativ auf das lebende Wildtier aus. Die Energiebilanz kommt aus dem Gleichgewicht, der Hormonpegel mindert den Fortpflanzungserfolg, die erhöhte Herzfrequenz nach einer Flucht kann beispielsweise zu Herzinsuffizienzen und/oder Gewichtsverlust führen. Die Anfälligkeit für Krankheitsbilder steigt und in der Folge reduzieren sich die Bestände bis hin zum lokalen Aussterben von Populationen. Lebensraumaufwertend sind Wildruhezonen. Eine örtliche Entflechtung der Lebensraumnutzung von Mensch und Wildtier hat sich sehr bewährt (Besucherlenkung, Leinenzwang für Hunde). Revierübergreifende Intervalljagden sowie zivile Aufklärungsarbeit sind weitere Maßnahmen.

95. Für welche Wildarten sind Hecken und Feldgehölze von besonderer Bedeutung?

Kurzantwort für die schriftliche Prüfung

- ✓ für fast alle Niederwildarten (z. B. Rehwild, Feldhase, Wildkaninchen, Fasan, Rebhuhn, Rotfuchs)
- ✓ für Singvögel

- ✓ für Kleingetier (Wildbienen, Hummeln, Spinnen, Spitzmäuse)

Hintergrundorientierung für die mündlich-praktische Prüfung

Hecken und Feldgehölze bieten dem Wild und anderen Tieren Deckung, Schutz vor extremer Witterung, Nistmöglichkeiten, Nahrung, bieten Schlafplätze und Raststationen. Auch für die Landwirtschaft sind sie aufgrund ihrer wind- und erosionsschützenden Wirkung bedeutend und landschaftsprägend.

96. Welche heimischen Wildarten dürfen zur Bestandsstützung ausgewildert werden?

Kurzantwort für die schriftliche Prüfung

- ✓ Vorbehaltlich schriftlicher Genehmigung der obersten Jagdbehörde: Schalenwild (außer Schwarzwild).
- ✓ Fasanen, die aus verlassenen Gelegen des jeweiligen Jagdbezirks stammen und aufgezogen worden sind.
- ✓ Im Übrigen vorbehaltlich einer nachfolgenden Anzeige bei der unteren Jagdbehörde: Alle heimisch freilebenden Feder- oder Haarwildarten (außer Schalenwild und Wildkaninchen).

Hintergrundorientierung für die mündlich-praktische Prüfung

Um manche Wildarten vor dem Aussterben zu bewahren oder um die ursprüngliche Artenvielfalt wiederherzustellen, wird das Vorkommen durch Auswilderung gesichert.

Ausgeschlossen davon sind schon bundesrechtlich Schwarzwild und Wildkaninchen (vgl. § 28 Abs. 2 BJG). Grund dafür ist die exponentielle Vermehrung von Wildkaninchen, die daraus resultiert, dass die Häsin in der Zeit von Ende Februar bis Ende August mehrere Würfe (ungefähr vier) mit bis zu zehn Jungen aufzieht. Auch Schwarzwild entwickelt und vermehrt sich exponentiell. Daneben hat Nordrhein-Westfalen das Aussetzen heimischen Haar- und Federwildes leichteren Beschränkungen unterworfen: Während das Aussetzen fremder Tierarten und von Schalenwild ohnehin generell nur mit schriftlicher Genehmigung der obersten Jagdbehörde zulässig ist (§ 31 Abs. 2 LJG-NRW), wurde das Aussetzen heimischen Haar- und Federwildes – abgesehen von der Aussetzung von Schalenwild und von Fasanen, die aus verlassenen Gelegen des jeweiligen Jagdbezirks stammen und aufgezogen worden sind – von einer nachfolgenden Anzeige bei der unteren Jagdbehörde abhängig gemacht (§ 31 Abs. 4 LJG-NRW).

97. Welche Waldfrüchte haben Bedeutung für die Ernährung des Schalenwildes?

Kurzantwort für die schriftliche Prüfung

- ✓ Eicheln
- ✓ Bucheckern
- ✓ Kastanien
- ✓ Vogelbeeren
- ✓ Waldbeeren
- ✓ Pilze

Hintergrundorientierung für die mündlich-praktische Prüfung

Wenn im Spätsommer bzw. Herbst die Ernten eingefahren werden, steht das Wild binnen weniger Tage ohne Nahrung (und Sichtschutz) da. Eicheln, Bucheckern und Kastanien liefern zeitgleich ein ausreichendes Äsungsangebot und kommen als natürliche Herbstmast alternativ in Frage. Der winterliche Lebensraum von Schalenwild konzentriert sich mehr auf den Wald und das Angebot an Vogelbeeren, Waldbeeren und auch Pilze (zeitlich limitiert) sind Nahrungslieferanten.

98. Welche Örtlichkeiten sind für eine Rebhuhnschüttung besonders geeignet?

Kurzantwort für die schriftliche Prüfung

- ✓ windgeschützte sonnige Plätze
- ✓ freies Feld mit trockenen Lagerplätzen
- ✓ Strauchgruppen
- ✓ lockere Haufen aus Reisig

✓ Huderplätze zum Sandbaden

Hintergrundorientierung für die mündlich-praktische Prüfung

Für eine Rebhuhnschüttung (ohne Dach im Feld) eignen sich Heckenabschnitte mit dichtem Dornenbewuchs der Brombeere, die ein schnelles Deckung nehmen ermöglichen. Sonnige Südseiten und hohe, vor allem einzeln stehende Bäume sollten sich nicht in der Nähe befinden, da dort mit Vorliebe die Prädatoren (Beutegreifer, wie z. B. die Habichte) aufbäumen.

99. Welche Maßnahmen dienen der Lebensraumverbesserung für das Rebhuhn?

Kurzantwort für die schriftliche Prüfung

✓ Förderung von Kleinfelderwirtschaft mit abwechslungsreichem Bewuchs

✓ Ackerrandstreifen

✓ Brachstreifen

✓ Stilllegungsflächen

✓ Anlage von niedrigem und Wegrandbewuchs sowie anderer Deckung im freien Feld

✓ Wildäsungsflächen sowie Schaffung von Ruhezonen

✓ Huderplätze und Tränken

✓ Raubwildbejagung

Hintergrundorientierung für die mündlich-praktische Prüfung

Geeignete Habitate können nur geschaffen werden, wenn auf Herbizide verzichtet wird, da sie die Wildkräuter und die Insektendichte (eiweißreiche Kükenkost) drastisch verringern. Sonnige Stellen und die schnelle Abdunstung nach Niederschlag, nicht zu dicht bewachsene Grenzlinien (da diese sonst ein zu feuchtes Miniraumklima aufweisen) in möglichst waldfreien Landschaftszusammenhängen sind populationssteigernde Rebhuhnhabitate.

100. Was versteht man unter einer „Benjes-Hecke"?

Kurzantwort für die schriftliche Prüfung

✓ die Aufschichtung eines Gestrüppwalls durch Laubholzrückschnitte, wie Äste, Zweige, Reisig beispielsweise an Wegen oder im freien Feld, der sich durch Vogelkotsaat begrünt und Schutz für Niederwildarten bietet

Hintergrundorientierung für die mündlich-praktische Prüfung

Unter eine „Benjes-Hecke" versteht man eine kostengünstige, von Hermann Benjes beschriebene Vorgehensweise, die eine wichtige Aufgabe im Biotopverbund übernimmt. Dabei wird ein Gestrüppwall aus Laubholzrückschnitten, wie Ästen, Zweigen und Reisigen, an Wegen oder im freien Feld aufgeschichtet. Die Hecke bietet sofortigen Schutz für Kleinsäuger, Insekten und zahlreichen Vogelarten (Heckenbrüter) und begrünt sich durch die Vogelkotsaat oder Samenanflug ohne Neuanpflanzung.

101. Was ist Aufgabe des Natur- und Landschaftsschutzes?

Kurzantwort für die schriftliche Prüfung

✓ die Erhaltung historischer Kulturlandschaften

✓ die sparsame und nachhaltige Nutzung der Naturgüter

✓ die Erhaltung größtmöglichen Artenreichtums

✓ der Schutz und die Pflege der Pflanzen- und Tierwelt

✓ der Schutz der Eigenart und Schönheit von Natur und Landschaft

Hintergrundorientierung für die mündlich-praktische Prüfung

Aufgabe des Natur- und Landschaftsschutzes ist es, den gesetzlichen Auftrag des Bundesnaturschutzgesetzes zur Entwicklung und Wiederherstellung von Natur und Landschaft im besiedelten und unbesiedelten Bereich zu erfüllen. Der Schutz der Vielfalt, Eigenart und Schönheit der Landschaft (Landschaftsbild), sowohl der natürlich gewachsenen Landschaft („Urlandschaft") als auch der durch Landnutzung entstandenen Landschaftstypen („Kulturlandschaft“), als Voraussetzung für die Erholung (z. B. landwirtschaftlich geprägte Landschaften oder Bach- und Flusslandschaften mit ihren Auen sowie innerstädtische Grünflächen) ist eine solche Aufgabe.

102. Wie können Eingriffe in Natur und Landschaft ausgeglichen werden?

Kurzantwort für die schriftliche Prüfung

- ✓ durch Wiederherstellung der beeinträchtigten Funktionen des Naturhaushalts
- ✓ durch Schaffung von gleichwertigen Ersatzflächen bzw. -pflanzungen
- ✓ Ersatzaufforstung
- ✓ durch finanziellen Ersatz

Hintergrundorientierung für die mündlich-praktische Prüfung

Eingriffe in Natur und Landschaft können durch die Wiederherstellung der beeinträchtigten Funktionen des Naturhaushalts wieder ausgeglichen werden. Dabei wird der Verursacher verpflichtet, für unvermeidbare Beeinträchtigungen Maßnahmen des Naturschutzes und der Landschaftspflege durchzuführen oder finanziellen Ersatz zur Durchführung dieser Maßnahmen durch die öffentliche Hand zu leisten. Mittel sind etwa die Schaffung von gleichwertigen Ersatzflächen bzw. -pflanzungen oder die Ersatzaufforstung von Flächen.

103. Dürfen in Naturschutzgebieten Wildfütterungen angelegt werden?

Kurzantwort für die schriftliche Prüfung

- ✓ Grundsätzlich sind – vorbehaltlich eines Fütterungsverbots in der Naturschutzgebietsverordnung oder im Landschaftsplan – Wildfütterungen in Naturschutzgebieten in NRW nicht verboten, sollten aber vermieden werden.

✓ Es ist darauf zu achten, dass keine nachteiligen Veränderungen entstehen.

Hintergrundorientierung für die mündlich-praktische Prüfung

Unter Wildfütterungen versteht man eine in Notzeiten (etwa bei schwieriger Witterungslage, vereister oder hoher Schneelage, katastrophenbedingtem Äsungsmangel [so nach Waldbränden]) angemessene Fütterung aller notleidenden Wildarten. Bei Schalenwild (15. Dezember bis 30. April) ist nur Heu oder Anwelksilage (bei Rehwild: kräuterreiches Grasheu) erlaubt. Bei Schwarzwild ist auch die Fütterung in Notzeiten nur zulässig, wenn die FJW zunächst die Notzeit festgestellt und die untere Veterinärbehörde die Fütterung genehmigt hat (§ 27 Abs. 2 Nr. 2 DVO LJG-NRW). Küchen-, Schlachtabfälle, Fische und Fischabfälle, Backwaren und Südfrüchte sind verboten. Diese allgemeinen Regelungen gelten auch in Naturschutzgebieten. Ist ein Ausweichen auf Flächen außerhalb des Schutzgebietes möglich, verzichtet man schon daher auf eine Wildfütterung in Naturschutzgebieten. Darüber hinaus kann die Fütterung in Naturschutzgebieten, FFH-Gebieten und Vogelschutzgebieten durch den Landschaftsplan oder die Schutzgebietsverordnung verboten sein (§ 20 Abs. 1 LJG-NRW).

104. Wodurch erfolgt eine Überdüngung von Gewässern?

Kurzantwort für die schriftliche Prüfung

✓ übertriebenes Ausbringen von Futter

✓ Einleitung von Abwässern

✓ Einspülung von Dünger (Stickstoff-, Phosphatdünger)

✓ Unwetterkatastrophen

Hintergrundorientierung für die mündlich-praktische Prüfung

Der massive Nährstoffeintrag führt zur Überernährung der Primärproduzenten (z. B. Algen und photosynthetisch aktive Organismen). Besonders der Eintrag von Stickstoff (Nitrat aus Düngern) und Phosphat (früher Waschmittel, heute

Dünger) durch die menschliche Nutzung von z. B. Agrarflächen führt zur Überdüngung (Eutrophierung) der stehenden und fließenden Gewässer. In der Folge nehmen die Biomasseproduktion (Algenwachstum) und die Sauerstoffzehrung zu. Schließlich kommt es zum drastischen Abfall des Sauerstoffgehalts und damit zum Sterben-/Absterben von Tieren und Pflanzen. Das stehende Gewässer kippt um.

105. Können Ansitzeinrichtungen das Landschaftsbild stören?

Kurzantwort für die schriftliche Prüfung

✓ Ja

Hintergrundorientierung für die mündlich-praktische Prüfung

Ja, Ansitzeinrichtungen sollten sich in das Landschaftsbild einfügen und sachgemäß getarnt sein.

106. Weshalb kann die Fangjagd in Naturschutzgebieten verboten werden?

Kurzantwort für die schriftliche Prüfung

✓ Fallen können geschützte Arten gefährden.

Hintergrundorientierung für die mündlich-praktische Prüfung

Da Fallen geschützte Arten gefährden können, ist die Erteilung von Verboten – auch von Fallen für den Lebendfang – in Gebieten möglich, in denen störungsempfindliche Tiere leben und wenn die Fangjagd dem Schutzzweck entgegensteht. Totschlagfallen sind seit der Novellierung des LJG-NRW im Jahre 2015 darüber hinaus generell verboten (§ 19 Abs. 4 LJG-NRW i. V. m. § 30 Nr. 1 DVO LJG-NRW).

107. Aus welchem Grunde soll Wild in Naturschutzgebieten nicht ausgesetzt werden?

Kurzantwort für die schriftliche Prüfung

✓ Es kann zu einer Störung des biologischen Gleichgewichts führen.

✓ Es kommt zur Faunenverfälschung.

Hintergrundorientierung für die mündlich-praktische Prüfung

Man bemüht sich, bei vorhandenem Artenreichtum ohne viele menschliche Eingriffe natürliche Abläufe zuzulassen. Aussetzen führt oft zu einem Übergewicht (Überhege) für bestimmte Arten (Faunenverfälschung und Störung des Genpotentials). Dies kann bis zu einer Zerstörung des ökologischen Gleichgewichts führen, d. h. zu einer drastischen Dezimierung einer oder mehrerer dort ursprünglich lebender Tier- und/oder Pflanzenarten.

108. Aus welchem Grunde ist es verboten, die Jagd mit Bleischrot an und über Gewässern auszuüben?

Kurzantwort für die schriftliche Prüfung

✓ Wasserverschmutzung durch Schwermetallverunreinigung

✓ Bleibelastung von Grundwasser und/oder Nahrung

✓ Bleivergiftung durch Aufnahme beim Gründeln

Hintergrundorientierung für die mündlich-praktische Prüfung

Bei der Jagd an Gewässern wird meist aus festen Ständen Jahr für Jahr gejagt. Die Anzahl der Schrote auf einer bestimmten Fläche kann daher im Laufe der Jahre hoch sein. Vor allem in Flachwasserzonen werden Schrote von gründelnden Enten aufgenommen. Aufgrund der toxischen Wirkung kann das die Reproduktion mindern, die Infektionsanfälligkeit steigt, es kann zu Missbildungen sowie körperlichen Beeinträchtigungen (Degeneration der Leber und des Nervensystems) oder gar zum Tod von Wasserwild führen. Darüber hinaus lösen entsprechend hierzu vorliegenden Studien des Bundesinstituts für Risikobewertung (vgl. Stellungnahme 040/2011 vom 3.12.2010) auch geringe Bleikonzentrationen erhebliche Schäden auch beim Menschen aus.

109. Was ist ein Biotop?

Kurzantwort für die schriftliche Prüfung

✓ Lebensraum oder Standort von Pflanzen und Tieren

✓ Biozönose (Lebensgemeinschaft)

Hintergrundorientierung für die mündlich-praktische Prüfung

Ein Biotop (griech.: bios = Leben; topos = Ort) ist ein in den Umweltbedingungen natürlich abgegrenzter Lebensraum (z. B. Flüsse, Wälder oder Wüsten) mit angepasster Lebensgemeinschaft.

110. Was verstehen Sie unter einem Biotopverbundsystem?

Kurzantwort für die schriftliche Prüfung

✓ ein Netz aus räumlich oder funktional verbundenen Biotopen

Hintergrundorientierung für die mündlich-praktische Prüfung

Unter einem Biotopverbundsystem ist ein Netz aus räumlich oder funktional verbundenen Biotopen zu verstehen. Hintergrund ist, dass Biotope mit anderen gleichartigen Biotopen entweder unmittelbar verbunden oder von diesen über Biotopinseln erreichbar sein müssen. Die Distanzen zwischen ihnen müssen überwindbar sein (Wirksamkeitsgarant). Eine Möglichkeit ist die Schaffung von Trittsteinen (Trittsteinbiotop) für bestimmte Arten. Ein Mittel kann die Verbindung bestimmter Landschaftsteile, z. B. durch Erhalt oder Neuanlage von naturraumtypischen Hecken (ökologische Vernetzung) sein.

111. Welche Bedeutung hat Totholz im Walde?

Kurzantwort für die schriftliche Prüfung

✓ wichtige Nahrungsquelle (unzählige Insekten im Holz) für Vögel

- ✓ wichtiger Platz für Brut und Aufzucht für viele Tierarten
- ✓ Schlafhöhle (Siebenschläfer, Fledermäuse, Spechte)
- ✓ Während der Zerfallsphase bietet Totholz Lebensraum für Insekten, Pilze, Moose, Flechten.
- ✓ Überwinterungsort
- ✓ Stehendes Totholz dient als Ansitz von Greifvögeln.
- ✓ feuchter Unterschlupf für Salamander, Frösche, Kröten, Schnecken

Hintergrundorientierung für die mündlich-praktische Prüfung

Totholz ist als Lebensgrundlage tausender Arten von Tieren, Pflanzen, Pilzen und Flechten ein wichtiger Bestandteil des Ökosystems Wald. Totholz ist ein charakteristisches Merkmal natürlicher Wälder. Darunter versteht man abgestorbene Bäume oder Teile davon, die sich mehr oder weniger schnell zersetzen. Je nachdem, ob die abgestorbenen Bäume noch stehen oder bereits umgestürzt sind, spricht man von stehendem oder liegendem Totholz.

112. Was verstehen Sie unter Ökologie?

Kurzantwort für die schriftliche Prüfung

- ✓ Lehre vom Naturhaushalt

Hintergrundorientierung für die mündlich-praktische Prüfung

Unter Ökologie versteht man die Lehre vom Naturhaushalt, d. h. von den Wechselbeziehungen zwischen Organismen und belebter (Lebensgemeinschaften) oder unbelebter Umwelt (Klima/Boden).

113. Weshalb sind Streuobstwiesen wertvoll?

Kurzantwort für die schriftliche Prüfung

- ✓ Sie dienen der heimischen Artenvielfalt.
- ✓ Sie bieten Nahrung, Deckung und Brutmöglichkeiten.

- ✓ Sie stellen ökologisch wertvolle Lebensräume für bedrohte Tierarten dar.
- ✓ Sie sind wichtig für den Erhalt landeskultureller Obstsorten.

Hintergrundorientierung für die mündlich-praktische Prüfung

Obstbäume dienen dem Wild und der übrigen Tierwelt in unserer Kulturlandschaft auf vielfältige Art und Weise. Sie liefern das begehrte Prossholz in winterlicher Notzeit. Außerdem bevorzugen viele seltene Arten wie Steinkauz, Wiedehopf, Haselmaus, Pirol, Wendehals und Fledermäuse die Höhlen alter Obstbäume als Brutstätten. Bei Neupflanzung muss der Pächter die Einwilligung beim Grundeigentümer einholen.

114. Welchen biologischen Wert hat eine Hecke?

Kurzantwort für die schriftliche Prüfung

- ✓ Sie hat einen hohen biologischen Wert.
- ✓ Sie schützt Ackerland vor Erosion.
- ✓ Sie stellt Sicht-, Lärm- und Windschutz dar.
- ✓ Sie ist Heimstatt vieler Tier und Pflanzenarten.
- ✓ Sie dient der Biotopvernetzung.
- ✓ Sie fördert wichtige Kleinklimata.

Hintergrundorientierung für die mündlich-praktische Prüfung

Hecken verhindern Erosion, vernetzen die Landschaft und bieten vielen Arten vor allem in ausgeräumter Feldflur fehlenden Lebensraum durch Lärm- und Windschutz, Deckung und Brutmöglichkeit.

115. Sind Trockenrasen wertvolle Biotope?

Kurzantwort für die schriftliche Prüfung

- ✓ Ja
- ✓ Sie bieten Lebensraum für darauf spezialisierte Pflanzen und Tiere.

Hintergrundorientierung für die mündlich-praktische Prüfung

Trockenrasen sind trockene, nährstoffarme Biotope, die aufgrund ihres guten Sickervermögens oder auf südlich exponierten, gut drainierten Hängen durch lückige Vegetation mit niedrigwachsenden Kraut- und Halbstrauchpflanzen charakteristisch sind. Durch ihre extensive landwirtschaftliche Nutzung stellen sie ein ideales Rückzugsgebiet gefährdeter Tier- und Pflanzenarten dar.

116. Worauf ist eine Biotopverarmung zurückzuführen?

Kurzantwort für die schriftliche Prüfung

✓ Verinselung der Landschaft
✓ Luftverschmutzung
✓ Düngemaßnahmen
✓ Schaffung von Monokulturen in Feld und Wald
✓ hoher Druck wirtschaftlicher Landnutzung
✓ landschaftsverändernde Eingriffe
✓ negative Randzoneneinflüsse
✓ Straßenbau

Hintergrundorientierung für die mündlich-praktische Prüfung

Der zunehmende Nutzungsdruck auf die Landschaft durch Straßen- und Siedlungsbau sowie die Intensivierung der Land- und Forstwirtschaft führt zu einem Verlust an wertvollen Biotopen. Diese verlieren nicht nur insgesamt an Fläche, sondern werden in isolierte Einzelteile zerlegt, die aufgrund ihrer geringen Größe verstärkt „Randeffekten", d. h. störenden Einflüssen aus der Umgebung, ausgesetzt sind. Die verbleibenden Biotopinseln sind für viele Arten zu klein und ihre Isolation erschwert den Austausch von Individuen zwischen den Gebieten. Dies führt zu einer genetischen Verarmung der Populationen und gefährdet ihr dauerhaftes Überleben.

117. Was verstehen Sie unter Verinselung?

Kurzantwort für die schriftliche Prüfung

- ✓ Zerschneidung von Lebensräumen durch Straßen oder Autobahnen
- ✓ Verhinderung oder Erschwerung des Genaustausches
- ✓ Separation gleicher Populationen

Hintergrundorientierung für die mündlich-praktische Prüfung

Unter Verinselung versteht man die Zerteilung eines ursprünglich geschlossenen Lebensraums in mehrere Untereinheiten. Verinselungen können entstehen durch Klimaschwankungen oder aber durch landschaftsverändernde Eingriffe des Menschen. Verbliebene Restbiotope ohne Verbindung zu gleichwertigen Landschaftsteilen trennen Populationen reproduktiv voneinander (mangelnder oder sogar fehlender Genaustausch).

118. Welche Bedeutung haben Feuchtbiotope?

Kurzantwort für die schriftliche Prüfung

- ✓ Rückzugsgebiet
- ✓ Beherbergung vieler Pflanzen und Tierarten

Hintergrundorientierung für die mündlich-praktische Prüfung

Feuchtbiotope sind Gebiete, die an den ganzjährigen Überschuss von Wasser (Süß-, Salz- sowie Brackwasser) angepasst sind; typisch sind z. B. Bruchwälder, Auen, Feuchtwiesen, Moore, Teiche, Weiher und Seen. Feuchtbiotope bieten Wasser- und Wattvögeln Rast- und Überwinterungsmöglichkeiten; sie bieten Rückzugsmöglichkeiten für gefährdete Arten und stellen einen Lebensraum artspezifischer Pflanzen (Orchideen, Morgentau) und Tiere dar, die im oder am Wasser leben.

119. Was bedeutet für Sie der Begriff „Nahrungskette"?

Kurzantwort für die schriftliche Prüfung

✓ eine Reihe von Organismen, die ernährungsbedingt voneinander abhängig sind

Hintergrundorientierung für die mündlich-praktische Prüfung

Nahrungsketten stellen den direkten und indirekten Zusammenhang der Nahrungsbeziehungen in einem Ökosystem dar, beginnend mit den photosynthesebetreibenden (Primär-) Produzenten (Erzeugern), maßgeblich den Pflanzen, dann den Konsumenten (Primär-, Sekundär-, Tertiärkonsumenten etc.). Beispielhafte Nahrungsketten stellen etwa die Beziehungen

- Pflanze, Raupe, Frosch, Raubvogel oder
- Jungtrieb, Rehwild, Mensch

dar. Um die Kette zu schließen, dürfen die Destruenten (Bakterien, Pilze) nicht unerwähnt bleiben, da sie totes organisches Material in anorganische Nährsalze umwandeln und somit wieder Nährstoffe für Produzenten verfügbar werden.

120. Was ist eine Biozönose?

Kurzantwort für die schriftliche Prüfung

✓ eine Lebensgemeinschaft von Tieren und Pflanzen

✓ die Wechselwirkung zwischen Leben und Lebensraum

Hintergrundorientierung für die mündlich-praktische Prüfung

Die Biozönose umfasst die Gesamtheit aller Lebewesen (Tiere, Pflanzen und Mikroorganismen) und deren Abhängigkeit (Wechselbeziehungen) voneinander in einem Biotop.

121. Was ist eine „ökologische Nische"?

Kurzantwort für die schriftliche Prüfung

✓ Platz einer Art im Beziehungsgefüge ihrer Umwelt (Beziehungszusammenhang zwischen Umwelt und Organismus)

Hintergrundorientierung für die mündlich-praktische Prüfung

Der Begriff der „ökologischen Nische" beschreibt die Rolle bzw. das Wirkungsfeld einer Art in einem Ökosystem. Sie ist die Summe der biotischen (belebten) und abiotischen (unbelebten) Faktoren, die auf einen Organismus wirken.

122. Was ist eine „Rote Liste"?

Kurzantwort für die schriftliche Prüfung

- ✓ ein Verzeichnis gefährdeter und ausgestorbener Arten
- ✓ ein wissenschaftliches Fachgutachten, das Gesetzgeber und Behörden als Grundlage für ihr Handeln in Bezug auf den Natur- und Umweltschutz dient

Hintergrundorientierung für die mündlich-praktische Prüfung

Bei „Roten Listen" handelt es sich um wissenschaftliche Fachgutachten, die dem Gesetzgeber und den Behörden als Grundlage für ihr Handeln in Bezug auf den Natur- und Umweltschutz dienen sollen. Sie führen gefährdete und ausgestorbene Arten taxonomisch auf und klassifizieren sie nach dem Gefährdungsgrad. Die „Rote Liste" hat selbst keine Gesetzeskraft.

123. Mit welchen Mitteln soll der Artenschutz erreicht werden?

Kurzantwort für die schriftliche Prüfung

- ✓ durch Renaturierungsmaßnahmen
- ✓ durch Unterschutzstellung gefährdeter Landschaftsbestandteile und der Lebensräume selten gewordener Arten
- ✓ durch strenge Schonung betreffender Arten selbst
- ✓ durch Verbesserung des Lebensraums
- ✓ durch den Biotopschutz
- ✓ durch rechtliche Instrumente (Washingtoner Artenschutzübereinkommen, FFH-Richtlinie, BArtSchV etc.)

Hintergrundorientierung für die mündlich-praktische Prüfung

Der weltweit anhaltende Rückgang der biologischen Vielfalt, insbesondere der Rückgang der Arten und ihrer Populationen, ist auf zahlreiche Faktoren zurückzuführen. Um dieser Entwicklung entgegenzutreten, sind staatliche Maßnahmen erforderlich, die den unterschiedlichen Gefährdungsursachen Rechnung tragen. Das Bundesamt für Naturschutz arbeitet fortlaufend an der Betreuung und Weiterentwicklung nationaler und internationaler Artenschutzregelungen nach ökologischen und naturschutzfachlichen Grundsätzen. Die einzelnen Regelungen des Artenschutzes richten sich sowohl gegen direkte Gefahren, wie beispielsweise den kommerziellen Handel mit wildlebenden Tieren und Pflanzen, wie auch gegen indirekte nachteilige Einwirkungen auf die Lebensräume und Standorte der Arten.

124. Was sind Landschaftsbestandteile?

Kurzantwort für die schriftliche Prüfung

- ✓ Wald in unterschiedlichen Flächengrößen
- ✓ Hecken
- ✓ Einzelbäume
- ✓ Baumgruppen
- ✓ Moore
- ✓ Extensivflächen
- ✓ Wasserflächen
- ✓ Wasserläufe mit Begleitvegetation
- ✓ landwirtschaftlich genutzte Flächen sowie die Anteile der menschlichen Siedlungen in der Landschaft
- ✓ Bauernhöfe
- ✓ Strommasten
- ✓ Schutzpflanzungen

Hintergrundorientierung für die mündlich-praktische Prüfung

Unter Landschaftsbestandteilen versteht man z. B. Wald in unterschiedlichen Flächengrößen, Hecken, Einzelbäume, Baumgruppen, Moore, Extensivflächen, Wasserflächen, Wasserläufe mit Begleitvegetation, landwirtschaftliche genutzte Flächen sowie die Anteile der menschlichen Siedlungen in der Landschaft, Bauernhöfe, Strommasten oder Schutzpflanzungen.

125. Was bezeichnet man als landschaftspflegerische Maßnahmen?

Kurzantwort für die schriftliche Prüfung

- ✓ die Beweidung von Heideflächen durch Schafe
- ✓ den Rückschnitt an Kopfweiden
- ✓ die positive Schutz-Pflege-Entwicklung in der freien Landschaft
- ✓ einen Kompensationsausgleich
- ✓ die Wiederherstellung von Funktion und Struktur
- ✓ die Schaffung gleichwertigen Ersatzes

Hintergrundorientierung für die mündlich-praktische Prüfung

Als landschaftspflegerische Maßnahmen werden alle Vorgänge in der Planung, Gestaltung und Behandlung von Landschaften bezeichnet, die zu größerem Artenreichtum und natürlicheren Zusammenhängen führen.

B. Sachgebiet „Jagdbetrieb, waidgerechte Jagdausübung, Sicherheitsbestimmungen, Jagdhundewesen, Behandlung des erlegten Wildes, Wildkrankheiten, Grundzüge des Land- und Waldbaues, Wildschadenverhütung"

1. Was versteht man unter Wechselwild?

Kurzantwort für die schriftliche Prüfung

✓ Wild, das nur vorübergehend – etwa auf dem Weg zwischen Einstand und Äsungsplätzen – durch das Revier zieht

Hintergrundorientierung für die mündlich-praktische Prüfung

Unter „Wechselwild" versteht man Wild, das sich nicht dauerhaft im Revier aufhält, sondern dieses zu verschiedenen, aber regelmäßigen Gelegenheiten durchzieht – also etwa auf dem Weg vom Einstand zum Äsungsplatz. Den dabei genutzten Weg bezeichnet man daher auch als „Wechsel". Der Begriff des „Wechselwildes" ist von dem des „Standwildes" zu unterscheiden, der das Wild bezeichnet, das sich ständig im Revier aufhält.

2. Wie sollen bei Drückjagden die Stände der Schützen angeordnet werden?

Kurzantwort für die schriftliche Prüfung

✓ an den Wechseln

Hintergrundorientierung für die mündlich-praktische Prüfung

Im Hinblick auf ein erfolgreiches Jagdereignis sollten die Stände so angeordnet werden, dass zugleich eine hohe Wahrscheinlichkeit des Sichtens von Wild bei Möglichkeit des verlässlichen Ansprechens und der sicheren Schussabgabe besteht. Daher ist eine Anordnung an den üblichen Wechseln des Wildes anzustreben. Verlässliches Ansprechen und – sowohl hinsichtlich der Schussantragung als auch hinsichtlich des Ausschlusses der Drittgefährdung – sichere Schussabgabe sollten dabei durch

Nutzung entsprechender Drückjagdböcke oder Hochsitze gewährleistet werden.

3. Muss bei Gesellschaftsjagden ein Jagdleiter bestimmt werden?

Kurzantwort für die schriftliche Prüfung

✓ ja

Hintergrundorientierung für die mündlich-praktische Prüfung

Nach der UVV Jagd muss der „Unternehmer" – also der jagdausübungsberechtigte Veranstalter – bei Gesellschaftsjagden stets einen Jagdleiter bestimmen, wenn nicht er selbst diese Aufgabe wahrnimmt. Die Anordnungen des Jagdleiters sind zu befolgen (§ 4 Abs. 1 UVV Jagd). Zu den dabei bezogenen Gesellschaftsjagden gehören nach der Durchführungsanweisung zu § 4 Abs. 1 UVV Jagd u. a. Treib- und Drückjagden. Gesellschaftsjagden sind nach nordrhein-westfälischem Landesrecht Jagden, bei denen mehr als vier Personen jagdlich zusammenwirken (§ 17a Abs. 1 LJG-NRW).

4. Wann ist bei Treibjagden das Gewehr zu entladen?

Kurzantwort für die schriftliche Prüfung

✓ Unmittelbar nach dem Abblasen des Treibens sowie vor dem Besteigen von Fahrzeugen und für die gesamte Fahrt ist das Gewehr zu entladen.

✓ Beim Besteigen oder Verlassen eines Hochsitzes, beim Überwinden von Hindernissen oder in ähnlichen Gefahrlagen müssen die Läufe (Patronenlager) des Gewehrs entladen sein.

Hintergrundorientierung für die mündlich-praktische Prüfung

Nach der UVV Jagd dürfen Schusswaffen nur während der tatsächlichen Jagdausübung geladen sein (§ 3 Abs. 1 Satz 1 UVV Jagd). Endet daher die tatsächliche Jagdausübung – bei einer Treibjagd also auf das Signal „Hahn in Ruh" – ist das Gewehr insgesamt zu entladen (§ 4 Abs. 3 UVV Jagd). Gleiches gilt vor dem Besteigen von Fahrzeugen und für die gesamte Fahrt (§ 3 Abs. 3 Satz 1 UVV Jagd). Hingegen müssen beim Besteigen oder Verlassen eines Hochsitzes, beim Überwinden von Hindernissen oder in ähnlichen Gefahrlagen nur die Läufe (Patronenlager) des Gewehrs entladen sein (§ 3 Abs. 3 Satz 2 UVV Jagd).

5. Welche Sicherheitsvorschrift gilt für Treiber?

Kurzantwort für die schriftliche Prüfung

✓ Für Treiber gilt als Sicherheitsvorschrift die UVV Jagd.

✓ Treibern ist die Teilnahme zu untersagen, wenn sie infolge mangelnder geistiger und körperlicher Eignung besonders unfallgefährdet sind.

✓ Im Falle der Teilnahme müssen die Treiber sich deutlich farblich von der Umgebung abheben.

Hintergrundorientierung für die mündlich-praktische Prüfung

Für Treiber gilt als Sicherheitsvorschrift die UVV Jagd. Danach dürfen sie – die Untersagung hat durch den Jagdleiter zu erfolgen – an der Jagd nur teilnehmen, wenn sie nicht infolge mangelnder geistiger und körperlicher Eignung besonders unfallgefährdet sind (§ 4 Abs. 4 UVV Jagd). Bei ihrer Teilnahme müssen die Treiber sich – wie alle bei Gesellschaftsjagden an der Jagd unmittelbar Beteiligten – deutlich farblich von der Umgebung abheben (§ 4 Abs. 12 UVV Jagd). Als deutlich farbliche Abhebung eignen sich bei Treibern wie Treiberschützen z. B. gelbe Regenbekleidung oder Brustumhänge in orange-roter Signalfarbe, bei Schützen z. B. ein orange-rotes Signalband am Hut (Durchführungsanweisung zu § 4 Abs. 12 UVV Jagd). Zudem müssen die Treiber durch den Jagdleiter vor Beginn der Jagd belehrt und ihnen die Signale bekanntgegeben werden (§ 4 Abs. 2 UVV Jagd). Die Treiberschützen dürfen während der Jagd nur entladene Schusswaffen mitführen (§ 4 Abs. 11 UVV Jagd). Verlangt ist dabei aber ausnahmsweise nur das Entladen der Läufe (Patronenlager), da Treiberschützen die Schusswaffe für den Eigenschutz, für den Fangschuss und für den Schuss auf vom Hund gestelltes Wild mitführen dürfen (Durchführungsanweisung zu § 4 Abs. 11 UVV Jagd). Ein Durchziehen der Schusswaffe durch die Treiberlinie ist dabei stets untersagt (§ 4 Abs. 7 Satz 2 UVV Jagd).

6. Auf welche Trefferlagen lässt beim Rotwild sofortiges Zusammenbrechen schließen?

Kurzantwort für die schriftliche Prüfung

- ✓ Krellschuss (Dornfortsätze der Wirbelsäule)
- ✓ Trägerschuss
- ✓ Kopfschuss
- ✓ Hohlschuss

Hintergrundorientierung für die mündlich-praktische Prüfung

Insbesondere der Krellschuss führt klassischerweise dazu, dass das Stück in der Regel wie vom Blitz getroffen zusammenbricht und regungslos liegt. Da es nicht tödlich getroffen, sondern lediglich – unter Umständen vorübergehend – gelähmt ist, schlegelt es dann mehr oder weniger stark, wird oftmals blitzartig wieder hoch und flüchtet weg. Anders ist die dauerhafte Wirkung beim Trägerschuss: Nach dem blitzartigen Zusammenbrechen kommt es hier oft zum Schlegeln bis zum Verenden.

Auch beim Hohlschuss, der entsteht, wenn das Wild zwar getroffen ist, aber im Moment des Schussantragens ausgeatmet hat, kann es als eine von verschiedenen Möglichkeiten – neben tiefer, schneller Flucht – auch zum sofortigen Zusammenbrechen kommen. Grund dafür ist, dass durch die Atembewegung zwischen lebenswichtigen Organen Hohlräume entstehen können, so dass das Geschoss unter Umständen keine dieser Organe zerstört.

Anders ist es beim Kopfschuss: Soweit das Gehirn getroffen ist – ansonsten kann es etwa beim misslungenen Kopfschuss als Tellerschuss zu langem Leid des Wildes kommen –, zerstört das Geschoss in der Regel zumeist das Stammhirn und das Stück verendet schlagartig.

7. In der abendlichen Dämmerung wird ein Rehbock beschossen, der ohne zu zeichnen flüchtig abgeht. Wie verhalten Sie sich?

Kurzantwort für die schriftliche Prüfung

✓ einige Zeit abwarten (etwa eine Viertelstunde), Anschuss und Standort des Schützen verbrechen und Nachsuche mit geeignetem Hund am Morgen durchführen

Hintergrundorientierung für die mündlich-praktische Prüfung

Da grundsätzlich verschiedenste Erklärungsmöglichkeiten für das Abgehen ohne Zeichnen bestehen und somit auch Gefährdungssituationen nicht ausgeschlossen werden können, gebietet es sich, zunächst – gerade im Hinblick auf den Fall eines Treffers – einige Zeit (etwa eine Viertelstunde) zuzuwarten und erst dann zur Kontrolle des vermutlichen Eingriffsortes überzugehen. Hierbei sind der Ort des Anschusses, weitere Pirschzeichen und der Standort des Schützen zu verbrechen. Da Nachsuchen in der Nacht, schon angesichts der dunkelheitsbedingten Einschränkung der Sichtbarkeit weiterer Zeichen, nicht geboten sind, ist eine Nachsuche für den Folgetag zu organisieren. Hierbei ist – gesetzlich zwingend – ein brauchbarer Jagdhund zu verwenden (§ 30 Abs. 1 LJG-NRW).

8. In welcher Situation wird der Schweißhund bei einem krankgeschossenen Stück Schalenwild regelmäßig geschnallt?

Kurzantwort für die schriftliche Prüfung

✓ wenn das krankgeschossene Stück sichtbar vor dem Hund flüchtet

✓ beim letzten warmen Wundbett

Hintergrundorientierung für die mündlich-praktische Prüfung

Um das Stück nicht erneut aufzumüden, wird der Schweißhund erst dann geschnallt, wenn das Stück sichtbar vor dem Hund hoch wird. Unter Umständen kann dies nach längerer

Nachsuche auch an einem noch warmen Wundbett geschehen, da dann zumindest die realistische Möglichkeit besteht, dass das Stück bereits so erschöpft ist, dass es vom Hund sicher erreicht und heruntergezogen werden kann.

9. Welcher Wildschweiß ist hellrot-schaumig?

Kurzantwort für die schriftliche Prüfung

✓ Lungenschweiß

Hintergrundorientierung für die mündlich-praktische Prüfung

Die Beschaffenheit des Lungenschweißes wirkt auf Grund seiner Herkunft hellrot-schaumig (blasig). Es handelt sich also um Schweiß mit einem auffälligen Anteil an Luftbläschen, der bisweilen auch mit kleinen zerrissenen Lungenteilchen vermengt ist.

10. Wann darf der Schütze bei einer Treibjagd seine Waffe laden?

Kurzantwort für die schriftliche Prüfung

✓ nach Anweisung des Jagdleiters

✓ nach dem Anblasen des Treibens

✓ auf dem Stand

Hintergrundorientierung für die mündlich-praktische Prüfung

Es gilt, dass der bei einer Treibjagd – da es sich um eine Gesellschaftsjagd handelt – obligatorisch zu bestellende Jagdleiter festlegt, ab wann geladen und geschossen werden darf. Sofern er nichts anderes anordnet, findet die Auffangregel Anwendung, dass die Waffe erst auf dem Stand zu laden und nach Beendigung des Treibens sofort zu entladen ist (§ 4 Abs. 3 UVV Jagd). Unabhängig davon handelt es sich bei der Frage, wann frühestens zu laden und spätestens zu entladen ist, um einen Pflichtbestandteil der Belehrung der Schützen und Treiber durch den Jagdleiter vor Beginn der Jagd (Durchführungsanweisung zu § 4 Abs. 2 UVV Jagd).

11. Was gilt nach dem Signal „Treiber in den Kessel"?

Kurzantwort für die schriftliche Prüfung

- ✓ Die Schützen bleiben stehen.
- ✓ Es darf nicht mehr in den Kessel geschossen werden.
- ✓ Es darf nur noch nach außen auf aus dem Kessel fliehendes Wild geschossen werden.
- ✓ Die Treiber bewegen sich gleichmäßig auf die Mitte des Kessels zu.

Hintergrundorientierung für die mündlich-praktische Prüfung

Bei einer klassischen Treibjagd wird das Wild (zumeist Hasen und Füchse, aber auch hoch abstreichendes Flugwild) zunächst nach innen und außen beschossen, bis der Kessel seinen Durchmesser auf etwa 400 m verengt hat. Nach dem Signal „Treiber in den Kessel" darf nicht mehr in den Kessel geschossen werden (§ 4 Abs. 9 Hs. 2 UVV Jagd). Dem üblichen Ablauf eines Kesseltreibens entsprechend, bleiben folglich die Schützen bei dem Signal auf dem erreichten Fleck stehen, drehen sich nach außen und schießen von diesem Zeitpunkt an nur noch auf aus dem Kessel fliehendes Wild, während die Treiber sich gleichmäßig auf die Mitte des Kessels zu bewegen.

12. Was verstehen Sie unter „Frettieren"?

Kurzantwort für die schriftliche Prüfung

- ✓ die Bejagung von Kaninchen im Bau unter Einsatz von Frettchen

Hintergrundorientierung für die mündlich-praktische Prüfung

Das Wort „Frettieren" bezeichnet eine Jagdart, bei der Frettchen in den Bau von Kaninchen gelassen werden, um diese hinaus und vor die Flinte des Jägers oder auch in Fangnetze (Netzjagd) zu treiben. Das Frettchen trägt dabei in der Regel einen Maulkorb.

13. Welche Fallen fangen lebend unversehrt?

Kurzantwort für die schriftliche Prüfung

- ✓ Kastenfallen
- ✓ Röhrenfallen

Hintergrundorientierung für die mündlich-praktische Prüfung

Lebend unversehrt fangen Fallen, die das bejagte Wild nicht töten, diesem keine Verletzungen durch den Fangvorgang zufügen und vermeidbare Verletzungen des gefangenen Tieres ausschließen (vgl. § 31 Abs. 1 Nr. 2 DVO LJG-NRW). Diese Voraussetzungen werden durch Kasten- und Röhrenfallen erfüllt, die in Nordrhein-Westfalen zudem für den Einzelfang bestimmt sein und dem gefangenen Tier einen ausreichend großen Freiraum bieten müssen (§ 31 Abs. 1 Nr. 1 und 3 DVO LJG-NRW). Wippbrettkastenfallen müssen daher eine Mindestlänge von 80 cm, eine Mindestbreite von 10 cm und eine Mindesthöhe von 15 cm (Innenmaße) aufweisen (§ 31 Abs. 2 Satz 1 DVO LJG-NRW). Um den Fang ganzjährig geschonter oder nicht jagdbarer Tierarten auszuschließen, müssen Wippbrettkastenfallen für das Hermelin mit einer Gewichtstarierung versehen sein, durch die der Fang von Mauswieseln und Mäusen verhindert wird (§ 31 Abs. 2 Satz 2 DVO LJG-NRW).

14. Welche Fallen sind für die Fangjagd zugelassen?

Kurzantwort für die schriftliche Prüfung

- ✓ ausschließlich Fallen, die lebend unversehrt fangen
- ✓ Kastenfallen
- ✓ Röhrenfallen

Hintergrundorientierung für die mündlich-praktische Prüfung

Bundesrechtlich ist der Einsatz von Fanggeräten verboten, die nicht unversehrt fangen oder nicht sofort töten (§ 19 Abs. 1 Nr. 9 BJagdG). Folglich ist Voraussetzung der Zulässigkeit eines Fanggeräts – soweit Landesrecht keine engeren

Vorschriften vorsieht –, dass es entweder lebend unversehrt fängt oder aber sofort tötet. Da zudem verschiedene Fallenarten/Fanggeräte, die diese Maßgabe im Einzelfall erfüllen könnten, durch spezielle bundesgesetzliche Vorschriften, so etwa Schlingen (§ 19 Abs. 1 Nr. 8 BJagdG) sowie Selbstschussgeräte (§ 19 Abs. 1 Nr. 9 BJagdG), und in Nordrhein-Westfalen allgemein sämtliche Totschlagfallen verboten sind (vgl. § 19 Abs. 4 LJG-NRW i. V. m. § 30 Nr. 1 DVO LJG-NRW), verbleiben für die Jagd in Nordrhein-Westfalen Röhrenfallen und Wippbrettkastenfallen, die bestimmte Mindestmaße aufweisen (vgl. § 30 DVO Nr. 2 i. V. m. § 31 Abs. 2 Satz 1 LJG-NRW).

15. Welche Fallen werden in der Regel für den Fang von Füchsen eingesetzt?

Kurzantwort für die schriftliche Prüfung

- ✓ Kastenfalle
- ✓ Röhrenfalle

Hintergrundorientierung für die mündlich-praktische Prüfung

Da vom Bundesrecht (§ 19 Abs. 1 Nr. 9 BJG) abweichend in Nordrhein-Westfalen allgemein sämtliche Totschlagfallen verboten sind (vgl. § 19 Abs. 4 LJG-NRW i. V. m. § 30 Nr. 1 DVO LJG-NRW), kommen in Nordrhein-Westfalen für den Fang von Füchsen allein noch Betonröhrenfalle und Kastenfalle zum Einsatz. Der bis zur Novellierung des LJG-NRW im Jahre 2015 mögliche Totfang mittels Abzugeisens (Schwanenhals) scheidet aus.

16. Wann ist die Fangjagd sinnvoll?

Kurzantwort für die schriftliche Prüfung

- ✓ nur außerhalb der Setz- und Brutzeiten (wenn nicht besonders zugelassen)
- ✓ wenn nachtaktives Raubwild bejagt werden soll
- ✓ zur Seuchenbekämpfung

Hintergrundorientierung für die mündlich-praktische Prüfung

Die Fangjagd kann insbesondere zur Bejagung von Raubwild eingesetzt werden: Grund ist dabei u. a., dass Haarraubwild meist nachtaktiv ist und diese zusätzliche Bejagungsart so eine sinnvolle Ergänzung zur Bejagung übermäßiger Raubwildbestände auch bei Nacht bildet. Gerade wenn Wildseuchen bekämpft werden sollen, kann diese zusätzliche Option eine wichtige Voraussetzung der zeitlich und flächenmäßig durchgehenden Bejagung sein, die erforderlich ist, um den Durchseuchungsgrad nachhaltig und verantwortlich abzusenken. Da bundesrechtlich in den Brut- und Setzzeiten bis zum Selbständig werden der Jungtiere die zur Aufzucht notwendigen Elterntiere nicht bejagt werden dürfen (§ 22 Abs. 4 Satz 1 BJagdG), die Fallenjagd jedoch nicht selektiv auf die Verschonung der aufzuchtnotwendigen Elterntiere ausgerichtet werden kann, ist sie in diesen Zeiten zu unterlassen. Auch ansonsten sind die tierschutzrechtlichen Bestimmungen und die allgemeinen Grundsätze deutscher Waidgerechtigkeit einzuhalten.

17. Sie finden am Anschuss braunroten Schweiß. Was ist getroffen?

Kurzantwort für die schriftliche Prüfung

✓ die Leber

Hintergrundorientierung für die mündlich-praktische Prüfung

Die Färbung von Leberschweiß ist dunkelrot bis rotbraun. Er ist von körnig-griesiger Konsistenz und bitterem Geschmack. Oftmals ist er bereits am Anschuss in großen Tropfen feststellbar. Hinsichtlich der Wirkung ist beim Leberschuss eine weite Spanne möglich: So kann die tödliche Wirkung bereits nach wenigen Minuten, unter Umständen aber auch erst nach mehreren Stunden eintreten. Daher sollte der Jäger die Nachsuche nicht unmittelbar aufnehmen. Würde er der zumeist gut sichtbaren Schweißfährte sogleich folgen, bestünde die deutliche Gefahr, dass sich in der Regel bald nach dem

Schuss niedertuende Stück aufzumüden. Vor einer Nachsuche sollte daher einige Stunden zugewartet werden.

18. Wer gibt den Fangschuss auf ein nachgesuchtes, vom Hund gestelltes Stück Schalenwild ab?

Kurzantwort für die schriftliche Prüfung

✓ der Nachsuchenführer (Hundeführer des Nachsuchengespanns)

✓ der Jagdausübungsberechtigte

Hintergrundorientierung für die mündlich-praktische Prüfung

Die Führer von Nachsuchenhunden der von der unteren Jagdbehörde anerkannten Schweißhundestationen sind gesetzlich berechtigt, die Nachsuche fortzuführen, das kranke oder verletzte Schalenwild zu erlegen und zu versorgen, soweit die Jagdausübungsberechtigten nicht erreicht werden (§ 29 Abs. 3 Satz 3 LJG-NRW). Daraus folgt, dass den Fangschuss auf Schalenwild nach nordrhein-westfälischer Rechtslage stets der Jagdausübungsberechtigte des Bezirkes, in dem das krankgeschossene Stück gestellt wird, und erst im Falle von dessen Nichterreichbarkeit der Hundeführer des Nachsuchengespanns abgibt.

19. Was verstehen Sie unter „Blattjagd“?

Kurzantwort für die schriftliche Prüfung

✓ das zu jagdlichen Zwecken erfolgende Anlocken männlichen Rehwilds durch Nachahmen des Lautes von Ricken oder Kitzen

Hintergrundorientierung für die mündlich-praktische Prüfung

Unter einer „Blattjagd“ versteht man das zum Zweck des Abschusses erfolgende und unter Zuhilfenahme eines Buchenblattes – daher der Begriff – oder eines sonstigen künstlichen Instrumentes bewerkstelligte Anlocken eines Rehbockes in der Brunftzeit (Juli/August). Das dabei verwirklichte Nachahmen des Fieptones bezeichnet man entsprechend als „Blatten", technische Werkzeuge, die anstelle des Buchenblattes zur Erzeugung der Locklaute genutzt werden, als „Blatter", die Zeit, in der die Blattjagd erfolgreich ausgeübt werden kann, als „Blattzeit". Sie beginnt in der Regel Ende Juli, wenn nach dem vorherigen Verlauf der Brunftzeit die meisten der Ricken bereits beschlagen sind und die umher suchenden Böcke sich leichter anlocken lassen.

20. Was verstehen Sie unter „Beizjagd"?

Kurzantwort für die schriftliche Prüfung

✓ die Jagd mit Greifvögeln.

Hintergrundorientierung für die mündlich-praktische Prüfung

Unter „Beizjagd" wird die Jagd mit Greifen oder Falken verstanden (§ 15 Abs. 1 Satz 3 BJG). Der Begriff der „Beiz" ist dabei ein mittelhochdeutscher, der sich vom althochdeutschen Begriff „beizen" ableitet (erregen, anstacheln, beißen machen). Durchgeführt werden darf die Beizjagd allein durch Personen, die zusätzlich zur Jäger- die Falknerprüfung abgelegt haben und über einen gültigen Falknerjagdschein verfügen (Falkner). Im Rahmen der Falknerprüfung müssen ausreichende Kenntnisse des Haltens, der Pflege und des Abtragens von Beizvögeln, des Greifvogelschutzes sowie der Beizjagd nachgewiesen werden. Entgegen der Bezeichnung „Falkner" werden im Rahmen der Beizjagd neben den Falkenartigen (Gerfalke, Lannerfalke, Sakerfalke, Wanderfalke), die – je nach Größe – für die Jagd auf Rebhuhn, Kaninchen, Fasanen, Rabenkrähen, Stockenten eingesetzt werden, auch Habichtartige (Habicht, Rotschwanzbussard, Königsrauhfußbussard, Wüstenbussard, Steinadler) genutzt, die – je nach Größe – zur Jagd auf Ringeltauben, Stockenten, Kaninchen, Feldhasen, Elstern, Fasane, Fuchs, Rehwild zum Einsatz kommen.

21. Wann hat sich bei der Treibjagd ein Schütze mit seinem Nachbarn zu verständigen?

Kurzantwort für die schriftliche Prüfung

- ✓ nach Einnahme des Standes
- ✓ vor jeder Veränderung des Standes
- ✓ vor dem Verlassen des Standes

Hintergrundorientierung für die mündlich-praktische Prüfung

Die Frage ist inhaltlich auf den Umgang der Schützen im Rahmen eines Standtreibens ausgerichtet, also einer Form der Treibjagd, bei der den Schützen – anders als etwa bei der Streife oder dem Kesseltreiben – feste Standplätze zugewiesen werden. Hierbei ist sicherzustellen, dass die Schussbereiche der Schützen so aufeinander abgestimmt sind, dass zunächst eine gegenseitige Gefährdung der Schützen vermieden wird. Dies geschieht in erster Linie durch die Festlegung des Jagdleiters oder der von diesem zum Anstellen bestimmten Beauftragten, die den Schützen bei einem Standtreiben ihre jeweiligen Stände unter genauer Bezeichnung des jeweils einzuhaltenden Schussbereiches anzuweisen haben. Um die Einhaltung dieser Maßgaben zu gewährleisten, haben die Schützen sodann unmittelbar nach der Einnahme der Stände eine Verständigung mit den jeweiligen Nachbarn durchzuführen (§ 4 Abs. 6 Satz 2 Hs. 1 UVV Jagd). Verändert oder verlässt der Schütze – was bis zur Beendigung des Treibens nur mit Zustimmung des Jagdleiters zulässig ist – seinen Stand, hat er sich zuvor mit seinen Nachbarn zu verständigen (§ 4 Abs. 6 Satz 4 UVV Jagd).

22. Welche Regelungen gelten bei dem Signal „Hahn in Ruh"?

Kurzantwort für die schriftliche Prüfung

- ✓ Die Jagd ist beendet.
- ✓ Die Waffe ist zu entladen.
- ✓ Kipplaufwaffen sind zu brechen.

- ✓ Waffen mit starren Läufen sind mit geöffnetem Verschluss und mit der Mündung nach oben zu tragen.
- ✓ Der Standplatz darf verlassen werden.

Hintergrundorientierung für die mündlich-praktische Prüfung

Mit dem Signal „Hahn in Ruh" wird durch den Jagdleiter die Beendigung der Jagd verfügt. Da nach der UVV Jagd Schusswaffen nur während der tatsächlichen Jagdausübung geladen sein dürfen (§ 3 Abs. 1 Satz 1 UVV Jagd), ist die Waffe auf das Signal „Hahn in Ruh" insgesamt zu entladen (§ 4 Abs. 3 UVV Jagd). Waffen sind ab diesem Zeitpunkt – soweit der Jagdleiter nicht aufgrund besonderer Witterungsverhältnisse Abweichendes zugelassen hat – mit geöffnetem Verschluss und mit der Mündung nach oben (Waffen mit starren Läufen) oder abgeknickt (Kipplaufwaffen) zu tragen (§ 4 Abs. 10 UVV Jagd). Gleichzeitig endet die Zeit, in der Stand nicht verlassen werden darf (§ 4 Abs. 6 Satz 3 UVV Jagd).

23. Auf welche Trefferlage lässt beim Rotwild heftiges Ausschlagen mit den Hinterläufen schließen?

Kurzantwort für die schriftliche Prüfung

- ✓ auf einen Waidwundschuss

Hintergrundorientierung für die mündlich-praktische Prüfung

Heftiges Ausschlagen mit den Hinterläufen lässt auf einen Treffer im hinteren und unterhalb der Wirbelsäule liegenden Bereich des Wildkörpers schließen. Dort befinden sich das große (Magen) und das kleine Gescheide (Darm). Folglich ist von einem Waidwundschuss auszugehen.

24. An welchen Körperteilen wurde ein Fasan getroffen, wenn er steil hochsteigt (himmelt)?

Kurzantwort für die schriftliche Prüfung

- ✓ Kopf
- ✓ Lunge

- ✓ Stingel
- ✓ Auge

Hintergrundorientierung für die mündlich-praktische Prüfung

Das auf den Schuss hin erfolgende Himmeln des Fasans lässt darauf schließen, dass der Schuss nicht sofort tödliche Wirkung entfaltet hat, sodass Flugbewegungen zumindest kurzfristig noch möglich sind. Ein auf einen solchen, nicht sofort tödlichen Schrotschuss erfolgendes steiles Aufsteigen eines Fasans ist auf einen Treffer des Kopfes, der Lunge, des Stingels oder der Augen zurückzuführen.

25. Wie wird ein Anschuss korrekt verbrochen?

Kurzantwort für die schriftliche Prüfung

- ✓ Setzung eines unbearbeiteten Zweiges an die Stelle im Gelände, an der der Wildkörper vom Geschoss getroffen worden ist.

Hintergrundorientierung für die mündlich-praktische Prüfung

Die korrekte Markierung eines Anschusses erfolgt durch Niederlegung bzw. Setzung eines Anschussbruches, also eines unbearbeiteten (unbefegten) Zweiges einer waidgerechten Baumart, an der Stelle im Gelände, an der der Wildkörper vom Geschoss getroffen wurde (Anschussstelle). Als waidgerechte Baumarten kommen sämtliche heimischen Nadelbaumarten außer der Lärche sowie Stiel-, Traubeneiche und Erle in Frage.

26. Was ist beim Mitführen von Flintenlaufgeschossen zu beachten?

Kurzantwort für die schriftliche Prüfung

- ✓ Sie sind stets von Schrotpatronen getrennt aufzubewahren.
- ✓ Die treffsichere Schussentfernung der Flintenlaufgeschosse liegt in der Regel im Rahmen der Schrotschussentfernung.
- ✓ Sie dürfen nicht bleihaltig sein.

Hintergrundorientierung für die mündlich-praktische Prüfung

Da die mit dem Einsatz von Flintenlaufgeschossen (FLG) einhergehende Gefährdung eine andere ist als bei der von Schrotpatronen, sind FLG-Patronen und Schrotpatronen strikt räumlich voneinander getrennt mitzuführen. Die oftmals erfolgende Fertigung der FLG-Patronen aus durchsichtigem Plastik gewährleistet insbesondere bei Dunkelheit keine sichere Unterscheidung. Auch die teilweise erfolgende Riffelung an der Außenseite der Patronenhülse stellt allenfalls eine Hilfe dar, die in der Kürze der Abläufe von Jagdsituationen leicht „übersehen“ werden kann. Die treffsichere Schussentfernung von FLG kommt nicht an die von Büchsengeschossen heran. Sie beträgt in der Regel nur Schrotschussentfernung (also bis zu 40 m). Abhängig von Ladung und Lauf sind ggf. auch sichere Schussentfernungen von bis zu 100 m möglich. Erforderlich ist allerdings in jedem Falle ein Einschießen zur Feststellung der Schussleistung und der Treffpunktlage. Hinzu kommt, dass bleihaltige FLG in Nordrhein-Westfalen nicht mehr verwendet werden dürfen (§ 19 Abs. 1 Nr. 3 LJG-NRW). Auch wenn das Verbot des Verwendens sich allein auf den bestimmungsgemäßen Gebrauch, also den jagdlichen Schuss, bezieht, sollten bleihaltige FLG dennoch – um Irrtümer zu vermeiden – gar nicht erst mitgeführt werden.

27. Welche Maßnahmen zur Verhinderung der Tollwut sollen im Jagdbetrieb durchgeführt werden?

Kurzantwort für die schriftliche Prüfung

✓ intensive Fuchsbejagung

✓ regelmäßige Impfköderaktionen

✓ Tollwutimpfschutz der Jagdhunde sicherstellen

Hintergrundorientierung für die mündlich-praktische Prüfung

Da die Häufigkeit der Tollwut in einem Bezirk hierzulande mit der Dichte der Fuchspopulation zusammenhängt (der Anteil von Dachs, Marder und Wiesel an der Verbreitung ist von untergeordneter Bedeutung), kann die Infektionsgefahr durch die verstärkte Bejagung von Füchsen abgesenkt werden: Durch die Eingrenzung der Fuchstollwut wird ein wichtiger Bestandteil aus der üblichen Infektionskette herausgebrochen. Da es jedoch weder möglich noch sinnvoll ist, die Fuchspopulation nachhaltig zu schädigen und auch Füchse Wild sind, für das die Hegeverpflichtung gilt, ist es grundsätzlich erforderlich, einen möglichst breiten Schutz durch vorbeugende Schutzimpfung von Füchsen – also mittels ausgelegter Impfköder – zu erreichen. Es gilt also, einerseits eine angepasste und nachhaltige Fuchsdichte herbeizuführen und andererseits die Fuchspopulation durch Schutzimpfung zu immunisieren. Unabhängig davon sollten stets die Jagdgebrauchshunde gegen Tollwut geimpft werden, da sie ggf. auch außerhalb Nordrhein-Westfalens eingesetzt werden und – im Gegensatz zum Menschen – eine nachträgliche Behandlung von Hunden nicht möglich ist.

28. Bei welcher Jagdart können Netze verwendet werden?

Kurzantwort für die schriftliche Prüfung

- ✓ bei der Baujagd auf Kaninchen
- ✓ beim Frettieren

Hintergrundorientierung für die mündlich-praktische Prüfung

Netze werden bei der Baujagd auf Kaninchen verwendet: Dabei werden die Röhren mit den Netzen abgedeckt. Springen die Kaninchen – etwa nach Aufstöberung durch Frettchen – in die Netze, nimmt sie der Jäger heraus und tötet sie. Insbesondere bei der Jagd in befriedeten Bezirken – etwa auf Friedhöfen – stellt die Nutzung von Netzen eine sinnvolle, da lärmmindere Möglichkeit dar. Die besondere Fangjagdqualifikation ist hierzu nicht erforderlich, da Fangjagd im Sinne des LJG-NRW die „Jagd mit Fallen“ ist. Die Verwendung von Netzen fällt nicht darunter.

29. Welche Signale gehören zu den Leitsignalen?

Kurzantwort für die schriftliche Prüfung

✓ sämtliche, den Ablauf einer Jagd bestimmende Signale

✓ „Hegeruf", „Antwort", „Notruf", „Das Ganze", „Aufbruch zur Jagd", „Anblasen des Treibens", „Laut treiben", „Stumm treiben", „Aufmunterung zum Treiben", „Halt", „Treiber in den Kessel", „Treiber zurück", „Aufhören zu schießen" („Hahn in Ruh"), „Hunderuf", „Wagenruf", „Treiberwehren", „Ecke vor", „Mitte", „Richtung", „Rechter Flügel", „Linker Flügel", „Zusammenziehen der Flügel", „Sammeln der Jäger", „Sammeln der Schützen", „Sammeln der Treiber", „Wild ablegen"

Hintergrundorientierung für die mündlich-praktische Prüfung

Unter den „Jagdleitsignalen" versteht man sämtliche Signale, die genutzt werden, um den Ablauf einer Jagd zu steuern. Dazu gehören neben den Signalen, die die Leitung einer Gesellschaftsjagd als Ganzes bestimmen (etwa „Aufbruch zur Jagd"), auch solche, die einzelne jagdtaktische Schritte regeln (etwa „Ecke vor"). Ihre Verwendung – gerade die der jagdtaktischen – ist heute seltener anzutreffen, da man alternative Kommunikationswege (insbesondere das Mobiltelefon) für praktischer hält. Diese Einschätzung dürfte jedoch vielfach einer genauen Überlegung nicht standhalten, denn die Hornsignale erfordern kein Anwählen bestimmter Personen, sind für alle im Gebiet befindlichen Personen vernehmbar und einfach verständlich. Tatsächlich dürfte wohl die Verwendung des Mobiltelefons deswegen für praktischer gehalten werden, weil sie den Verwendern jegliches Lernen der Signale erspart. In der jagdlichen Ausbildung jedenfalls spielen die Signale nur noch eine untergeordnete Rolle. Thematisiert werden zumeist „Anblasen des Treibens", „Treiber in den Kessel" und „Aufhören zu schießen" („Hahn in Ruh"). Die Zahl existierender Jagdleitsignale, die als Antwort auf die vorliegende Frage vorgeschlagen werden könnten, ist jedoch deutlich länger. Sie umfasst – ohne Anspruch auf Vollständigkeit – u. a. die vorstehend unter „Kurzantwort für die schriftliche Prüfung" aufgeführten Signale.

30. Sie gehen zur Jagd, wann laden Sie das Gewehr?

Kurzantwort für die schriftliche Prüfung

✓ bei Beginn der tatsächlichen Jagdausübung

✓ auf dem Hochsitz oder auf dem Stand

✓ bei Beginn der Pirsch im Revier

Hintergrundorientierung für die mündlich-praktische Prüfung

Schusswaffen dürfen nur während der tatsächlichen Jagdausübung geladen sein (§ 3 Abs. 1 Satz 1 UVV Jagd). Auch beim Besteigen von Fahrzeugen und während der Fahrt muss die Waffe entladen sein. Zumindest die Läufe (Patronenlager) müssen beim Besteigen oder Verlassen eines Hochsitzes, beim Überwinden von Hindernissen oder in ähnlichen Gefahrlagen entladen sein (§ 3 Abs. 3 UVV Jagd). Daraus folgt, dass Schusswaffen erst bei Beginn der tatsächlichen Jagdausübung geladen werden dürfen und bei ihrer Beendung wieder zu entladen sind. Davon kann erst auf dem Hochsitz oder auf dem Stand bzw. bei Beginn der Pirsch im Revier ausgegangen werden. Auch bei sämtlichen Unterbrechungen (Fahrten, Verlassen und Besteigen von Einrichtungen) ist zu entladen.

31. Wie verhalten Sie sich, wenn Sie einen Hochsitz besteigen wollen und die Repetierbüchse bereits geladen ist?

Kurzantwort für die schriftliche Prüfung

✓ Ich entlade den Lauf (Patronenlager).

Hintergrundorientierung für die mündlich-praktische Prüfung

Im Gegensatz zur Situation beim Besteigen von Fahrzeugen und während der Fahrt, bei der die Schusswaffe entladen sein muss, müssen beim Besteigen oder Verlassen eines Hochsitzes, beim Überwinden von Hindernissen oder in ähnlichen Gefahrlagen nur die Läufe der Waffe (Patronenlager) entladen sein (so § 3 Abs. 3 UVV Jagd).

32. Auf welche Wildarten wird die Lockjagd ausgeübt?

Kurzantwort für die schriftliche Prüfung

✓ grundsätzlich ist die Lockjagd auf sämtliche Tierarten denkbar, in Nordrhein-Westfalen aber nur auf folgende Wildarten gängig: Rehwild, Rotwild, Schwarzwild, Fuchs, Steinmarder, Hermelin, Kanada-, Nil- und Graugans, Rabenkrähe, Elster, Ringeltaube und Stockente

Hintergrundorientierung für die mündlich-praktische Prüfung

Unter dem Begriff „Lockjagd" werden sämtliche Jagdarten zusammengefasst, bei denen Wild auf verschiedene Weise „angelockt" wird, um es leichter erlegen zu können. In Frage kommen akustische (Lautnachahmung), optische (Aufstellen von Lockvögeln) und geruchliche (Harn erlegter Fähen zur Anlockung männlichen Raubwildes) Lockmittel sowie die Lockfütterung (Kirrung). Ausgeübt wird die Lockjagd zumeist als Ansitzjagd, seltener im Rahmen der Pirschjagd. Denkbar ist Locken als Technik bei Nachstellen auf sämtliche Tierarten. Bei der Antwort auf die gestellte Frage ist jedoch allein unter denjenigen auszuwählen, die Wild i.S. des § 2 LJG-NRW darstellen. Ausgeübt wird in Nordrhein-Westfalen – gängigerweise auf die unter „Kurzantwort für die schriftliche Prüfung" aufgeführten Wildarten.

33. Was ist ein wichtiger Grundsatz der Waidgerechtigkeit?

Kurzantwort für die schriftliche Prüfung

✓ keine Über- oder Unterbejagung zu betreiben

✓ die Jagd tierschutzgerecht und unter Vermeidung unnötiger Qualen für das Wild durchzuführen

✓ dem Wild eine Chance zu lassen

✓ die Wildtiere als Geschöpfe der Natur zu achten

✓ sich anständig gegenüber anderen Jagenden zu verhalten

- ✓ Jagdbetrieb und Jagdleidenschaft im Sinne der Beförderung des Ansehens der Jägerschaft diszipliniert und gezügelt auszuüben
- ✓ auf gesundes Wild nicht mit Pistolen oder Revolvern zu schießen
- ✓ die Hege eines gesunden und artenreichen Wildbestandes durch Pflege und Sicherung seiner natürlichen Lebensgrundlagen zu verwirklichen
- ✓ Schlingen jedweder Art, in denen sich Wild verfangen kann, nicht zu stellen
- ✓ wild nicht zu vergiften und keine vergifteten Köder zu legen
- ✓ in den Brut- und Setzzeiten bis zum Selbständig werden der Jungtiere die zur Aufzucht notwendigen Elterntiere nicht zu bejagen
- ✓ Krankgeschossenes Wild ist unverzüglich zu erlegen. Gleiches gilt für schwerkrankes Wild, soweit es nicht gesundgepflegt werden kann.

Hintergrundorientierung für die mündlich-praktische Prüfung

Unter den allgemein anerkannten Grundsätzen deutscher Waidgerechtigkeit, auf deren Beachtung im Rahmen der Jagdausübung der Jäger rechtlich verpflichtet ist (§ 1 Abs. 3 BJagdG), versteht man die Grundregeln des waidmännisch korrekten Verhaltens, die sich historisch als im jagdlichen Umgang mit Mensch und Natur sinnhaft herausgestellt haben und sich weiterentwickeln. Grundgedanke ist ein nachhaltiger, fairer und höflicher Umgang des Jägers mit der natürlichen Umwelt, bestehend aus der Natur im engeren Sinne und den anderen Jägern. Die Waidgerechtigkeit umfasst dabei eine weite Spanne teils nicht ausformulierter, teils aber auch inzwischen gesetzlich definierter Grundregeln, die sich zwischen zentralen jagdlichen Gefahrverhütungsregeln einerseits und – für ein geordnetes menschliches Zusammenleben grundlegenden – Vorschriften guten Benehmens und guten Stils andererseits bewegen. Dazu gehören – ohne jeden Anspruch auf Vollständigkeit – die vorstehend unter „Kurzantwort für die schriftliche Prüfung" aufgeführten Grundsätze.

Da sie sich mit der Jagd in ihrem kulturellen Umfeld entwickeln und entwickelt haben, stellen sie solche dar, die unmittelbar nur im räumlich-kulturell engeren Umfeld, also vor allem in Deutschland, in Österreich und der Schweiz – auch mit deutlich regional verschiedenen Ausprägungen – praktiziert werden. Dass sie in kulturell weiter entfernten Räumen unter Umständen auch inhaltlich nicht geteilt würden, schmälert ihre – ohnehin rechtlich bestehende – Bindungskraft in unserem Kulturraum nicht, in dem sie „richtig“ sind, da sie seine passende Ausprägung darstellen. Die Sinnhaftigkeit des Zusammenhangs der Grundsätze der Waidgerechtigkeit für jagdlich und menschlich korrektes Verhalten in Übereinstimmung mit den Zielen des Naturschutzes zeigt zudem ihre Modernität, die auch für andere Kulturräume als Orientierung dienen kann. Dementsprechend wird vielfach auch von Auslandsjägern des deutschen Sprachraums – etwa von Jagdaufenthalten in Afrika – berichtet, dass einer an den Grundsätzen der Waidgerechtigkeit ausgerichteten Jagdausübung durch deutschsprachige Jäger große Anerkennung entgegengebracht wird.

34. Was verstehen Sie unter einer „Jagdeinrichtung“?

Kurzantwort für die schriftliche Prüfung

- ✓ eine im engeren oder weiteren Sinne bauliche Sache, die dem Aufsuchen, Nachstellen, Erlegen und Fangen von Wild sowie dessen Hege dient
- ✓ Hochsitze und Leitern, Futterplätze, Kirrungen, Tränken, Salzlecken, Pirschwege, künstliche Suhlen, Nisthilfen, Kunstbaue und Fangeinrichtungen, Luderplätze, Zäune, Gatter und Jagdhütten

Hintergrundorientierung für die mündlich-praktische Prüfung

Da Inhalt des Jagdrechtes die Befugnis ist, auf einem bestimmten Gebiet Wild zu hegen, es aufzusuchen, ihm nachzustellen, es zu erlegen und zu fangen (§ 1 Abs. 1 und 4 BJagdG), ist eine Jagdeinrichtung eine im engeren oder weiteren Sinne bauliche Sache, die dem Aufsuchen, Nachstellen,

Erlegen und Fangen von Wild sowie dessen Hege dient. Dazu gehören neben den jagdrechtlichen als solche definierten Einrichtungen für die Ansitzjagd (etwa Hochsitze und Leitern), Futterplätze und Kirrungen (vgl. § 28 LJG-NRW) auch andere Anlagen, so Tränken, Salzlecken, Pirschwege, künstliche Suhlen, Nisthilfen, Kunstbaue und Fangeinrichtungen, Luderplätze, Zäune, Gatter und natürlich Jagdhütten.

35. Welche Körperteile werden bei der Trichinenschau untersucht?

Kurzantwort für die schriftliche Prüfung

✓ Material aus dem Zwerchfellpfeiler und einem Vorderlauf oder der ganze Lecker.

Hintergrundorientierung für die mündlich-praktische Prüfung

Für die Trichinenuntersuchung sind in Nordrhein-Westfalen grundsätzlich zwei Proben zu entnehmen: eine aus einem Vorderlauf (mindestens 50 g Fett- und schwartenfreie Unterarmmuskulatur) und zusätzlich ca. 50 g aus dem Zwerchfellpfeiler oder den ganzen Lecker (Zunge) (50 g = ca. Hühnereigroß).

36. Was versteht man unter „Jagddruck"?

Kurzantwort für die schriftliche Prüfung

✓ die zeitlich und/oder streckenmäßig zu starke Bejagung des Wildes, die die gesunde Entwicklung des Wildes beeinträchtigt

Hintergrundorientierung für die mündlich-praktische Prüfung

Der Begriff „Jagddruck" bezeichnet eine Bejagung, die zu Druck auf das Wild führt, sich in einer Weise zu verhalten, die die Erhaltung eines den landschaftlichen und landeskulturellen Verhältnissen angepassten artenreichen und gesunden Wildbestandes – und damit das Hegeziel (vgl. § 1 Abs. 2 Satz 1 BJagdG) – in Frage stellt. Geschehen kann dies zum einen

durch zu häufige (etwa das sog. „Leerpirschen“) und zum anderen durch zu stark in den Bestand eingreifende Bejagungsmaßnahmen (sog. „Leerschießen“) im Revier. Die Folge ist etwa, dass das Wild in andere Reviere ausweicht und dort verstärkte Wildschäden verursacht, keinen gesunden Altersklassenaufbau mehr erreicht und – mit der Folge von Entwicklungsstörungen – allgemein beunruhigt ist.

37. Welche Wildart wird mit dem Frettchen bejagt?

Kurzantwort für die schriftliche Prüfung

✓ das Wildkaninchen

✓ Wildarten, die mittels am Boden schlagender Beizvögel bejagd werden.

Hintergrundorientierung für die mündlich-praktische Prüfung

Mit Frettchen wird klassischerweise das Wildkaninchen bejagt. Dabei wird das Frettchen – mit einem Glöckchen und ggf. mit einem Maulkorb versehen, damit es die Kaninchen nicht reißt – in die Röhren des Baus gelassen, damit es die Wildkaninchen heraustreibt. Der Jäger kann zusätzlich Netze vor den Ausgängen der Röhren platzieren, um die gesprengten Wildkaninchen zu fangen und sodann zu töten (Netzjagd). Zudem wird das Frettchen auch durch Falkner bei der Jagd mit dem Habicht, also Beizvögeln, die Beizwild am Boden schlagen, eingesetzt.

38. Welche Monate sind für die Stangensuche geeignet?

Kurzantwort für die schriftliche Prüfung

✓ bei Rotwild: Februar/März/April

✓ bei Damwild: März/April/Mai

✓ bei Sikawild: April/Mai

✓ bei Rehwild: Oktober/November/Dezember

Hintergrundorientierung für die mündlich-praktische Prüfung

Zur Stangensuche sind die Monate des Stangenabwurfes der jeweiligen Hirschart geeignet. Abgeworfene Stangen werden danach relativ rasch von der Natur „wiederverwertet“, da sie aus Knochengewebe, also zu 25 % aus Wasser, zu 30 % aus organischen Materialien (im Wesentlichen aus dem Strukturprotein Kollagen) und zu 45 % aus anorganischen Stoffen (im Wesentlichen aus dem Phosphat Hydroxylapatit) bestehen. Größter „Interessent“ sind dabei Mäuse, die die Stangen benagen.

39. In welcher Zeit dürfen Wildkaninchen im befriedeten Bezirk gefangen oder getötet werden?

Kurzantwort für die schriftliche Prüfung

✓ Unter Beachtung der Jagd- und Schonzeiten.

✓ Wildkaninchen vom 16. Oktober bis 28. Februar, Jungkaninchen ganzjährig.

Hintergrundorientierung für die mündlich-praktische Prüfung

Zwar dürfen in befriedeten Bezirken sachkundige Eigentümer und Nutzungsberechtigte sowie deren sachkundige Beauftragte „jederzeit“ Wildkaninchen fangen, töten und sich aneignen, jedoch nur unter Beachtung der jagd- und tierschutzrechtlichen Vorschriften (§ 4 Abs. 4 Satz 1 LJG-NRW). Daher gelten auch bei der Jagd im befriedeten Bezirk die Jagd- und Schonzeitbestimmungen. Somit dürfen nur Jungkaninchen ganzjährig, Wildkaninchen hingegen allein in der Zeit vom 16. Oktober bis zum 28. Februar bejagt werden.

40. Was ist innerhalb einer 75-m-Zone zur Jagdgrenze ohne Vereinbarung der Jagdnachbarn nicht gestattet?

Kurzantwort für die schriftliche Prüfung

✓ die Errichtung von Einrichtungen für die Ansitzjagd

✓ die Anlage von Kirrungen

✓ die Anlage von Fütterungen

Hintergrundorientierung für die mündlich-praktische Prüfung

Innerhalb einer 75-m-Zone zur Grenze des Jagdbezirks dürfen Einrichtungen für die Ansitzjagd nicht errichtet und keine Fütterungen oder Kirrungen angelegt werden. Abweichendes kann in einer schriftlichen Vereinbarung der Jagdnachbarn festgelegt werden. Unabhängig davon kann aber auch die untere Jagdbehörde Ausnahmen von den genannten Beschränkungen in der 75-m-Zone zulassen, wenn dies zur Vermeidung übermäßiger Wildschäden geboten ist (§ 28 Abs. 2 LJG-NRW).

41. Wie oft müssen Fallen für den Lebendfang kontrolliert werden?

Kurzantwort für die schriftliche Prüfung

✓ mindestens zweimal pro Tag (morgens und abends)

Hintergrundorientierung für die mündlich-praktische Prüfung

Die in Nordrhein-Westfalen seit der Novellierung des LJG-NRW im Jahre 2015 jagdlich allein mehr zugelassenen Lebendfangfallen – etwa Wippbrettkastenfallen – sind mindestens zweimal pro Tag zu kontrollieren (morgens und abends). Dies entspricht der jagdlichen Praxis, ein mit der Gefangenschaft einhergehendes Leiden der lebenden Tiere möglichst kurz zu halten. In Nordrhein-Westfalen sind diese Mindestkontrolldichten und Kontrolltageszeiten rechtlich vorgeschrieben (§ 32 Abs. 4 Satz 1 DVO LJG-NRW), wobei diese Kontrollverpflichtung bei Fallen mit elektronischem Meldesystem bereits systemisch erfüllt ist (§ 32 Abs. 1 lit. c und Abs. 4 Satz 2 DVO LJG-NRW). Zudem ist sicherzustellen, dass Tiere aus Lebendfangfallen mit elektronischem Fangmeldesystem unverzüglich nach Eingang der Fangmeldung entnommen werden (§ 32 Abs. 4 Satz 2 DVO LJG-NRW). Unverzüglich bedeutet dabei – wie auch sonst – „ohne schuldhaftes Zögern“ (vgl. § 121 Abs. 1 Satz 1 BGB). Dies bedeutet, dass das Tier entnommen werden muss, sobald es möglich, erwart- und zumutbar ist. Eine Entnahme bei Nacht unter verbotenem Einsatz einer Taschenlampe ist also nicht erforderlich.

42. Was verstehen Sie unter einer „Ansitzdrückjagd“?

Kurzantwort für die schriftliche Prüfung

✓ eine Jagdart, bei der eine große Anzahl von Jägern vertraut ziehendes Wild auf großer Fläche bejagt

Hintergrundorientierung für die mündlich-praktische Prüfung

Die Ansitzdrückjagd stellt eine Verbindung von Ansitzjagd und Drückjagd dar. Dabei wird das Wild an den Einständen von Treibern hochgemacht und – ohne Panik auszulösen – in Richtung auf die Drückjagdstände der Jäger in Bewegung gebracht („gedrückt“). Zielwildarten sind in der Regel solche des Schalenwildes; aber auch die Jagd auf den Fuchs kann in dieser Weise ausgeübt werden. Sinnvoll ist die Ansitzdrückjagd insbesondere, um bei im Jahreslauf zeitlich eingeschränkter Beunruhigung des Reviers den Abschussplan auf Schalenwild zu erfüllen. Die Ausübung auf einer relativ großen Fläche ist dafür Voraussetzung.

43. Ein von Ihnen krank geschossener Hase verendet in Sichtweite im Nachbarrevier. Wie verhalten Sie sich?

Kurzantwort für die schriftliche Prüfung

✓ Ich entlade vor Betreten des Nachbarreviers die Waffe, lege diese ab und hole den Hasen, den ich sodann abzuliefern habe.

✓ Das ist von der Wildfolgevereinbarung abhängig.

Hintergrundorientierung für die mündlich-praktische Prüfung

Bei dem Hasen handelt es sich laut Gesetz um „sonstiges Wild“ (§ 29 Abs. 2 LJG-NRW). Somit verhält es sich anders als bei der Regelung für Schalenwild. Der Jagdausübende darf verendetes Wild in Sichtweite von der Reviergrenze fortschaffen, um es dem Jagdausübungsberechtigten des Nachbarreviers vorbeizubringen. Beim Grenzübertritt darf in einem solchen Falle – da die Abgabe eines Fangschusses nicht erforderlich ist – keine Waffe mitgeführt werden (vgl. § 29 Abs. 2 Satz 3 LJG-NRW). Die Waffe ist daher zu entladen und abzulegen. In einer schriftlichen Wildfolgevereinbarung der Reviernachbarn kann hierzu Abweichendes geregelt werden (§ 29 Abs. 1 Satz 2 LJG-NRW).

Bei Wild, das krankgeschossen und außer Sichtweite ins Nachbarrevier wechselt, ist – ungeachtet dessen, ob es sich um Schalenwild oder sonstiges Wild handelt – der Ort des Anschusses zu verbrechen, der Ort des Überwechselns kenntlich zu machen und der Reviernachbar oder sein Vertreter zu informieren, damit die Nachsuche stattfinden kann (§ 29 Abs. 3 LJG-NRW).

44. Ihr Jagdhund apportiert aus einem Hausgarten einen verendeten Fasan. Der Gartenbesitzer verlangt die Herausgabe. Wie verhalten Sie sich?

Kurzantwort für die schriftliche Prüfung

✓ Der Fasan wird zurückgegeben.

Hintergrundorientierung für die mündlich-praktische Prüfung

Beim Garteneigentümer liegt das Aneignungsrecht.

45. Müssen Lebendfangfallen verblendet werden?

Kurzantwort für die schriftliche Prüfung

✓ ja

Hintergrundorientierung für die mündlich-praktische Prüfung

Fallen für den Lebendfang müssen so gebaut und verblendet werden, dass dem gefangenen Tier die Sicht nach Außen verwehrt ist (§ 19 Abs. 4 LJG-NRW i. V. m. § 32 Abs. 1 lit. a DVO LJG-NRW). Zudem sind die Köder so abzudecken, dass der Fang von auf Sicht jagenden Beutegreifern ausgeschlossen ist (§ 19 Abs. 4 LJG-NRW i. V. m. § 32 Abs. 3 DVO LJG-NRW). Die Verblendung erfüllt damit das doppelte Ziel für das gefangene Tier einen dunklen „Schutzraum“ zu schaffen, um das Panikmoment abzuschwächen, und dritte Beutegreifer zu schützen.

46. Wann ist ein Hund „waidlaut"?

Kurzantwort für die schriftliche Prüfung

- ✓ Der Hund schlägt an und bellt, ohne Wild vor sich zu haben.
- ✓ Der Hund bellt und jagt, obwohl er die Fährte verloren hat.

Hintergrundorientierung für die mündlich-praktische Prüfung

Hierbei handelt es sich um die allgemein unerwünschte Eigenschaft des Hundes, Laut zu geben, ohne Wild aufgespürt zu haben. Nicht zu verwechseln ist die Eigenschaft des „waidlauten" Hundes mit der des „spurlauten" oder „sichtlauten" Hundes. Letztere bezeichnen den Umstand, dass der Hund auf warmer Fährte, ohne Sichtkontakt zum Wild, bzw. bei Sichtkontakt zum Wild laut gibt.

47. Welche Jagdhunderassen zählen zu den Vorstehhunden?

Kurzantwort für die schriftliche Prüfung

- ✓ Deutsche Vorstehhunde (Deutsch-Kurzhaar, Deutsch-Langhaar, Deutsch-Stichelhaar, Deutsch-Drahthaar; Weimaraner, Großer und Kleiner Münsterländer, Griffon, Pudelpointer)
- ✓ Englische Vorstehhunde (Pointer, Irischer Setter, Englischer Setter, Gordon-Setter)
- ✓ Ungarische Vorstehhunde (Ungarisch-Kurzhaar, Ungarisch-Langhaar)
- ✓ Bretonischer Vorstehhund (Epagneul breton)

Hintergrundorientierung für die mündlich-praktische Prüfung

Eine weitere Klassifizierung der Hunderassen nach ihren jagdlichen Eigenschaften erfolgt in die Gruppe der Apportierhunde (Labrador-Retriever, Golden-Retriever), der Stöberhunde (Deutscher Wachtelhund, Cocker- und Springerspaniel), Erdhunde (Teckel, Terrier) und Laufhunde, wobei die Laufhunde in Schweißhunde (Hannoverscher Schweißhund, Bayrischer Gebirgsschweißhund, Alpenländische Dachsbracke) und Jagende Hunde (Deutsche Bracke, Westfälische

Dachsbracke, Brandel-Bracke, Tiroler Bracke, Steirische Rauhhaarbracke, Beagel) eingeteilt werden.

48. Auf welche Erkrankung des Hundes deutet häufiges Kopfschütteln oder Kratzen an den Ohren hin?

Kurzantwort für die schriftliche Prüfung

✓ Ohrenzwang

✓ Ohrenentzündung

Hintergrundorientierung für die mündlich-praktische Prüfung

Ohrenzwang ist eine Entzündung des äußeren Ohres, die durch Verunreinigungen und ungenügende Pflege meist bei langhaarigen Behängen entstehen kann. Ursächlich können auch Milben, Bakterien, Insekten oder Pilzbefall genannt werden. Die Symptome sind Schmerzen und Juckreiz.

49. Was ist „Buschieren“?

Kurzantwort für die schriftliche Prüfung

✓ Jagdart mit Hund unter der Flinte

✓ Jagdart auf Niederwild

Hintergrundorientierung für die mündlich-praktische Prüfung

Der Hund sucht im Schussbereich der Flinte („unter der Flinte“) systematisch gegen den Wind nach Wild und macht es hoch. Das Wild wird vom Hund vorgestanden und darf nicht gehetzt werden. Zwischen Hundeführer und Hund herrscht Sichtkontakt. Vorsteherhunde und Stöberhunde finden Einsatz bei dieser Jagdart.

50. Was versteht man unter „Schnallen“ eines Jagdhundes?

Kurzantwort für die schriftliche Prüfung

✓ Den Hund von der Leine loszulassen.

Hintergrundorientierung für die mündlich-praktische Prüfung

Unter „Schnallen" eines Jagdhundes versteht man im jagdlichen Kontext, diesen von der Leine zu lassen.

51. Zu welcher Gruppe der Jagdgebrauchshunde gehört der Weimaraner?

Kurzantwort für die schriftliche Prüfung

✓ zu den Vorstehhunden

Hintergrundorientierung für die mündlich-praktische Prüfung

Der Weimaraner gehört zu den kontinentalen oder deutschen Vorstehhunden. Es gibt den Weimaraner-Kurzhaar silbergrau, kupiert und eben kurzhaarig und den Weimaraner-Langhaar, ebenfalls silbergrau, unkupiert und langhaarig.

52. Für welche Hunde kommt die Verbandsgebrauchsprüfung (VGP) in Betracht?

Kurzantwort für die schriftliche Prüfung

✓ für die Vorstehhunde

Hintergrundorientierung für die mündlich-praktische Prüfung

Die VGP wird wie die Herbstzuchtprüfung im Herbst durchgeführt und dauert mindestens zwei Tage. Geprüft werden Vorstehhunde in allen Fächern des Gehorsams. Hierzu zählen, wie bereits oben aufgeführt, Deutsche Vorstehhunde (Deutsch-Kurzhaar, Deutsch-Langhaar, Deutsch-Stichelhaar, Deutsch-Drahthaar, Weimaraner, Großer und Kleiner Münsterländer, Griffon, Pudelpointer und Englische Vorstehhunde (Pointer, Irischer Setter, Englischer Setter, Gordon-Setter).

53. Welche Fächer werden bei der Brauchbarkeitsprüfung in Nordrhein-Westfalen geprüft?

Kurzantwort für die schriftliche Prüfung

- ✓ das Arbeitsgebiet „Nachsuche auf Niederwild“ (außer Rehwild) mit den Prüfungsfächern: 1. Gehorsam, 2. Schussfestigkeit in Feld oder Wald, 3. Bringen von Haarwild auf der Schleppe, 4. Bringen von Federwild auf der Schleppe, 5. Freiverlorensuche und Bringen von Federwild, 6. Wasserarbeit
- ✓ das Arbeitsgebiet „Nachsuche auf Schalenwild“ mit den Fächern: 1. Gehorsam, 2. Schussfestigkeit in Wald oder Feld, 3. Schweißarbeit auf der künstlichen Rotfährte (Übernachtfährte)
- ✓ das Arbeitsgebiet „Stöbern“ mit den Prüfungsfächern: 1. Gehorsam, 2. Schussfestigkeit in Feld und Wald, 3. Stöbern, 4. Laut, 5. Verhalten am Stück

Hintergrundorientierung für die mündlich-praktische Prüfung

Bei der Brauchbarkeitsprüfung wird die jagdliche Brauchbarkeit von Jagdhunden im Sinne des Jagdgesetzes geprüft. Voraussetzung für die Zulassung zur Prüfung sind unter anderem der Identitätsnachweis und das Vorhandensein von Schutzimpfungen des Hundes sowie ein Jagdschein des Hundeführers. Die teilnehmenden Hunde dürfen nicht in dem Jahr der Prüfung geboren sein.

54. Was verstehen Sie unter „Riemenarbeit“ des Jagdhundes?

Kurzantwort für die schriftliche Prüfung

- ✓ das Arbeiten mit dem Hund am langen Riemen (Schweißriemen)

Hintergrundorientierung für die mündlich-praktische Prüfung

Der Jagdgebrauchshund verfolgt an einem langen Riemen mit dem Jäger die Schweißfährte.

55. Welche der genannten Hunderassen zählt zu den Stöberhunden?

Kurzantwort für die schriftliche Prüfung

✓ Deutscher Wachtelhund

✓ Cocker-Spaniel

✓ Springer-Spaniel

Hintergrundorientierung für die mündlich-praktische Prüfung

Diese drei aufgezählten Hunderassen sind als Stöberhunde definiert. Zur Stöberjagd benötigt man einen spur- und fährtenlauten Hund. Da auch Teckel, Terrier, Bracken und Wachtelhunde „spurlaut“ sind, eignen sie sich ebenso gut.

56. Welche Hunde werden zur Brauchbarkeitsprüfung in Nordrhein-Westfalen zugelassen?

Kurzantwort für die schriftliche Prüfung

✓ Vorstehhunde, die nicht im selben Jahr geboren wurden.

✓ Solche, für die ein Identitätsnachweis durch Ahnentafel (Zuchtbucheintrag) erbracht wird.

✓ Solche, für die ein Nachweis über Schutzimpfungen (Tollwut) vorliegt.

Hintergrundorientierung für die mündlich-praktische Prüfung

Zugelassen werden nach § 3 der Prüfungsordnung Jagdhunde, die auch im Bereich des Jagdgebrauchshundeverbandes (JGHV) zugelassen werden. Heiße Hündinnen dürfen nur mit ausdrücklicher Genehmigung des Prüfungsleiters teilnehmen.

57. Durch welche Bedingungen wird die Schweißarbeit am meisten erschwert?

Kurzantwort für die schriftliche Prüfung

✓ durch strengen Frost

- ✓ durch starken Regen
- ✓ durch wenig Schweiß

Hintergrundorientierung für die mündlich-praktische Prüfung

Eine weitere Erschwerung stellt das Vorhandensein von mehreren Schweißfährten, sogenannten Verleitfährten dar: Der Hund darf sich nicht verleiten lassen, also nicht auf andere Fährten wechseln. Er sollte „fährtenrein" sein.

58. Für welche Jagdarten werden Bracken eingesetzt?

Kurzantwort für die schriftliche Prüfung

- ✓ zur Stöberjagd
- ✓ zur Schweißarbeit
- ✓ zum Brackieren

Hintergrundorientierung für die mündlich-praktische Prüfung

Zur Stöberjagd benötigt man spurlaute, sichtlaute und wildscharfe Hunde mit Finderwillen. Die Schweißarbeit setzt eine gute Nase voraus. Beim Brackieren jagt der Hund ausdauernd und spurlaut. Die Bracken gehören zu den ältesten Jagdhunden. Ihnen sind sämtliche dieser Eigenschaften angewölft.

59. Welche Hunde werden auf der VJP (Verbandsjugendprüfung) geprüft?

Kurzantwort für die schriftliche Prüfung

- ✓ alle Vorstehhunde

Hintergrundorientierung für die mündlich-praktische Prüfung

Bei der Verbandsjugendprüfung werden die Anlagen von jungen Vorstehhunden geprüft, die im zuvor liegenden Jahr gewölft wurden (bis max. drei Monate zuvor). Die geprüften Anlagen sind Spurarbeit, Nasenarbeit, Suche, Vorstehen und Führigkeit.

60. Wie oft ist ein ausgewachsener Hund mit Futter zu versorgen?

Kurzantwort für die schriftliche Prüfung

✓ einmal täglich

Hintergrundorientierung für die mündlich-praktische Prüfung

Ein ausgewachsener Hund sollte zu einer festgelegten Zeit einmal am Tag gefüttert werden. Bei großen und arbeitenden Hunden kann wegen der größeren Futtermenge auch zweimal täglich gefüttert werden, um eine Magendrehung zu vermeiden. Welpen bekommen ab dem dritten Monat drei- bis viermal täglich, ab dem vierten Monat dreimal täglich und ab dem sechsten Monat zweimal täglich Futter.

61. An welchen Körperteilen ist am schnellsten die Stimmung des Hundes abzulesen?

Kurzantwort für die schriftliche Prüfung

✓ an der Rute

✓ an den Ohren

Hintergrundorientierung für die mündlich-praktische Prüfung

Das Wedeln mit der Rute signalisiert Freude. Eine hochgestellte Rute bedeutet Überlegenheit und eine geklemmte Rute steht für Angst. Das Befinden des Hundes zeigt sich auch an seinen Behängen (Ohren) und an der Stellung der Nackenhaare. Durch aufgestellte Haare zeigt er aggressives Verhalten an.

62. Der Hund läuft frei, nach mehrfachem Rufen kommt er nicht. Wie verhalten Sie sich?

Kurzantwort für die schriftliche Prüfung

✓ Ich drehe mich um und entferne mich langsam.

✓ Ich gehe in die Hocke, damit ich optisch kleiner wirke.

Hintergrundorientierung für die mündlich-praktische Prüfung

Dem Hund soll im Fall des Umdrehens und Weggehens dadurch das Missfallen hinsichtlich seines Verhaltens signalisiert werden, sodass er die Nähe zum Herrchen sucht. Im Fall des Hinhockens soll dem Hund ganz allgemein Entfernung signalisiert werden, damit dieser, seinem natürlichen Drang zur Kontaktaufnahme mit dem Hundeführer folgend, Nähe sucht.

63. Ihr Hund wird in eine Beißerei verwickelt. Wie verhalten Sie sich?

Kurzantwort für die schriftliche Prüfung

✓ Raufende Hunde darf man nicht trennen.

✓ sich selbst nicht gefährden

Hintergrundorientierung für die mündlich-praktische Prüfung

Raufereien zwischen den Hunden sollten möglichst schon im Ansatz verhindert werden, denn sind sie erst im Gange, wird es schwierig, den Hund daraus abzurufen. Der Hundehalter sollte seinem Hund anzeigen, dass er derjenige ist, der entscheidet, ob es zu einem Konflikt kommt oder nicht. Dies könnte durch rechtzeitiges Anleinen oder ein scharfes „Nein" erfolgen. Alternativ kommt die Forderung der Unterordnung durch Ablegen des Hundes in Betracht.

64. Durch die Leine wird ein aggressiver Hund:

Kurzantwort für die schriftliche Prüfung

✓ meist noch aggressiver

Hintergrundorientierung für die mündlich-praktische Prüfung

Leinenaggressivität kann sich bei Hunden entwickeln, da deren individuelle Distanz zu anderen Hunden nicht eingehalten wird. Sie fühlen sich eingeengt oder gar bedroht. Vermeiden kann man dieses Verhalten, indem man seinem Welpen schon an der Leine beibringt, dass entgegenkommende Hunde keine Gefahr sind, z. B. durch Ablenken.

65. Ihr Hund sieht ein Objekt, er knurrt und zieht die Lefzen hoch. Wie reagieren Sie?

Kurzantwort für die schriftliche Prüfung

✓ Anleinen und mit Kommando die Richtung wechseln

Hintergrundorientierung für die mündlich-praktische Prüfung

Aggressives Verhalten des Hundes sollte ignoriert werden oder man sollte durch Ablenken entgegenwirken (Gegenkonditionierung mittels Leckerchen).

66. Warum entwickeln sich Hunde zu Problemhunden?

Kurzantwort für die schriftliche Prüfung

✓ durch falsche Erziehung und Ausbildung durch den Menschen
✓ isolierte Haltung (Kettenhaltung)
✓ durch Fehlprägung

Hintergrundorientierung für die mündlich-praktische Prüfung

Hunde brauchen Zuwendung und klare Anweisungen mit konsequenter Umsetzung.

67. Sie gehen mit Ihrem freilaufenden Hund im Park spazieren, es kommt ein Spaziergänger mit angeleintem Hund entgehen. Wie verhalten Sie sich?

Kurzantwort für die schriftliche Prüfung

✓ Ich leine meinen Hund an und lasse den anderen Hund mit Abstand passieren.

Hintergrundorientierung für die mündlich-praktische Prüfung

Wichtig ist „mit ausreichendem Abstand", damit die Individualdistanz eingehalten wird und der Hund keine Angst oder gar Aggression entwickelt. Anders sähe die Situation aus, wenn der Hund nicht angeleint wäre. In diesem Fall könnten sich die Hunde frei begegnen.

68. Kann man Hunde miteinander spielen lassen?

Kurzantwort für die schriftliche Prüfung

✓ wenn sich die Hunde kennen und vertragen

✓ wenn sie gut sozialisiert sind

Hintergrundorientierung für die mündlich-praktische Prüfung

Besonders in der Jugendphase ist für den Hund das Spielen wichtig, um seine Fertigkeit und Geschicklichkeit zu testen und den sozialen Kontakt zu anderen Hunden zu fördern.

69. Sie sind mit Ihrem freilaufenden Hund unterwegs. Ein Jogger kommt Ihnen entgegen. Wie verhalten Sie sich?

Kurzantwort für die schriftliche Prüfung

✓ den Hund anleinen und vorbeiführen

Hintergrundorientierung für die mündlich-praktische Prüfung

Weder Hund noch Jogger sollen sich bedroht fühlen. Um also unangenehmen Situationen aus dem Weg zu gehen, beugt man durch Anleinen vor.

70. Was sind die wichtigsten Dinge im Umgang mit dem Hund?

Kurzantwort für die schriftliche Prüfung

✓ Zuwendung durch täglichen Kontakt

✓ Konsequenz bei der Durchführung von Anweisungen

✓ Lob und Geduld

Hintergrundorientierung für die mündlich-praktische Prüfung

Die Pfeiler der Erziehung des Hundes sind Zuwendung mit Lob und Geduld, konsequentes Durchhalten des Halters, kurze, knappe und wiederkehrende Anweisungen mit klaren eindeutigen Signalen.

71. Wann sollte ein Stück Schalenwild im Regelfall aufgebrochen werden?

Kurzantwort für die schriftliche Prüfung

✓ unverzüglich nach dem Erlegen

Hintergrundorientierung für die mündlich-praktische Prüfung

Ausweiden sollte man sofort, da bereits nach 30 bis 40 Minuten die Magen-Darm-Barriere bricht, d. h. die Darmbakterien durchdringen die Magen-Darm-Wand und besiedeln das Wildbret, so dass es zu einer Vergrünung des Bauch- und Brustfells kommt. Es schließt sich die sogenannte stickige Reifung an: Die Fleischfarbe hat sich zum Kupferroten hin verändert und es herrscht ein strenger, säuerlicher Geruch.

72. Worauf ist beim Aufbrechen des Schlosses zu achten?

Kurzantwort für die schriftliche Prüfung

✓ darauf, dass Blase und Harnleiter nicht verletzt werden

Hintergrundorientierung für die mündlich-praktische Prüfung

Geöffnet wird die Schlossnaht mit einem Messer oder einer kleinen Säge. Bei Verletzung käme es zum Auslaufen von Harn auf das umliegende Gewebe, was zu einer Kontaminierung des Wildbrets führen würde.

73. Welche Erscheinungen deuten beim frisch erlegten Schwarzwild auf Schweinepest hin?

Kurzantwort für die schriftliche Prüfung

✓ punktförmige Einblutungen auf Nieren, Milz, Blase und Drosselkopf (Kehldeckel)

✓ blutig durchzogene Lymphknoten

✓ Darmblutungen

✓ lehmfarbene Niere

✓ Lungenentzündung

Hintergrundorientierung für die mündlich-praktische Prüfung

Bei der Schweinepest handelt es sich um eine anzeigepflichtige virale Erkrankung mit einer Inkubationszeit von vier bis 18 Tagen. Es wird zwischen zwei Verlaufsformen unterschieden, einer akuten und einer chronischen. Kranke Stücke isolieren sich von der Rotte, verlieren oft ihre Scheu und leiden unter Durst, Erbrechen und Durchfall sowie Bewegungsstörungen.

74. Sie finden beim Aufbrechen eines Rehes an einem Organ eine hühnereigroße, mit Flüssigkeit gefüllte Blase. Um was handelt es sich dabei?

Kurzantwort für die schriftliche Prüfung

✓ um Bandwurmfinnen

Hintergrundorientierung für die mündlich-praktische Prüfung

Finnenblasen sind mehrkammrige Hülsenwurmblasen und stellen ein Entwicklungsstadium des Bandwurmes im Zwischenwirt dar. Dieser wird dadurch geschwächt. Sie kommen im Gehirn, im Gescheide oder als Muskelfinnen vor. In den Finnenbläschen erfolgt die Bildung von mehreren tausenden Kopfanlagen. Das Entwicklungsstadium vor der Finne ist das Bandwurmei. Das Stadium nach der Finne ist der eigentliche Bandwurm im Wirt.

Beim Versorgen des Wildes sollte man Schutzhandschuhe tragen und die Finnenblasen unschädlich beseitigen. Bei Muskelfinnen muss der Tierarzt bestellt werden.

75. Bei welchen Wildarten kommen Leberegel vor?

Kurzantwort für die schriftliche Prüfung

✓ Schalenwild

✓ Wildkaninchen

✓ Hasen

✓ Hauswiederkäuer

Hintergrundorientierung für die mündlich-praktische Prüfung

Leberegel sind Saugwürmer und gehören zu den Endoparasiten, die in den Gallengängen der Leber schmarotzen. Den großen Leberegel findet man bei Schalenwild, Kaninchen und Hasen in nassen sumpfigen Gebieten, in denen es als Zwischenwirt die Zwergschlammschnecken gibt. Der kleine Leberegel kommt auch bei den oben genannten Tierarten vor, nutzt jedoch als Zwischenwirt erst Gehäuseschnecken, die auf eher trockenen Böden leben, und dann Ameisen.

76. Welche wildbrethygienischen Maßnahmen sollen gleich nach dem Erlegen eines Hasen durchgeführt werden?

Kurzantwort für die schriftliche Prüfung

✓ Die Blase sollte ausgedrückt werden.

Hintergrundorientierung für die mündlich-praktische Prüfung

Durch das Ausdrücken des Blaseninhaltes wird verhindert, dass Urin aus der Blase in die Bauchhöhle gelangt.

77. Bei nicht ausgeweideten Kaninchen und Hasen kommt es während der Lagerung zu einer Vergrünung der Bauchdecke. Nach wie viel Stunden tritt diese auch bei kühler Lagerung auf?

Kurzantwort für die schriftliche Prüfung

✓ nach 24 Stunden

Hintergrundorientierung für die mündlich-praktische Prüfung

Siehe auch Frage B. 71.

78. Was versteht man unter „Aufbrechen“?

Kurzantwort für die schriftliche Prüfung

✓ das Öffnen der Bauchdecke und das Entfernen der inneren Organe

Hintergrundorientierung für die mündlich-praktische Prüfung

Das Versorgen des Wildkörpers umfasst das Aufbrechen und Ausweiden sowie das Abkühlen und das Aufhängen des Wildkörpers in die Kühlkammer. Unter Aufbrechen ist das Eröffnen des Wildkörpers gemeint. Mit einem scharfen Messer erfolgt das Aufschärfen der Decke und Bauchhaut. Das anschließende Ausweiden beschreibt das Entfernen des großen und kleinen Gescheides aus dem Wildkörper.

79. Bei welchen Wildarten ist eine Untersuchung auf Trichinen erforderlich?

Kurzantwort für die schriftliche Prüfung

✓ Schwarzwild

✓ Dachs

✓ Fuchs

✓ bei allen Fleisch- und Allesfressern, die für den menschlichen Verzehr bestimmt sind (Waschbären)

Hintergrundorientierung für die mündlich-praktische Prüfung

Vorkommen können Trichinen bei allen Fleisch- und Allesfressern, also neben Schwarzwild, Fuchs und Dachs etwa auch bei Waschbären, Ratten und Nutria. Trichinen sind als Haarwürmer Endoparasiten, die im Dünndarm des Wirtstieres schmarotzen. Hier werden von den Würmern die Larven abgelegt und gelangen über die Blutbahn in die quergestreifte Muskulatur. Diese Larven mit fester Kapsel in den Muskelfasern sind jahrelang ansteckend und werden Muskeltrichinen genannt. Kennzeichen für diese Erkrankung sind der steife Gang und Schluckbeschwerden bei den Tieren. Für den Menschen besteht bei Verzehr von trichinenhaltigem (trichinösen)

Fleisch Ansteckungsgefahr, oft sogar mit ggf. zeitlich stark verzögert eintretender Todesfolge, deshalb ist eine Trichinenuntersuchung durch den Amtstierarzt vorgeschrieben. Die Fleischproben werden aus der Muskulatur des Zwerchfells und des Vorderlaufes jeweils walnussgroß entnommen.

80. Welche Teile sind für die Fleischuntersuchung beim Haarwild dem Fleischbeschauer vorzulegen?

Kurzantwort für die schriftliche Prüfung

✓ Wildkörper und Aufbruch

✓ Lecker, Drossel mit Drosselkopf, Schlund, Herz, Lunge, Nieren, Zwerchfell und Gescheide

Hintergrundorientierung für die mündlich-praktische Prüfung

Liegen bedenkliche Merkmale vor, so muss eine Fleischuntersuchung innerhalb von 48 Stunden von einem amtlichen Tierarzt durchgeführt werden. Zu den bedenklichen Merkmalen zählen auffällige Verhaltensweisen, Geschwülste oder abnorme Veränderungen der inneren Organe und der Muskulatur, Darm- oder Nabelentzündungen sowie Schwellungen der Gelenke, der Hoden, der Leber und der Milz. Weitere Auffälligkeiten sind Verfärbungen des Brust- oder Bauchfells, ein aufgeblähter Magen und Darm, Knochenbrüche, starke Abmagerung oder verklebte Augenlider.

81. Wie kann beim Aufbrechen des Schalenwildes eine Verminderung der Restblutmenge erreicht werden?

Kurzantwort für die schriftliche Prüfung

✓ durch Öffnen der Brandadern

Hintergrundorientierung für die mündlich-praktische Prüfung

Die Brandadern sind Venen an der Schlossinnenseite neben den Keulen. Um das Stück besser ausschweißen zu lassen, hat man früher die starken dunklen Blutgefäße längs aufgeschärft. Es ist aber ausreichend, die Stücke nach dem Versorgen zum Ausbluten an den Hinterläufen aufzuhängen.

82. Bei welcher Witterung verhitzt nicht versorgtes Wild erfahrungsgemäß besonders schnell?

Kurzantwort für die schriftliche Prüfung

✓ bei Hitze

✓ bei feuchtwarmem und schwülem Wetter

Hintergrundorientierung für die mündlich-praktische Prüfung

Bei warmen Temperaturen vermehren sich Bakterien besonders gut. Um dies zu unterbinden, sollte Schalenwild nach dem Aufbrechen schnellstmöglich auf eine Kerntemperatur von +7°C heruntergekühlt werden. Ein Transport, der über zwei Stunden erfolgt, hat in einer Kühlkammer stattzufinden. Verhitztes Wildbret ist ungenießbar. Bei ungünstigen Bedingungen, wie schwül-warmer Außentemperatur und bei Schalenwild mit Waidwundschuss oder Blutergüssen, kann das Wildbret bereits nach 30 Minuten verhitzt sein.

83. Nach dem Erlegen muss Haarwild, das für den menschlichen Genuss bestimmt ist, abgekühlt werden. Welche Körpertemperatur wird gefordert?

Kurzantwort für die schriftliche Prüfung

✓ Schalenwild: +7°C (Kerntemperatur)

✓ sonstiges Wild: +4°C (Kerntemperatur)

Hintergrundorientierung für die mündlich-praktische Prüfung

Nach dem Gesetz muss erlegtes Schalenwild auf eine Kerntemperatur von +7°C, gemessen in der Keulenmitte, heruntergekühlt werden. Bevor es jedoch in die Kühlung kommt, sollte das Wild bis etwa 10°C auskühlen. Die Kerntemperatur für Federwild, Hasen und Wildkaninchen liegt noch etwas darunter, nämlich bei +4°C.

84. Wann muss ein Stück Schalenwild zur Fleischuntersuchung angemeldet werden?

Kurzantwort für die schriftliche Prüfung

✓ beim Auftreten von bedenklichen Merkmalen

Hintergrundorientierung für die mündlich-praktische Prüfung

Als bedenkliche Merkmale gelten alle Abweichungen im Verhalten und Aussehen der Tiere sowie deren Organe und Innereien. Es gilt also, gewissenhaft den gesamten Wildtierkörper nach Auffälligkeiten abzusuchen (vgl. auch die Antwort zur Frage B. 80).

85. Worauf ist beim Aufbrechen von Schwarzwild zu achten?

Kurzantwort für die schriftliche Prüfung

✓ Gallenblase nicht beschädigen

✓ Zwerchfellpfeiler nicht restlos entfernen

✓ Schweinepestmerkmale berücksichtigen

✓ starke Stücke an den Blättern lüften

✓ Trichinenschau ist obligatorisch.

Hintergrundorientierung für die mündlich-praktische Prüfung

Beim Aufbrechen von Schwarzwild ist – wie bei allem Schalenwild – die Fleischbeschau notwendig. Bei Schwarzwild ist zusätzlich darauf zu achten, dass die Gallenblase nicht zerstört wird, da sie sich bei Verletzung über das Wildbret ergießt und dieses ungenießbar macht. Die Entnahme von Proben für die Trichinenschau ist bei Fleisch- und Allesfressern obligatorisch. Hierbei wird etwa eine walnussgroße Probe am Übergang zur Sehnenplatte des Zwerchfelles entnommen und in ein Probengefäß oder eine Plastiktüte gelegt. Die Vorderarmmuskulatur wird durch einen Längsschnitt durch die Schwarte an der Unterseite des Vorderlaufes freigelegt und ermöglicht ein Abschärfen des Muskels. Etwa 30 g werden in dasselbe Probengefäß oder die Plastiktüte gelegt. Damit die Probenzugehörigkeit zum Wildkörper zweifelsfrei gewährleistet ist, wird die Nummer der Wildmarke, die an Bauch oder Brust des Schwarzwildes befestigt ist, auf dem Probengefäß notiert. Die vom Wildursprungsschein begleitete Probe wird entweder unmittelbar zur Untersuchung gebracht oder aber kühl zwischengelagert. Zuständige Behörden sind Veterinärämter der Kreise und der kreisfreien Städte.

86. Auf welche Erkrankung deutet ein verschmutzter Rehwildspiegel hin?

Kurzantwort für die schriftliche Prüfung

✓ Magen-Darmwurmbefall
✓ falsche Äsung
✓ plötzliche Ernährungsumstellung
✓ starken Durchfall

Hintergrundorientierung für die mündlich-praktische Prüfung

Ein verschmutzter Rehwildspiegel durch Durchfall muss nicht zwangsläufig auf eine ernsthafte Erkrankung hinweisen, da z. B. nach kalten Wintern sich die Darmflora an das ausgiebige Nahrungsangebot erst langsam wieder gewöhnen muss.

87. Welche Wildkrankheiten können auf den Menschen übertragen werden?

Kurzantwort für die schriftliche Prüfung

✓ Tollwut
✓ Brucellose
✓ Trichinen
✓ Fuchsbandwurm
✓ Tularämie (Nager-(Hasen-)pest)
✓ Rotlauf
✓ Staphylokokken
✓ Toxoplasmose

- ✓ Nagerseuche
- ✓ Tuberkulose
- ✓ Salmonellose
- ✓ Ornithose
- ✓ Geflügelpest
- ✓ FSME
- ✓ Milzbrand
- ✓ Botulismus
- ✓ Borreliose

Hintergrundorientierung für die mündlich-praktische Prüfung

Tierkrankheiten, die durch Infektion von Tier zu Mensch und von Mensch zu Tier übertragen werden können, bezeichnet man als Zoonosen. Es gibt virale, bakterielle und parasitäre Zoonosen mit schweren Krankheitsverläufen. Zu den Viruskrankheiten unter den Zoonosen zählt beispielsweise die anzeigepflichtige Tollwut. Bakterielle, zoonotische Krankheiten sind beispielsweise die Brucellose (anzeigepflichtig), Tuberkulose, Salmonellose und der Rotlauf. Parasitäre Zoonosen sind beispielsweise Trichinen (anzeigepflichtig).

88. An welchen Merkmalen ist die Myxomatose zu erkennen?

Kurzantwort für die schriftliche Prüfung

- ✓ „Löwenkopf"
- ✓ verklebte Augen
- ✓ Schwellungen an der Unterhaut
- ✓ Lungenentzündung
- ✓ Mattigkeit
- ✓ eingeschränktes Fluchtverhalten
- ✓ zugeschwollene und entzündete Seher und Geschlechtsteile

Hintergrundorientierung für die mündlich-praktische Prüfung

Der Erreger der Myxomatose ist ein Virus. Die Krankheitssymptome beginnen drei bis fünf Tage (Inkubationszeit), nach denen das Virus sich eingenistet hat. Die Augenlider entzünden sich und werden gerötet, sie schwellen an und fangen an zu tränen (Löwenkopf). Später wird dann Eiter abgesondert, so dass sie verkleben und das Tier erblindet. Nase, Mund, Ohren und Genitalien schwellen an. In der Endphase verweigern die Tiere die Futter- und Wasseraufnahme. Vor allem auf den Ohren sind deutlich knotige Veränderungen der Haut und Unterhaut zu sehen. Die aggressive Form der Myxomatose führt bei etwa 80–90 % der erkrankten Kaninchen zum Tode.

89. Sie sehen im Mai einen Rehbock, der häufig hustet und mit dem Haupt schüttelt. Auf welche Erkrankung lassen diese Symptome schließen?

Kurzantwort für die schriftliche Prüfung

✓ Rachenbremsenlarven

Hintergrundorientierung für die mündlich-praktische Prüfung

Typische, leicht erkennbare Symptome des Rachenbremsenbefalls sind häufiges Niesen und Husten. Die Reizung der Nasenhöhlenschleimhäute führt zu einem starken (oft eitrigen oder blutigen) Nasenausfluss und Tränenfluss.

Das erkrankte Wild zeigt neben deutlichen Schluck- und Atembeschwerden typische Abwehrbewegungen. Es senkt dabei sein Haupt, wirft es hin und her, beginnt zu niesen und schlägt mit den Hinterläufen nach dem Windfang. Durch die oft heftigen schleudernden und nickenden Bewegungen des Hauptes versucht das Tier, sich von den Larven zu befreien. Der Haarwechsel der befallenen Stücke im Frühjahr ist meist stark verzögert.

90. Welcher Außenparasit des Schalenwildes kann dem Menschen gefährlich werden?

Kurzantwort für die schriftliche Prüfung

✓ Zecke (Holzbock)

Hintergrundorientierung für die mündlich-praktische Prüfung

Mögliche Krankheiten bei Zeckenbiss sind Borreliose oder FSME (Frühsommer-Meningoenzephalititis). Mit Borreliose kann man sich im Normalfall nur durch einen Zeckenstich anstecken. An Borreliose erkrankte Personen sind nicht ansteckend. Die mit Borrelien verseuchte Zecke sticht ihr Opfer. Da die Borrelien zunächst im Mitteldarm der Zecke sind, dauert es eine gewisse Zeit, bis die Borrelien in das Blut gelangen. Je schneller also die Zecke entfernt wird, umso niedriger ist das Risiko, an Borreliose zu erkranken. Im frühen Stadium einer Borreliose werden neben der Wanderröte auch Allgemeinsymptome wie Abgeschlagenheit, Fieber- und Kopfschmerzen beobachtet. Im fortgeschrittenem Stadium können die verschiedensten Krankheitszeichen von Hirnhautentzündung über starke Schmerzen bis hin zu Herzproblemen auftreten. Häufig wird auch bei der Borreliose eine Gesichtslähmung beobachtet. Im Spätstadium treten häufig Gelenkentzündungen auf. Das FSME-Virus wird beim Einstich aus der Speicheldrüse der Zecke übertragen. Zwei bis 20 Tage nach der Infektion treten grippeähnliche Symptome mit Fieber und Kopf- und Gliederschmerzen auf, die sich nach wenigen Tagen wieder zurückbilden. Bei 70 % der symptomatischen Patienten kommt es nach etwa einer Woche zur Entfieberung und wenige Tage später zu einem zweiten Fiebergipfel mit bis zu 40°C Körpertemperatur. Auch Zeichen der Gehirn- und Hirnhautbeteiligung treten in diesem Stadium auf: Kopfschmerzen, Erbrechen sowie Hirnhautzeichen.

91. Welche Wildarten werden von der Kokzidiose befallen?

Kurzantwort für die schriftliche Prüfung

✓ Hase

✓ Fasan

✓ Kaninchen

✓ Rehwild in Gefangenschaft

Hintergrundorientierung für die mündlich-praktische Prüfung

Besonders auffällig ist der Befall von Kokzidiose bei Hase, Fasan und Wildkaninchen.

92. Durch welche Erkrankungen des Kaninchens entstehen erhebliche Fallwildverluste?

Kurzantwort für die schriftliche Prüfung

✓ Chinaseuche (RHD)

✓ Myxomatose

Hintergrundorientierung für die mündlich-praktische Prüfung

Die Mortalität liegt derzeit bei 90 %.

93. Welche Stellen in Nordrhein-Westfalen untersuchen kostenlos Fallwild?

Kurzantwort für die schriftliche Prüfung

✓ Staatliche Veterinäruntersuchungsämter

✓ Forschungsstelle für Jagdkunde und Wildschadenverhütung

Hintergrundorientierung für die mündlich-praktische Prüfung

Jeder Aneignungsberechtigte kann einen Fall zur Feststellung der Erkrankungs- und Todesursachen an eines der staatlichen Veterinäruntersuchungsämter und die Forschungsstelle für Jagdkunde und Wildschadenverhütung des Landes Nordrhein-Westfalen liefern. Im Falle von seuchenverdächtigem Wild ist die zuständige Ordnungsbehörde einzuschalten.

Fallwild soll unverzüglich und vollständig zur Untersuchung gebracht werden. Fallwild soll gekühlt – nicht gefroren – angeliefert werden. Die Verpackung ist so zu wählen, dass vom Inhalt nichts nach außen gelangen kann und in der Verpackung ausreichend saugfähiges Material vorhanden ist, das austretende Flüssigkeiten wie Sekret und Schweiß aufnehmen kann. Ein Begleitschreiben mit Angaben zu den Fundumständen ist unerlässlich. Untersuchungsgebühren der Staatlichen Veterinäruntersuchungsämter übernimmt die Forschungsstelle für Jagdkunde und Wildschadenverhütung des Landes Nordrhein-Westfalen. Die Transportkosten sind vom Jäger zu übernehmen. In der Forschungsstelle angeliefertes Untersuchungsmaterial wird an veterinärmedizinische Einrichtungen und im Bedarfsfall an Fachinstitute weitergeleitet. Die Ergebnisse fließen in den in der Regel alle drei Jagdjahre erscheinenden Fallwildbericht Nordrhein-Westfalen ein.

94. Welches Fallwild darf durch Vergraben unschädlich beseitigt werden?

Kurzantwort für die schriftliche Prüfung

✓ Wild mit nicht anzeigepflichtigen Erkrankungen

✓ durch das Veterinäramt freigegebene erkrankte Stücke (keine Neuausbrüche)

Hintergrundorientierung für die mündlich-praktische Prüfung

Nur Wild mit nicht anzeigepflichtigen Erkrankungen kann abseits von Wegen und Plätzen (nicht in Wasserschutzgebieten) mit einer Mindestauflage von 50 cm Erde vergraben werden.

95. Durch welche Maßnahmen ist die Bekämpfung von Wildkrankheiten möglich?

Kurzantwort für die schriftliche Prüfung

✓ durch Reduktionsabschuss der betroffenen Wildart

✓ durch die Entnahme (Abschuss) von krankem und kümmerndem Wild

- ✓ durch Auslegen von Impfködern
- ✓ dem Amtstierarzt die Behausungen von Wildtieren zeigen
- ✓ Verbesserung der Nahrungsangebote und Lebensbedingungen (mängelfreie Winterfütterung)

Hintergrundorientierung für die mündlich-praktische Prüfung

Ein selektiver Abschuss der betroffenen Wildart sollte sich konzentriert auf krankes und kümmerndes Wild beziehen, ohne zu großen Jagddruck auszuüben, damit eine Ausbreitung bzw. Verschleppung möglichst gering gehalten und somit unter Kontrolle bleiben kann.

96. Welche Pflanzen gelten als Pionierpflanzen?

Kurzantwort für die schriftliche Prüfung

- ✓ Schwarzerle
- ✓ Grünerle
- ✓ Salweide
- ✓ Aspe
- ✓ Eberesche
- ✓ Birke
- ✓ Traubenkirsche
- ✓ Kräuter (Hasel)
- ✓ Gräser (Sandrohr)
- ✓ Trockengräser (Silbergras)
- ✓ Ginster
- ✓ Sanddorn
- ✓ Robinie
- ✓ Vogelbeere
- ✓ Stiefmütterchen
- ✓ Flechten, Moose, Queller (eigentlich keine Pflanzen)

Hintergrundorientierung für die mündlich-praktische Prüfung

Als „Pionierpflanze“ (Erstbesiedler) bezeichnet man ein Gewächs, welches auf noch nicht besiedelte Gebiete (kahle Flächen) vordringt, da es weitaus extreme Bedingungen erträgt. Die Pionierpflanzen tragen zur Bodenbildung bei und werden später meist durch anspruchsvollere Gewächse verdrängt, deren Vorkommen jedoch nur durch die vorherige Existenz der Pionierpflanzen ermöglicht wird.

97. Wann soll der erste Schnitt zur Gewinnung von eiweißreichem Heu erfolgen?

Kurzantwort für die schriftliche Prüfung

✓ vor der Blüte der Gräser

Hintergrundorientierung für die mündlich-praktische Prüfung

Je früher das Heu geerntet wird, umso eiweißreicher und rohfaserärmer ist es. Der Zeitpunkt spielt hierbei eine untergeordnete Rolle; vielmehr ist bei der Ansaat darauf zu achten, ob Saat aus schnellwüchsigen Gräsern oder langsam wachsende Kräutersämlinge bestellt wurden. Wenn noch vor der Blüte (max. Mitte der Blüte) geerntet wird, ist der Rohfaseranteil noch sehr gering und die Konzentration an Eiweiß am höchsten.

98. Was sind Z-Bäume?

Kurzantwort für die schriftliche Prüfung

✓ Zukunftsbäume

Hintergrundorientierung für die mündlich-praktische Prüfung

Das Kernziel eines Z-Baumes (Zukunftsbaumes) ist der forstwirtschaftliche Ertrag nach Fällung, denn dickstämmig und gerade gewachsene Bäume sind ertragreicher als dünnere derselben Qualität. Z-Bäume werden in einem frühen Bestandsalter ausgewählt und einzelbaumbezogen durch waldbauliche Förderung eines ungehinderten Kronen- und Stammwachstums, unter Berücksichtigung individueller Vorlieben der ausgewählten Baumart, gepflegt.

99. Wann sollte ein Wildacker mit Hafer eingesät werden?

Kurzantwort für die schriftliche Prüfung

✓ früh im Jahr

✓ März/April

Hintergrundorientierung für die mündlich-praktische Prüfung

Wildäcker haben einen hohen ökologischen Nutzen. Mit ihrer artenreichen Vegetation bilden sie nicht nur für heimisches Wild einen attraktiven Lebensraum, sondern auch für viele andere Tiere. In Zeiten, in denen die Kulturlandschaft zunehmend artenärmer wird, sind Wildäcker eine wertvolle Maßnahme, dem Wild ganzjährig ein attraktives Nahrungsangebot zu bieten. Wildackerflächen können ein- bis mehrjährig sein, das Anlegen eines Wildackers sollte möglichst im Wechsel mit konventionellen Ackerbaukulturen erfolgen und in der Gemarkung großräumig verteilt sein. Dabei ist zu beachten, dass die Anlage von Wildäckern im Wald verboten ist (§ 27 Abs. 2 Nr. 9 DVO LJG-NRW). Besonders wichtig ist es, dauerhafte Rückzugsflächen anzulegen, die als Brut- und Vermehrungsflächen mehrjährig bestehen. Nur hier finden wildlebende Tiere ausreichend Ruhe und Schutzmöglichkeiten zur Aufzucht und Hege der Jungtiere. Die wohlschmeckenden, reichhaltigen Körner des Hafers haben einen hohen Zuckergehalt und werden gerne von Schalenwild angenommen.

100. Welches Wintergetreide wird in der Regel jahreszeitlich zuerst gesät?

Kurzantwort für die schriftliche Prüfung

✓ Wintergerste (Mitte September)

Hintergrundorientierung für die mündlich-praktische Prüfung

Heimische Wintersaaten können auch noch erfolgreich zwischen September und November angebaut werden, weil insbesondere niedrige Temperaturen die erforderliche Wachstumsstimulanz erbringen. Jahreszeitlich als erstes wird die Wintergerste (Mitte September), gefolgt vom Winterroggen (Anfang Oktober) und zuletzt der Winterweizen (Mitte bis Ende Oktober) eingesät.

101. Was sind organische Dünger?

Kurzantwort für die schriftliche Prüfung

- ✓ Gülle
- ✓ Stallmist (z. B. Rindermist, Schweinemist, Pferdemist)
- ✓ Kompost
- ✓ Klärschlamm
- ✓ Ernterückstände von Feldfrüchten
- ✓ speziell angebaute Gründüngungspflanzen
- ✓ Jauche
- ✓ Mulch
- ✓ Hornprodukte (Hornspäne, Hornmehl, Knochenmehl)

Hintergrundorientierung für die mündlich-praktische Prüfung

Organische Dünger sind Dünger, die von Pflanzen oder Tieren stammen. Dieser wird von Bodenorganismen erst abgebaut und mineralisiert, bevor die Nährstoffe von den Pflanzen aufgenommen werden können.

102. Bei welcher der genannten Laubbaumarten hat die Naturverjüngung große Bedeutung?

Kurzantwort für die schriftliche Prüfung

- ✓ Buche
- ✓ Eiche
- ✓ Ahorn
- ✓ Esche

Hintergrundorientierung für die mündlich-praktische Prüfung

Im Rahmen der Zielstärkennutzung (Ernte eines Baumes bei einem bestimmten Zieldurchmesser) entstehen reichlich Lücken, die ausreichend Licht zur Naturverjüngung (eigenständige Reproduktion einer Baumart) bereitstellen. Beispielhaft durch Aufschlag (Früchte fallen direkt auf den Boden) oder durch Anflug (flugfähige Samen) und letztlich durch die Hähersaat. Vorteilhaft sind hierbei die Kostenersparnis und die Standortauswahl.

103. Welche Qualifizierung muss für die Fangjagd vorliegen?

Kurzantwort für die schriftliche Prüfung

✓ Es muss ein durch das MLV NRW anerkannter Ausbildungslehrgang für die Fangjagd absolviert worden sein.

Hintergrundorientierung für die mündlich-praktische Prüfung

Die Fangjagd darf nur von Revierjägern, Jagdaufsehern oder von Personen ausgeübt werden, die an einem durch das MLV NRW anerkannten Ausbildungslehrgang für die Fangjagd teilgenommen haben (§ 19 Abs. 4 LJG-NRW i. V. m. § 29 DVO LJG-NRW).

104. Welcher Arbeitsgang ist im Frühjahr auf Wiesen und Weiden zur Pflege erforderlich?

Kurzantwort für die schriftliche Prüfung

✓ Beseitigung der Maulwurfshügel

✓ Walzen

✓ Abschleppen

Hintergrundorientierung für die mündlich-praktische Prüfung

Die Grünflächen werden im Frühjahr zur Verfestigung und Einebnung (z. B. Maulwurfshügel entfernen) abgewalzt und abgeschleppt.

105. Welche Baumarten gehören zu den Weichhölzern?

Kurzantwort für die schriftliche Prüfung

- ✓ Pappel
- ✓ Weide
- ✓ Erle
- ✓ Linde
- ✓ Kirsche
- ✓ Eberesche
- ✓ Aspe
- ✓ Douglasie
- ✓ Fichte
- ✓ Tanne
- ✓ Kiefer
- ✓ Pinie
- ✓ Zirbel
- ✓ Lärche

Hintergrundorientierung für die mündlich-praktische Prüfung

Als „Weichholz" werden alle Hölzer mit einer Darrdichte von unter 550 kg/Kubikmeter (oder 0,55 g/Kubikzentimeter) bezeichnet. Bei höherer Darrdichte liegt Hartholz vor (Apfel, Birne, Pflaume, Ahorn, Haselnuss, Walnuss, Teak, Eiche, Robinie, Hainbuche, Kastanie, Rotbuche). Das Holz muss einen Feuchtigkeitsgehalt von 0 % haben, bevor es gewogen wird. Nur unter Laborbedingungen ist dies möglich, um die Darrdichte (Rohdichte) zu ermitteln.

106. Welche Baumarten bilden einen starken Stockausschlag?

Kurzantwort für die schriftliche Prüfung

- ✓ Pappel
- ✓ Eiche
- ✓ Hainbuche

- ✓ Erle
- ✓ Weide
- ✓ Linde
- ✓ Eibe

Hintergrundorientierung für die mündlich-praktische Prüfung

Die Triebe des Stockausschlags bilden sich aus sogenannten schlafenden Augen des verbliebenen Stammrests bzw. durch Austrieb am Stock.

107. Was verstehen Sie unter einer Naturverjüngung?

Kurzantwort für die schriftliche Prüfung

- ✓ Bestandsbegründung ohne menschliches Eingreifen
- ✓ natürliche Verjüngung des Waldes, die ohne Pflanzmaßnahmen eintritt

Hintergrundorientierung für die mündlich-praktische Prüfung

Unter „Naturverjüngung“ versteht man die selbständige Aussaat umstehender Bäume, aus der sich ein neuer Jungbestand entwickeln kann. Allgemein unterscheidet man zwischen natürlichem Samenanflug (leichte Samen von Fichte, Kiefern, Lärche, Birke, Pappeln usw.) oder Samenaufschlag (schwere Samen von Buche, Eiche, Nuss etc.). Voraussetzung für die Naturverjüngung ist das Vorhandensein geeigneter Samenbäume.

108. Was ist eine Heisterpflanze?

Kurzantwort für die schriftliche Prüfung

- ✓ Großpflanze in einer Pflanzung
- ✓ 150 bis 200 cm hohe Pflanze (Laubbaum)

Hintergrundorientierung für die mündlich-praktische Prüfung

Unter dem Begriff „Heister“ versteht man eine Pflanzenklassifizierung. Hierbei handelt es sich um junge, in der Forstwirtschaft bereits zweimal verpflanzte 1,50 bis ca. 2,00 m hohe

Laubbäume, die zwar seitliche Äste aufweisen, aber keine Krone gebildet haben, jedoch muss der Leittrieb gerade gewachsen sein.

109. Welche Wildarten verursachen Schäden an Obstbäumen?

Kurzantwort für die schriftliche Prüfung

- ✓ Hasen
- ✓ Kaninchen
- ✓ Waschbären
- ✓ Rabenkrähen
- ✓ Schalenwild außer Schwarzwild

Hintergrundorientierung für die mündlich-praktische Prüfung

Sowohl junge als auch erntereife Obstbäume sind attraktive Futterquellen. Wildkaninchen oder Rehe (Schalenwild im Allgemeinen, außer Schwarzwild) greifen vorwiegend die Rinde der Bäume an, da sie besonders zart und saftig ist. Wildschäden an Obstbäumen sind laut Jagdgesetz nicht wildschadensersatzpflichtig, da es sich um Sonderkulturen handelt, die vom Eigentümer selbst so weit zu schützen sind, dass Verbiss vermieden wird. Während der Fruchtreife ziehen Obstbäume sowohl Waschbären als auch Krähen „magisch" an. Waschbären haben eine Vorliebe für Obst (Kirschen, Pflaumen, Weintrauben, auch Getreide [vor allem Mais]) und können durch Fraßschäden Ernteverluste verursachen. Schwarzwild bedient sich gerne an Fallobst.

110. Durch welche Maßnahmen lassen sich Schwarzwildschäden im Feld verringern?

Kurzantwort für die schriftliche Prüfung

- ✓ Elektrozäune
- ✓ Bejagungsschneise im Großschlag
- ✓ Verstänkerungsmittel
- ✓ Menschenhaar

- ✓ Anpassung der Wilddichte (bevorzugt: Frischlingsabschuss)
- ✓ revierübergreifende Jagden
- ✓ Erntejagden
- ✓ akustische und optische Scheuchen

Hintergrundorientierung für die mündlich-praktische Prüfung

Am größten sind Wildschäden bekanntermaßen auf Äckern, die an Waldgebiete angrenzen oder von ihnen umschlossen werden. Zur Verminderung von Wildschäden in der Feldflur ist es wichtig, die Rotten möglichst im Wald zu halten. Durch Unterteilung des Gesamtlebensraumes der Sauen in Wohlfühloasen und Gebiete höchsten Jagddrucks können Wildschäden reguliert werden. Das Schwarzwild muss im Wald durch ausreichend Deckung, Sulzen, Suhlen, Wildobst und Daueräsungsflächen gebunden werden. Im Feld jagen und/oder vergrämen.

111. Wie lassen sich Fichten gegen das Schälen von Rotwild schützen?

Kurzantwort für die schriftliche Prüfung

- ✓ durch Kratzen und Hobeln der Rinde
- ✓ durch Grüneinband
- ✓ Herunterbinden der Fichtenzweige
- ✓ angemessene Ruhe
- ✓ angepasste Wilddichte
- ✓ Angebot an Verbissgehölzen

Hintergrundorientierung für die mündlich-praktische Prüfung

Grundsätzlich lässt sich der Schutz in zwei Kategorien aufteilen, einerseits in Flächenschutz (Schutz eines bestimmten Gebietes durch Verstänkern oder Einzäunen) und andererseits durch den Einzelschutz (Maßnahme direkt an der Pflanze). Wenn Wildruhezonen, Wildäsungsflächen und ein ausreichendes Angebot an Verbissgehölzen geboten wird, führt dieses auch zwangsläufig zur Vermeidung von Schäden an Fichten durch Schälen von Rotwild.

112. Welche Wildarten kommen vorrangig für Wildschäden im Maisfeld in Betracht?

Kurzantwort für die schriftliche Prüfung

- ✓ Schwarzwild
- ✓ Rotwild
- ✓ Damwild
- ✓ Dachse
- ✓ Ringeltauben
- ✓ Rabenkrähen
- ✓ Fasane

Hintergrundorientierung für die mündlich-praktische Prüfung

Maiskulturen werden vorwiegend durch Wildschweine und Rotwild geschädigt. Schäden verursachen können aber auch Damwild, Dachse, Ringeltauben, Rabenkrähen sowie Fasane. Schäden treten üblicherweise direkt nach der Saat oder im bestehenden Bestand auf (etwa ab der Milchreife). Wildschäden an Maiskulturen durch Schwarzwild, Rotwild (Schalenwild generell), Wildkaninchen und Fasane sind ersatzpflichtig. Wildschäden durch Dachse hingegen nicht (kann aber im Jagdpachtvertrag gesondert vereinbart werden).

113. Wie können Fegeschäden verhütet werden?

Kurzantwort für die schriftliche Prüfung

- ✓ durch das Einbringen von Fegebäumen (Ablenkungsbäumen)
- ✓ Einzelschutz durch Schutzmanschetten (Drahthosen, Blechstreifen, Metallfolien etc.)
- ✓ Streichschutz
- ✓ Stachelbäume

Hintergrundorientierung für die mündlich-praktische Prüfung

Durch das Territorialverhalten des Rehbockes kommt es im Frühjahr immer wieder zu Fegeschäden, indem der Rehbock mit seinem Gehörn an Baumstämmchen den Bast abstreift und diese gleichzeitig mit Duftstoffen markiert. Durch die Rindenverletzung trocknen die Bäumchen aus und sterben ab oder es treten Pilze ein, die die Qualität des Holzes mindern. Durch gezielten Einzelschutz oder das Einbringen von Ablenkungsbäumen kann dem forstwirtschaftlich entgegengewirkt werden.

114. Eine Buchenkultur soll gegen Wildkaninchen eingezäunt werden. Wie groß darf die max. Maschenweite sein?

Kurzantwort für die schriftliche Prüfung

✓ zwischen 25 und 40 mm

Hintergrundorientierung für die mündlich-praktische Prüfung

Als Flächenschutz bieten sich Zäune an, die mindestens 1 m hoch sein und ca. 30 cm eingegraben werden müssen. Die Maschenweite darf höchstens 4 cm betragen. Ein leicht nach außen gerichteter Neigungswinkel des Maschenzaunes erschwert zusätzlich ein Hinüberklettern „sportlicher“ Wildkaninchen.

115. Zu welchen Zeiten treten die meisten Verkehrsunfälle mit Rehwild auf?

Kurzantwort für die schriftliche Prüfung

✓ in der Morgen- und Abenddämmerung

✓ während der Blattzeit über den ganzen Tag

Hintergrundorientierung für die mündlich-praktische Prüfung

Rehwild als Konzentratselektierer hat einen hohen Äsungsrhythmus aufgrund des geringen Füllungsgrads des kleinen Pansens (ca. acht bis elf Äsungsperioden). Rehe bevorzugen leichtverdauliche, nährstoffreiche Pflanzen. Da Rehwild sehr heimlich ist, vergrößert sich der Aktionsradius in den Dämmerungsstunden (morgens sowie abends), um bevorzugte Äsungsplätze aufzusuchen. Während der Paarungszeit (Blattzeit zwischen Mitte Juli und Ende August) blenden Rehböcke das sonst an den Tag gelegte, vorsichtige Verhalten weitge-

hängig bei Revierkämpfen schwächere Rivalen, folgen den weiblichen Stücken und bedrängen diese. Hierbei kommt es immer wieder zum Überqueren von Straßen und für die Tiere enden die Kollisionen meistens tödlich. Dabei muss berücksichtigt werden, dass diese Aussagen nur Tendenzaussagen sind: Grundsätzlich können Unfälle mit Rehwild zu jeder Jahres- und Tageszeit auftreten.

116. Eine junge Rübenpflanze weist im trockenen Sommer Beschädigungen am Rübenkörper auf. Welche Wildarten können die Verursacher sein?

Kurzantwort für die schriftliche Prüfung

✓ Fasan

✓ Hase

Hintergrundorientierung für die mündlich-praktische Prüfung

Da Rüben (Saftfutter) einen hohen Wassergehalt haben, werden sie in trockenen Sommern gerne von Hasen und Fasanen angenommen.

117. Wie können Schäden durch Fasanen am Mais verhindert werden?

Kurzantwort für die schriftliche Prüfung

✓ Beizen der Saatmaiskörner mit einem Mittel gegen Vogelfraß

✓ Aufstellen von Vogelscheuchen

✓ Abgabe von Schreckschüssen

✓ Aufstellen von Fuchsattrappen

✓ Installierung von Greifvogelattrappen

✓ Verscheuchen mit Jagdhunden

✓ aktive Bejagung

Hintergrundorientierung für die mündlich-praktische Prüfung

Um Maisfelder nach der Saateinbringung vor Wildschäden, die auch auf den Fasan (auch Tauben, Krähen) zurückzuführen

Hintergrundorientierung für die mündlich-praktische Prüfung

Um Maisfelder nach der Saateinbringung vor Wildschäden, die auch auf den Fasan (auch Tauben, Krähen) zurückzuführen sind, zu verschonen, werden die Saatmaiskörner (auch Getreidesaatgut) vor der Einsaat mit einem Mittel gegen Vogelfraß behandelt. Das Saatgut erkennt man an der auffälligen Färbung, die ihm gegeben wird, um eine versehentliche Verwendung als Futter zu verhindern. Das Aufstellen von Vogelscheuchen auf eingesäten Feldern suggeriert menschliche Präsenz und hat zunächst abschreckende Wirkung auf Fasanen + Co. Dabei muss jedoch berücksichtigt werden, dass Federwild extrem lernfähig ist. Die Wirkung non-letaler Maßnahmen, wie etwa die Abgabe von Schüssen mit Schreckschuss zur Vertreibung, das Aufstellen von Vogelscheuchen, das Aufstellen von Fuchsattrappen, die Installierung von Greifvogelattrappen oder das Verscheuchen mit Jagdhunden verlieren nach einer Eingewöhnungszeit in der Regel ihre Wirkung, so dass – unter Nutzung der ggf. erforderlichen Schonzeitaufhebung – mit Maßnahmen aktiver Bejagung zu reagieren ist. Dies hat das Oberverwaltungsgericht Nordrhein-Westfalen auf Grundlage wissenschaftlicher Gutachten zumindest für die Vergrämung von Sommergänsen bestätigt (vgl. OVG NRW, Urt. vom 30.3.2015 – 16 A 1610/13 –, Rz. 76). Es dürfte sich tendentiell auf weiteres Federwild übertragen lassen.

118. Wie schützt man junge Bäume vor Nageschäden durch Wildkaninchen?

Kurzantwort für die schriftliche Prüfung

✓ durch Anbringen von Kunststoffmanschetten
✓ durch Anbringen von PVC-Spiralen
✓ durch Anbringen von Drahthosen

Hintergrundorientierung für die mündlich-praktische Prüfung

Wenn im Winter das Nahrungsangebot für freilebende Tiere knapp wird, schädigen unter anderem Wildkaninchen (auch

Wildhasen) durch Benagen junge Bäume. Sie nagen an der Rinde, um zum einen Nahrung aufzunehmen und zum anderen die ständig wachsenden Schneidezähne abzunutzen und somit funktionsfähig zu erhalten. Als Einzel- bzw. Stammschutz bieten sich mitwachsende Kunststoffmanschetten oder PVC-Spiralen an. Auch liegengelassenes Schnittholz, Zweige von Obstbäumen, Laubbaumreisig oder Äste von Sträuchern werden gerne als Äsung genutzt. Wildschäden von Kaninchen sind ersatzpflichtig.

119. Sie finden in einer Kultur Ende Mai eine junge Lärche, bei der in der Höhe zwischen 40 und 60 cm die Rinde abgeschabt ist. Welcher Schaden liegt vor?

Kurzantwort für die schriftliche Prüfung

✓ Fegeschaden durch Rehbock

Hintergrundorientierung für die mündlich-praktische Prüfung

Ausgewachsene Rehböcke haben ein Stockmaß von ca. 70 cm und der Träger positioniert sich beim Fegen unterhalb der Schulterhöhe.

120. Worauf ist bei Elektrozäunen besonders zu achten?

Kurzantwort für die schriftliche Prüfung

✓ Betriebssicherheit regelmäßig überprüfen

✓ Abstand und Höhe der Wildart anpassen

✓ an öffentlichen Wegen und Straßen auf E-Zäune durch Warnschilder hinweisen

✓ Freihalten von Vegetation an stromführenden Drähten

✓ Erdung der Anlage

Hintergrundorientierung für die mündlich-praktische Prüfung

Abstand und Höhe eines Elektrozaunes sind abhängig von der Wildart, der Einhalt geboten werden soll. Die Zaunanlage sollte möglichst frei von Bewuchs gehalten werden, da der Bewuchs die Ausgangsspannung des Weidezaungeräts beeinflusst und speziell bei Batteriegeräten zu einem erhöhten Stromverbrauch führt. An öffentlichen Straßen oder Wegen sind Elektrozäune für Dritte kenntlich zu machen. Die Erdung sollte möglichst tief sein, mindestens 1 m. Zaundraht sollte nicht ge- bzw. unterbrochen sein. Eine regelmäßige Kontrolle und Wartung des Elektrozaunes ist unerlässlich.

121. Bei welcher Jagdart ist ein Schießnachweis erforderlich?

Kurzantwort für die schriftliche Prüfung

✓ bei der Bewegungsjagd auf Schalenwild

Hintergrundorientierung für die mündlich-praktische Prüfung

Der Schießübungsnachweis, der nicht älter als ein Jahr sein darf, ist Voraussetzung für die Teilnahme an jeder Bewegungsjagd auf Schalenwild (§ 17a Abs. 3 LJG-NRW). Die Einzelheiten regelt § 34 DVO LJG-NRW: Der Nachweis ist als Übungsnachweis auf Grundlage eines dort bestimmten Musters oder in Form einer vergleichbaren Bescheinigung eines anderen Landes oder auswärtigen Staates zu erbringen. Inhaltlich sind mit einem für Schwarzwild zugelassenen Kaliber auf dem Schießstand drei Schüsse stehend freihändig aus einer Entfernung zwischen 48 und 62 Meter auf die flüchtige Überläuferscheibe (laufender Keiler), drei Schüsse auf den laufenden Keiler angehalten auf der Schneisenmitte, stehend, freihändig und drei Schüsse auf den laufenden Keiler angehalten auf der Schneisenmitte, sitzend abzugeben. Alternativ sind im Schießkino drei Schüsse stehend, freihändig auf flüchtiges Schwarzwild, drei Schüsse stehend, freihändig auf ein stehendes Stück Schwarzwild und drei Schüsse sitzend auf ein stehendes Stück Schwarzwild abzugeben. Durch Schießsimula-tionen kann der Schießübungsnachweis nicht erfüllt werden.

122. Warum verhindert Kratzen oder Hobeln von Bäumen Schälschäden?

Kurzantwort für die schriftliche Prüfung

✓ Es kommt zu Harzaustritt und Wundkorkbildung, was das Wild vom Schälen abhält.

Hintergrundorientierung für die mündlich-praktische Prüfung

Durch das Kratzen oder Hobeln wird dem Wild die Rinde dauerhaft unappetitlich gemacht. Durch die verletzte Borke (Außenrinde) und den darunterliegenden Bast (Innenrinde) kommt es zu starkem Harzaustritt und zum Verkorken der Wunden. Die Behandlung muss in der Vegetationszeit erfolgen und wird meistens beim Nadelholz angewendet.

123. Was verstehen Sie unter einem „Grüneinband“?

Kurzantwort für die schriftliche Prüfung

✓ Hochbinden oder Herunterbinden der grünen Äste um den Stamm

✓ Einbinden um den Stamm mit zusätzlich gewonnenen Zweigen

✓ Schälschutzmaßnahme bei jungen Nadelbäumen

Hintergrundorientierung für die mündlich-praktische Prüfung

Bei Schälschutzmaßnahmen unterscheidet man zwischen chemischen und mechanischen Mitteln. Die chemischen Schälschutzmittel werden lückenlos auf die gesamte entastete, schälmögliche Fläche des Stammes aufgestrichen. Mit einem Grüneinband, einem mechanischem Schälschutzmittel, werden die eigenen oder zusätzlich gewonnenen Zweige herunter- oder heraufgebogen und damit fixiert. Die mechanischen Mittel sind weitgehend starr und müssen von Zeit zu Zeit dem Stärkenwachstum des Stammes angepasst werden. Mit dem Hobeln oder Rindenkratzen wird eine biotechnische Schutzmaßnahme angewandt. Hierbei wird die Wachstumsschicht der Rinde verletzt. Durch verstärkte Borkenbildung vernarben die Wunden und sind dadurch für schälende Wildarten unattraktiv.

124. Wie sieht das Schadbild bei Verbiss an jungen Forstpflanzen durch Rehwild aus?

Kurzantwort für die schriftliche Prüfung

- ✓ Abbiss mehr oder weniger senkrecht zur Wuchsrichtung
- ✓ Rand der Abbissstelle ist ausgefranst.
- ✓ überwiegend am Terminaltrieb (End-/Spitzentrieb) und den Endknospen der Zweige im Kronenbereich

Hintergrundorientierung für die mündlich-praktische Prüfung

Da beim Rehwild im Frontbereich des Oberkiefers die Schneidezähne fehlen (lediglich nur eine Gaumenplatte), kann bei verbissenen Forstpflanzen mit gutem Auge das Reh als Verursacher von Verbissschäden von denen, die beispielsweise von Nagern (Eichhörnchen, Rötelmaus) verursacht werden, unterschieden werden.

125. Welche typischen Merkmale weisen Wildschäden auf, die von Ringeltauben verursacht werden?

Kurzantwort für die schriftliche Prüfung

- ✓ Pickschäden
- ✓ Verkotung

Hintergrundorientierung für die mündlich-praktische Prüfung

Ernsthafte Schäden durch Ringeltauben entstehen an Gemüse und Feldfrüchten durch Beäsen (Herauspicken der „Herzknospen") und Verkotung. Es entstehen hagelähnliche Flächenschäden.

C. Sachgebiet „Waffentechnik, Führung von Jagd- und Faustfeuerwaffen“

1. Was ist eine Büchse?

Kurzantwort für die schriftliche Prüfung

✓ Büchse ist die Bezeichnung für ein Gewehr mit gezogenem Lauf, das lediglich für den Kugelschuss bestimmt ist.

Hintergrundorientierung für die mündlich-praktische Prüfung

Bei der Büchse wird ein einzelnes Geschoss durch einen Lauf mit Längsrillen, die sogenannten Züge und Felder (gezogener Lauf) getrieben. Wenn man von Büchsen und dem dazugehörigen Geschoss spricht, dann wird heute immer noch begrifflich das Wort Kugel verwandt. Dies beruht noch auf der Zeit der Vorderladerwaffen, als man eine Rundkugel und kein Büchsenlanggeschoss verschoss. Es gibt beispielsweise: Doppelbüchse, Bockdoppelbüchse, Bergstutzen.

2. Was ist unter „Drall“ zu verstehen?

Kurzantwort für die schriftliche Prüfung

✓ Unter Drall versteht man den schraubenförmigen (meist rechtsdrehenden) Verlauf von Zügen und Feldern im Laufinneren, der dem Geschoss eine Rotation um die Längsachse verleiht.

Hintergrundorientierung für die mündlich-praktische Prüfung

Da der Geschossdurchmesser immer größer ist als der Felddurchmesser, wird das Geschoss gezwungen, den schraubenförmig angeordneten Feldern (erhabenen und gedrehten Innenlaufstreifen) und Zügen (eingeschnittenen gedrehten Innenlaufstreifen) zu folgen. Die Strecke einer Umdrehung (von Feldern sowie Zügen) um die eigene Achse bezeichnet man als Dralllänge. Durch die absichtlich provozierte Rotation um die Längsachse wird verhindert, dass sich das Geschoss nach Mündungsaustritt überschlägt. Es wird in eine stabile Geschossflugbahn versetzt.

3. Welche Verschlusssysteme befinden sich an Jagdwaffen?

Kurzantwort für die schriftliche Prüfung

✓ Kipplaufwaffen: Kersten-, Greener-, Purdey-, Flanken-, Keil- und Laufhakenverschluss

✓ Repetierer (Verschlüsse für Waffen mit starrem Lauf): Kammer-, Zylinder- und Blockverschluss

✓ Verschlüsse für Selbstladewaffen (der Begriff „Halbautomaten“ wird in Jägerkreisen nicht gerne gehört)

Hintergrundorientierung für die mündlich-praktische Prüfung

Jagdwaffen können sein: Kipplaufwaffen, Selbstladewaffen (Halbautomaten) und Repetierer. Der Verschluss ist der Teil der Feuerwaffe, der das Patronenlager nach hinten abschließt, die Waffe verriegelt und so eine sichere Verwendung gewährleistet. Hierbei unterscheidet man die vorstehend ausgeführten Verschlusssysteme.

4. Welche Patronenlagerlängen kennen Sie bei Flinten?

Kurzantwort für die schriftliche Prüfung

✓ 65, 70, 76

Hintergrundorientierung für die mündlich-praktische Prüfung

Die gängigsten Patronenlagerlängen sind 65, 70 und 76 mm. Da Patronen mit einer Hülsenlänge von 65 mm heute nur noch schwer erhältlich sind, hat man Schrotpatronen mit einer Hülsenlänge von 67,5 mm entwickelt, die sowohl aus Flinten mit einer Lagerlänge von 65 mm als auch aus solchen mit 70 mm Lagerlänge verschossen werden dürfen. Allerdings dürfen Patronen mit einer Hülsenlänge von 70 mm keineswegs aus einer Flinte mit einer Patronenlagerlänge von 65 mm verschossen werden.

Für Flinten mit Lagerlänge 76 mm werden Magnumpatronen (Hülsenlänge 76 mm) genutzt, die einen größeren Gasdruck aufweisen und nur aus entsprechend beschossenen Waffen geschossen werden dürfen.

5. Wo liegt bei Flinten meistens die Sicherung?

Kurzantwort für die schriftliche Prüfung

✓ Schiebesicherung auf dem Kolbenhals

Hintergrundorientierung für die mündlich-praktische Prüfung

Flinten weisen zumeist eine Schiebesicherung auf, die oberhalb des Pistolengriffes auf dem Kolbenhals angebracht ist.

6. Was ist ein Einstecklauf?

Kurzantwort für die schriftliche Prüfung

✓ ein Lauf, der in den Waffenlauf eingebaut wird, damit daraus kleinere Kaliber oder Büchsenpatronen verschossen werden können

Hintergrundorientierung für die mündlich-praktische Prüfung

Unter einem Einstecklauf wird ein externer Lauf verstanden, der in den Waffenlauf (Kugel- oder Schrotlauf) eingebaut wird, um daraus Patronen kleineren Kalibers (so bei Kugel- und Schrotläufen) oder auch Büchsenpatronen (so bei Schrotläufen) verschießen zu können. Bei der Verwendung von Einsteckläufen steht zumeist die Universalität der gewohnten Waffe im Vordergrund; d. h. der Einsatzbereich einer Waffe wird erhöht.

7. Welche Mantel-Geschosse gibt es?

Kurzantwort für die schriftliche Prüfung

✓ Vollmantelgeschosse und Teilmantelgeschosse (Deformationsgeschosse)

Hintergrundorientierung für die mündlich-praktische Prüfung

Die Einteilung in Voll- und Teilmantelgeschosse erfolgt nach dem Aufbau des Geschosses, nicht nach der Wirkungsweise.

Bei Mantelgeschossen ist der Kern meist noch aus Blei und mit einem Mantel aus Tombak, einer hochkupferhaltigen Messinglegierung, umgeben. Bei Vollmantelgeschossen hingegen ist der Mantel vorne geschlossen und am Heck offen. Teilmantelgeschosse besitzen eine Öffnung vorne an der Hülse und sind hinten geschlossen (vgl. auch die Antwort zur Frage C.31).

8. Warum darf aus einer Waffe im Kaliber 8 x 57 I keine Patrone mit der Bezeichnung 8 x 57 IS verschossen werden?

Kurzantwort für die schriftliche Prüfung

✓ Patronen mit der Zusatzbezeichnung S (stark) sind im Geschossdurchmesser 0,13 mm größer/stärker.

✓ Der Lauf einer I-Kaliber-Waffe ist enger.

✓ Es käme zu gefährlichen Gasdruckerhöhungen (Laufsprengung).

Hintergrundorientierung für die mündlich-praktische Prüfung

Die Kaliberangaben auf der Hülse stehen für einen Hülsendurchmesser von 8 mm und eine Hülsenlänge von 57 mm. Mit „S“ gekennzeichnete Patronen weisen oft auch ein schwarzes Zündhütchen und eine Rändelung auf. Ihr Durchmesser ist etwa 0,13 mm größer als der von Geschossen der Patronen der Bezeichnung „8 x 57 I“. Daher dürfen sie auf keinen Fall aus Läufen verschossen werden, die nur für Patronen der Bezeichnung „8 x 57 I“ ausgelegt sind (vgl. auch die Antwort zur Frage C.69).

9. Wodurch wird die schnelle Tötung beim Schrotschuss bewirkt?

Kurzantwort für die schriftliche Prüfung

✓ durch den Schock

Hintergrundorientierung für die mündlich-praktische Prüfung

Der schnelle Tod beim Schrotschuss wird durch den Schock ausgelöst, der dadurch eintritt, dass mehrere Schrote gleichzeitig auf der Tierkörperoberfläche aufschlagen. Hierdurch werden die Nervenenden massiv erregt, was in der Konzentration schockartig den Tod bedeutet.

10. Bis auf welche Entfernung kann mit Schrot waidgerecht geschossen werden?

Kurzantwort für die schriftliche Prüfung

✓ bis auf 25 bis 30 m

Hintergrundorientierung für die mündlich-praktische Prüfung

Für den Schrotschuss gilt der Bereich innerhalb einer Schussentfernung von 30 m als akzeptabel bzw. waidgerecht.

11. Was versteht man unter dem Begriff „Absehen"?

Kurzantwort für die schriftliche Prüfung

✓ eine Zieleinrichtung im Zielfernrohr

Hintergrundorientierung für die mündlich-praktische Prüfung

Das Absehen ist die angebrachte Zielmarke im Zielfernrohr (Fadenkreuz, Zielpunkt, Zielstachel). Manche Absehen sind beleuchtet.

12. Was verstehen Sie unter einer „kalten Waffe"?

Kurzantwort für die schriftliche Prüfung

✓ Stichwaffen

✓ Schnittwaffen

✓ Hiebwaffen

Hintergrundorientierung für die mündlich-praktische Prüfung

Kalte Waffen werden auch „blanke Waffen" genannt, die als Nahwaffe im Jagdbetrieb zum Abfangen, Abnicken sowie zum Aufbrechen von Schalenwild verwendet werden. Beispiele für kalte Waffen sind: Saufeder, Waidblatt, Hirschfänger, Jagdnicker, Waidmesser, Jagdtaschenmesser.

13. Was verstehen Sie unter einem „Bockdrilling"?

Kurzantwort für die schriftliche Prüfung

✓ eine Handfeuerwaffe mit einem Schrotlauf oben, einem großkalibrigen Kugellauf darunter und einem kleinkalibrigen Kugellauf seitlich

✓ ein dreiläufiges Jagdgewehr

Hintergrundorientierung für die mündlich-praktische Prüfung

Unter einem Bockdrilling ist eine Handfeuerwaffe in Form eines Gewehrs zu verstehen, die über drei Läufe verfügt, deren beiden größeren – ausgehend von der Grundidee einer Bockbüchsflinte – übereinander angebracht sind, während der dritte Lauf als kleinkalibriger seitlich auf der Höhe des Übergangs zwischen den beiden großkalibrigen Läufen angebracht ist. Bei den aufgebockten beiden größeren Läufen handelt es sich um einen Schrotlauf (oben) und – des höheren Druckes wegen – einen unten angebrachten, großkalibrigen Kugellauf. Bei dem seitlich angebrachten Lauf handelt es sich um einen kleinkalibrigen Kugellauf.

14. Wie bezeichnet man den Verschluss bei Repetierbüchsen (z. B. Mauser 98, Sauer 80 usw.)?

Kurzantwort für die schriftliche Prüfung

✓ Zylinderverschluss

✓ Kammerverschluss

✓ Blockverschluss

Hintergrundorientierung für die mündlich-praktische Prüfung

Es handelt sich hier um Verschlüsse bei Waffen mit starren Läufen. Verschlüsse stellen die Verbindung zum Schafft her. Sie verschließen das Patronenlager. Durch eine horizontale

Bewegung des Verschlussstückes bei Zylinder- und Selbstladeverschlüssen und durch eine vertikale Bewegung bei Blockverschlüssen öffnet sich das Patronenlager.

15. Was bedeutet die Patronenbezeichnung „.308 Win"?

Kurzantwort für die schriftliche Prüfung

✓ Kaliberbezeichnung mit Geschossdurchmesser von 0,308 Zoll und Bezeichnung „Win" für den Entwickler, die Firma Winchester

Hintergrundorientierung für die mündlich-praktische Prüfung

Die angloamerikanische Kaliberbezeichnung gibt den Geschossdurchmesser in Zoll (Inches) an. Die Zentralfeuerpatrone ist auch als 7,62 x 51 mm NATO bekannt. Die Bezeichnung „Win" steht für den Entwickler Winchester.

16. Wie wird im Allgemeinen waffenseitig das Ausbreitungsverhalten einer Schrotgarbe beeinflusst?

Kurzantwort für die schriftliche Prüfung

✓ durch eine Würgebohrung / Choke

Hintergrundorientierung für die mündlich-praktische Prüfung

Am Ende des Laufes (ca. 5 bis 10 cm vor der Mündung) befindet sich die Chokebohrung (auch Würgebohrung genannt). Als „Choke" bezeichnet man eine Verengung oder auch eine Erweiterung des ansonsten zylindrisch verlaufenden Laufes. Der Choke steuert die Schrotgarbe, die bei Verlassen des Laufes eine bestimmte Form annimmt. Je enger die Würgebohrung, desto höher die Schubkraft der Schrotgarbe nach Verlassen des Laufes, die Streuung verzögert sich. Die gebräuchlichsten Choke-Bohrungen sind: Skeet, Viertel-Choke (ca. 0,25 mm Verengung kurz vor Laufmündung), Halb-Choke (ca. 0,45 mm Verengung kurz vor Laufmündung), Dreiviertel-Choke (ca. 0,75 mm Verengung kurz vor Laufmündung) und Voll-Choke (ca. 0,90 mm Verengung kurz vor Laufmündung), die auf manchen Flinten mit Sternen oder Kreuzen am Lauf gekennzeichnet werden (ein Stern steht für Voll-Choke bis hin zu vier Sternen für Viertel-Choke). Es gibt auch mobile Chokes, die je nach Bedarf in die Laufmündung eingeschraubt werden können (Wechselchokes).

17. Welche Sicherung haben Walther-Pistolen PPK und S. & W.-Revolver gemeinsam?

Kurzantwort für die schriftliche Prüfung

✓ die automatische Innensicherung des Schlagstücks

Hintergrundorientierung für die mündlich-praktische Prüfung

Waffensicherungen sollen vor einer ungewollten Schussauslösung schützen. Zu den Sicherungen gehören die Abzugssicherung, die Sicherung der Abzugsstange, die Schlagstücksicherung oder die Schlagbolzensicherung. Die beste Sicherung ist die des Schlagstückes. Das Schlagstück schlägt direkt auf den Schlagbolzen, der dann auf den Zündsatz der Patrone auftrifft. Eine Sicherung wirkt umso sicherer, je näher sie am Schlagbolzen eingreift. Walther-Pistolen PPK und S. & W.-Revolver haben gemeinsam, dass sie über eine automatische Innensicherung des Schlagstücks verfügen.

18. Warum bewahren Sie Ihre Waffen in entspanntem Zustand auf?

Kurzantwort für die schriftliche Prüfung

✓ Entlastung der Schlagfeder / Verhinderung einer Erlahmung

Hintergrundorientierung für die mündlich-praktische Prüfung

Generell will man durch ein Aufbewahren im entspannten Zustand verhindern, dass die Schlagfedern ermüden.

19. Welche Geschosstypen sind Zerlegungsgeschosse?

Kurzantwort für die schriftliche Prüfung

✓ H-Mantelgeschosse, Hohlspitzgeschosse und z. T. auch Teilmantelgeschosse (DK – Doppelkern) Krebs G 418, G 419

Hintergrundorientierung für die mündlich-praktische Prüfung

Es gibt Zerlegungsgeschosse, die sich im Ziel vollständig zerlegen und Teilzerlegungsgeschosse, deren vorderer Teil sich zerlegt, während der hintere stabil bleibt. Deformationsgeschosse sind Geschosse, die sich nur deformieren, ohne wesentliche Splitter zu verursachen; beim Auftreten auf den Wildkörper bleibt das Deformationsgeschoss massestabil.

20. Welche Faktoren bestimmen die Flugbahn eines Geschosses?

Kurzantwort für die schriftliche Prüfung

✓ Erdanziehung
✓ Schwerkraft
✓ Luftwiderstand
✓ Geschossgeschwindigkeit
✓ Gasdruck
✓ Form und Masse

Hintergrundorientierung für die mündlich-praktische Prüfung

Nach dem Austritt aus dem Lauf wirken hauptsächlich die Erdanziehungskraft und die Luftreibungskräfte. Die Witterungsverhältnisse spielen also ebenso eine Rolle. Natürlich wird die Flugbahn auch durch den Abgangswinkel und die Anfangsgeschwindigkeit genauso beeinflusst durch Gewicht und Form des Geschosses (vgl. auch die Antwort zur Frage C.118).

21. Welchen Einfluss hat die Dralllänge?

Kurzantwort für die schriftliche Prüfung

✓ Die Dralllänge beeinflusst die Schussgenauigkeit (Treffgenauigkeit).

✓ Einfluss auf die Rotation und Flugbahn des Geschosses, da die Dralllange die Geschossdrehzahl bestimmt

✓ Sie beeinflusst die Geschwindigkeit der Rotation des Geschosses um seine Längsachse.

Hintergrundorientierung für die mündlich-praktische Prüfung

Unter Dralllänge versteht man die Laufstrecke, auf der die Züge und Felder (wendelförmige Windungen der inneren Laufwand) eine Umdrehung von 360° vollenden. Dieser Kreiseleffekt stabilisiert das Geschoss in seiner Lage und Flugbahn. Je nach Kaliber liegt die Dralllänge bei 20 bis 28 cm. Für schwere Geschosse ist die Dralllänge kürzer als für leichte (vgl. auch die Antwort zur Frage C.115).

22. Welche Angaben befinden sich auf dem Boden einer Patronenhülse?

Kurzantwort für die schriftliche Prüfung

✓ Patronenhersteller

✓ Patronenbezeichnung

Hintergrundorientierung für die mündlich-praktische Prüfung

Am Hülsenboden findet sich neben der Angabe des Kalibers und der internen Herstellerzeichen fast immer die Angabe des Herstellers selbst. Die Kaliberangabe bei vielen ausländischen (angelsächsischen) Patronen erfolgt in Zoll.

23. Reicht die Treffgenauigkeit eines Flintenlaufgeschosses für alle jagdlichen Schussentfernungen aus?

Kurzantwort für die schriftliche Prüfung

✓ Nein

Hintergrundorientierung für die mündlich-praktische Prüfung

Das Flintenlaufgeschoss wird im glatten Schrotlauf nicht stabilisiert, weshalb sich sein Einsatz auf eine kürzere Entfernung, meist bis 50 m, reduziert.

24. Wo muss an einer Schusswaffe das Beschusszeichen für den Nitrobeschuss (N mit Bundesadler) angebracht sein?

Kurzantwort für die schriftliche Prüfung

✓ auf allen wesentlichen Teilen der Waffe (je nach Waffenart: Lauf, Wechsellauf, Basküle, Verschlussgehäuse, Verschluss, Schlitten, Griffstück und Trommel)

Hintergrundorientierung für die mündlich-praktische Prüfung

Der Bundesadler und der Kennbuchstabe befinden sich auf jedem wesentlichen Teil, das zur Aufnahme des Laufes oder des Verschlusses dient.

25. Wie kontrollieren Sie am schnellsten, ob sich Patronen in einem Drilling befinden?

Kurzantwort für die schriftliche Prüfung

✓ Sichern und Öffnen (Brechen/Abkippen) des Drillings (Laufbündels)

Hintergrundorientierung für die mündlich-praktische Prüfung

Das Abtasten oder Fühlen der Signalstifte gibt nur Auskunft darüber, ob die Schlösser gespannt sind, sagt also nichts über den Ladezustand der Waffe aus. Daher gibt es – jenseits des ins Ungewisse nicht zulässigen Spannens und Abschlagens – nur eine schnelle und verlässliche Methode, festzustellen, ob sich Patronen in einem Drilling befinden: das Öffnen und Brechen der Waffe im gesicherten Zustand.

26. Was sichert die Flügelsicherung bei der Repetierbüchse Mauser 98?

Kurzantwort für die schriftliche Prüfung

✓ den Schlagbolzen

✓ Bei Flügelstellung nach rechts ist zusätzlich die Kammer arretiert.

Hintergrundorientierung für die mündlich-praktische Prüfung

Die Flügelsicherung wirkt auf den Schlagbolzen. Sicherungsflügel nach rechts bedeutet, dass die Schlagbolzenmutter gesichert ist und ein Öffnen der Kammer verhindert wird. Sicherungsflügel nach links bedeutet, dass die Waffe entsichert ist. Ein senkrecht bzw. hoch stehender Sicherungsflügel bedeutet, dass zwar die Schlagbolzenmutter gesichert ist, trotzdem jedoch die Kammer geöffnet werden kann (sog. Montagestellung).

27. Welches Sicherungssystem ist das zuverlässigste?

Kurzantwort für die schriftliche Prüfung

✓ Schlagbolzensicherung, Schlagstücksicherung

Hintergrundorientierung für die mündlich-praktische Prüfung

Grundsätzlich ist die entladene geöffnete Waffe der sicherste Zustand. Je näher aber eine Sicherung am Schlagbolzen angebracht ist, als desto sicherer kann sie eingestuft werden. Die beste Sicherung ist daher die Schlagbolzensicherung, gefolgt von der Schlagstücksicherung.

28. Welche Breitenausdehnung etwa hat eine Schrotgarbe auf 100 m Entfernung (bei einer Schrotstärke von 2,5 mm)?

Kurzantwort für die schriftliche Prüfung

✓ eine solche von etwa 17 bis 18 m

Hintergrundorientierung für die mündlich-praktische Prüfung

Die Breitenausdehnung einer Schrotgarbe beträgt auf 100 m Entfernung bei einer Schrotstärke von 2,5 Millimeter bis zu 18 m. Allerdings verändert sich mit entsprechender Würgebohrung (Choke) die Ausbreitung nur marginal (die waidgerechte Schussentfernung mit Schrot liegt bei bis zu 30 m).

29. Auf welche Eigenart kombinierter Gewehre ist bei schneller Schussfolge zu achten?

Kurzantwort für die schriftliche Prüfung

✓ Änderung der Treffpunktlage bei nicht freiliegenden Läufen

Hintergrundorientierung für die mündlich-praktische Prüfung

Bei kombinierten Waffen kann es zum „Klettern“ bei der Abgabe von mehreren Schüssen hintereinander kommen. Die Treffpunktlage verändert sich immer in Richtung des kalten Laufes.

30. Was bedeutet die Angabe „7 x 42“ bei einem Fernglas?

Kurzantwort für die schriftliche Prüfung

✓ 7-fache Vergrößerung bei 42 mm Objektivdurchmesser

Hintergrundorientierung für die mündlich-praktische Prüfung

Bei den Angaben handelt es sich um die optischen Kenndaten des Fernglases. Die erste Zahl steht für die Vergrößerung, die die Optik hergibt. Die 7- bis 8-fache Vergrößerung ist optimal. Bei 10-facher Vergrößerung wird es schwer fallen, ein unverwackeltes Bild zu sehen. Von der Größe des Objektivdurchmessers wiederum hängt die Menge des einfallenden Lichtes ab. Aus diesem Grund sollte bei Dämmerung ein Fernglas mit größerem Objektivdurchmesser gewählt werden. Am Tag genügt ein Durchmesser von etwa 20 bis 30 mm.

31. Aus welchem Material besteht der Mantel von modernen Teilmantelgeschossen?

Kurzantwort für die schriftliche Prüfung

✓ aus Tombak, einer Messinglegierung mit hohem Kupferanteil, oder aus Flussstahl

Hintergrundorientierung für die mündlich-praktische Prüfung

Die Teilmantelgeschosse gehören wie die Vollmantelgeschosse zu den Mantelgeschossen. Der Mantel bei Vollmantelgeschossen ist vorne geschlossen und hinten offen. Das Kennzeichen der Teilmantelgeschosse ist ein vorne offener und hinten geschlossener Mantel. Die Öffnung kann verschiedene Formen, wie Hohlspitze, Lochspitze oder Bleispitze, aufweisen.

32. Welche Nachteile hat ein kurzer Büchsenlauf?

Kurzantwort für die schriftliche Prüfung

- ✓ Verlust von Leistung
- ✓ größeres Mündungsfeuer
- ✓ lauterer Mündungsknall
- ✓ stärkerer Rückstoß(-schlag)
- ✓ geringere Anfangsgeschwindigkeit (Außenballistik)
- ✓ geringere Auftreffenergie
- ✓ kürzere Visierlinie

Hintergrundorientierung für die mündlich-praktische Prüfung

Die Büchsen gehören zu den Langwaffen, das heißt, ihre kürzeste bestimmungsmäßige Einsatzlänge ist größer als 60 cm (Gesamtlänge des Laufes und des Hinterschaftes). Sie besitzen gezogene Läufe, also Läufe mit Innenprofil für den Kugelschuss. Durch den Lauf erhält das Geschoss seine Flugrichtung. Büchsenläufe können Längen zwischen 45 und 70 cm aufweisen. Unterschreitet der Lauf eine angemessene Länge, geht ihm ein Teil der erforderlichen Lenkungswirkung verloren: Da der Innendruck früher nachlässt, sinkt die Anfangsgeschwindigkeit des Geschosses. Die Folge sind eine kürzere Schussdistanz und eine geringere Auftreffenergie. Rückstoß und Mündungsfeuer sowie die Stärke des Mündungsknalls nehmen hingegen zu. Zugleich erschwert die kürzere Visierlinie das genaue Zielen. Letztlich hat ein kürzerer Lauf damit in der Regel eine niedrigere Leistung als ein vergleichbarer längerer Lauf.

33. Dürfen aus einer Büchse Kal. 7 x 64, die normal rauchlos beschlossen ist, alle Patronen, die diese Bezeichnung tragen, verschossen werden?

Kurzantwort für die schriftliche Prüfung

✓ Ja

Hintergrundorientierung für die mündlich-praktische Prüfung

Auf dem Lauf der Waffe steht das Kaliber der Patrone, für welches der Lauf geeignet ist. Diese Angaben müssen mit dem Kaliber der Patrone übereinstimmen.

34. Warum soll der Jäger von seiner Büchsenmunition immer einen gewissen größeren Vorrat einkaufen?

Kurzantwort für die schriftliche Prüfung

✓ um gleichbleibende Schussergebnisse zu erzielen
✓ um eine gleiche Treffpunktlage sicherzustellen
✓ Der Vorrat soll aus ein und demselben Munitionslos bestückt sein, da bei Munitionsloswechsel eine Prüfung der Treffpunktlage erforderlich wird.

Hintergrundorientierung für die mündlich-praktische Prüfung

Das Munitionslos kennzeichnet die Charge von Feuerwaffenmunition. Diese Losnummer steht meistens auf der äußeren Verpackung. Munition, die exakt unter gleichen Bedingungen (gleicher Tag/gleiche Charge des Treibmittels) geladen wurde, hat auch später stets die gleiche Treffpunktlage. Jäger und Sportschützen suchen, Munition durchgehend aus ein und derselben Serie zu erlangen, damit die Waffe nicht jedes Mal neu eingeschossen werden muss.

35. Womit wird in erster Linie der stabile Flug eines Büchsengeschosses erreicht?

Kurzantwort für die schriftliche Prüfung

✓ durch Drallstabilisierung

Hintergrundorientierung für die mündlich-praktische Prüfung

Durch die Rotation eines Geschosses um seine Längsachse, den sogenannten Drall, wird die Flugbahn stabilisiert.

36. Was sind Randfeuerpatronen?

Kurzantwort für die schriftliche Prüfung

✓ Patronen, die durch einen Schlag auf den Rand gezündet werden

✓ kleinkalibrige Patronen, bei denen der Zündsatz in den Hülsenbodenrand eingelassen ist

✓ Patronen ohne eingesetztes Zündhütchen

Hintergrundorientierung für die mündlich-praktische Prüfung

Bei Randfeuerpatronen wird die Zündmasse in den hohlen Rand des Patronenbodens eingegossen. Gezündet wird die Randfeuerpatrone durch einen Schlag des Schlagbolzens auf den Patronenbodenrand. Die innenliegende Zündmasse wird zusammengedrückt und gezündet.

37. Was versteht man unter einem „Ejektor"?

Kurzantwort für die schriftliche Prüfung

✓ den Patronenauswerfer bei Kipplaufwaffen

✓ den Auswerfer gezündeter Patronenhülsen

✓ eine Einrichtung zum selbständigen Auswerfen der Hülse beim Abkippen der Läufe

Hintergrundorientierung für die mündlich-praktische Prüfung

Unter einem Ejektor versteht man die automatische Hülsenauswurfeinrichtung bei Kipplaufwaffen (Auswerfer). Der

Ejektor tritt beim Abkippen der Läufe nach Schussabgabe in Tätigkeit, indem er die leeren Hülsen nach hinten herauswirft. Er wirkt also nur auf die Hülse des abgeschossenen Laufes ein.

38. Wie verhalten Sie sich bei einem „Versager"?

Kurzantwort für die schriftliche Prüfung

- ✓ Laufmündung nach Betätigung des Abzuges noch zehn Sekunden in Richtung des Ziels halten und erst dann den Verschluss öffnen.
- ✓ Wegen möglicher Nachbrenner die Laufmündung ca. zehn Sekunden in Zielrichtung halten.

Hintergrundorientierung für die mündlich-praktische Prüfung

Munition, die explosive Stoffe enthält und deren Zündmittel oder Treibmittel beim Auslösen nicht oder nicht vollständig zur Wirkung gekommen ist, wird als „Versager" bezeichnet.

39. Warum ist ein präzises Schießen mit Kurzwaffen nicht leicht?

Kurzantwort für die schriftliche Prüfung

- ✓ wegen kurzen Laufes und entsprechen kurzer Visierlinie
- ✓ Beim einhändigen Schießen kann die Waffe nicht ruhig genug gehalten werden.

Hintergrundorientierung für die mündlich-praktische Prüfung

Der Anschlag bei Kurzwaffen erfolgt meist zweihändig durch beide ausgestreckten Arme. Hier die Stabilität in den Armen und im Stand zu wahren, erfordert sehr viel Übung. Das Auflegen oder das Abstützen mit der Schäftung an Schulter und Gesicht, wie bei den Langwaffen, ist nicht gegeben.

40. Darf eine Patrone ohne Rand aus einer Kipplaufwaffe verschossen werden?

Kurzantwort für die schriftliche Prüfung

- ✓ ja, wenn die Waffe dafür eingerichtet ist
- ✓ ja, bei entsprechender Ausziehvorrichtung

Hintergrundorientierung für die mündlich-praktische Prüfung

Es ist möglich, auch eine Kipplaufwaffe durch das Einsetzen entsprechender Ausziehvorrichtungen auf das Verschießen einer Patrone ohne Rand einzurichten.

41. Welche Voraussetzung muss bei einer Flinte für ein treffsicheres Schießen gegeben sein?

Kurzantwort für die schriftliche Prüfung

- ✓ Sie muss dem Schützen angepasst sein.
- ✓ Eine Schaftanpassung muss die Anatomie des Schützen aufnehmen.
- ✓ eine „Hinter"-Schaftanpassung (Senkung, Schränkung, Schaftlänge, Pitch und Umfang sowie Länge des Kolbenhalses)

Hintergrundorientierung für die mündlich-praktische Prüfung

Mit der Redewendung „Der Lauf zielt, der Schaft trifft" soll zum Ausdruck gebracht werden, dass man bei einer in Anschlag gebrachten Flinte ohne Korrekturen das richtige Maß der Laufschiene sieht. Das setzt voraus, dass der Schaft passt und die Waffe gut ausbalanciert ist.

42. Was sind „Signalstifte"?

Kurzantwort für die schriftliche Prüfung

- ✓ Signalstifte geben Auskunft über den Zustand der Waffe.
- ✓ Schloss gespannt (Stift erhaben), Schloss entspannt (Stift plan)
- ✓ Anzeige über den Ladezustand

Hintergrundorientierung für die mündlich-praktische Prüfung

Signalstifte zeigen an, ob das Schloss einer Waffe gespannt ist bzw. ob sich eine Patrone im Patronenlager befindet. Signalstifte sind von außen sichtbar (die gespannten Schlagstücke drücken einen Bolzen aus dem Systemkasten) und meist auch fühlbar (Überprüfung auch bei Dunkelheit). Grundsätzlich besitzt jedes Schloss seinen Signalstift, so dass über den jeweiligen Schlosszustand eine Aussage gemacht werden kann. Neben Signalstiften gibt es auch Signalwellen.

43. Was sind „Laufhaken“?

Kurzantwort für die schriftliche Prüfung

✓ ein Verschluss- und Verriegelungselement bei Kipplaufwaffen

✓ Elemente, die die Verbindung zwischen Lauf und Basküle (dem Verschlussgehäuse) bewirken

✓ eine Vorrichtung für die Verriegelung von Lauf und System

Hintergrundorientierung für die mündlich-praktische Prüfung

Da Laufhaken die Verbindung zwischen Lauf und Verschluss darstellen, sind sie als Verschlusselement wichtiger Bestandteil von Kipplaufwaffen. Neben der (einfachen oder doppelten) Laufhakenverriegelung gibt es noch andere Verschlussmechanismen, wie z. B. den Greener-, Purdey- oder Kerstenverschluss etc.

44. Was versteht man in der Waffentechnik unter einer „Zylinderbohrung“?

Kurzantwort für die schriftliche Prüfung

✓ einen Schrotlauf ohne Würgebohrung (Mündungsverengung)

✓ den gleichbleibenden Innendurchmesser eines Schrotlaufes

Hintergrundorientierung für die mündlich-praktische Prüfung

Unter einer „Zylinderbohrung" versteht man einen Schrotlauf, der vom Patronenlager bis hin zur Mündung einen gleichbleibenden Innendurchmesser aufweist.

45. Was sind „Streupatronen"?

Kurzantwort für die schriftliche Prüfung

✓ Schrotpatronen, die mehr streuen als normale

✓ Schrotpatronen mit großer Streuwirkung

✓ Patronen, die über ein Streukreuz zur stärkeren Auffächerung der Schrotgarbe verfügen

Hintergrundorientierung für die mündlich-praktische Prüfung

In Streupatronen ist in der Schrotladung ein Streukreuz eingesetzt, das die Schrotgarbe gleichmäßig verteilt und schon auf kurze Schussentfernung eine gute Deckung bei großer Streuung ergibt. Sinnvoll ist die Verwendung derart aufgebauter Patronen bei der Kaninchenjagd, um das Wild nicht zu zerschießen, sowie überall dort, wo auf kurze Distanz geschossen werden muss, ebenso aber auch bei Sportschützen im Rahmen des Skeetschießens.

46. Darf bei einem 98er Mauser-System der Schlagbolzen beim Schließen der Waffe entspannt werden, obwohl sich eine Patrone im Patronenlager befindet?

Kurzantwort für die schriftliche Prüfung

✓ waffentechnisch und -rechtlich: nein

Hintergrundorientierung für die mündlich-praktische Prüfung

Beim Entspannen des Schlagbolzens eines 98er Mauser-Systems während des Schließens der Waffe kann es schon wegen der Vorwärtsbewegung des Zylinder-/Kammerverschlusses zu einer Wirkung des Schlagbolzens auf die im Lauf befindliche Patrone kommen, die in deren Zündung resultieren kann.

47. Wie wirkt sich ein Ölschuss aus?

Kurzantwort für die schriftliche Prüfung

✓ Es tritt eine Änderung der Treffpunktlage (sog. Klettern) ein.

✓ Es kommt zu Abweichungen der Treffpunktlage bei gezogenen Läufen.

Hintergrundorientierung für die mündlich-praktische Prüfung

Als „Ölschuss“ wird der erste Schuss bezeichnet, der aus einem nicht entfetteten bzw. entölten Büchsenlauf abgegeben wird. In gezogenen Läufen kann dieses zu Abweichungen der Treffpunktlage führen, die von Lauf zu Lauf unterschiedlich ausfallen können.

48. Warum muss auf dem Schießstand eine Waffe mit geöffnetem Verschluss getragen bzw. abgestellt werden?

Kurzantwort für die schriftliche Prüfung

✓ Sicherheitsmaßnahme

✓ UVV

✓ Schießstandrichtlinien

Hintergrundorientierung für die mündlich-praktische Prüfung

Bei geöffnetem Verschluss und entfernter Patrone wird niemand gefährdet. Diese Vorschrift gilt es, unbedingt einzuhalten.

49. Wie verhalten Sie sich, wenn der Pfropfen einer abgefeuerten Schrotpatrone im Lauf steckengeblieben ist?

Kurzantwort für die schriftliche Prüfung

✓ Entfernung vor dem nächsten Schuss mit einem geeigneten Putzstab

✓ unmittelbares Herausstoßen mit Putzstab

Hintergrundorientierung für die mündlich-praktische Prüfung

Der Lauf muss immer frei sein. Vor jedem Schuss sollte sich der Schütze davon überzeugen und Fremdkörper jeglicher Art entfernen.

50. Wann wird eine Büchse eingestochen?

Kurzantwort für die schriftliche Prüfung

- ✓ unmittelbar vor dem Schuss
- ✓ wenn man bereits auf das Wild in Anschlag gegangen ist
- ✓ nach dem Entsichern

Hintergrundorientierung für die mündlich-praktische Prüfung

Grundsätzlich wird eine Büchse erst unmittelbar vor dem Schuss, nach dem Entsichern, eingestochen.

51. Welcher Fehler wird oft bei der Auswahl der Schrotstärke für ein bestimmtes Wild gemacht?

Kurzantwort für die schriftliche Prüfung

- ✓ Es wird eine zu große Schrotstärke gewählt.
- ✓ Es werden Schrote zu großen Durchmessers genutzt.

Hintergrundorientierung für die mündlich-praktische Prüfung

Es wird mit zu grobem Schrot geschossen. Je geringer der Durchmesser des einzelnen Schrotkornes, umso mehr Schrotkörner befinden sich in einer Patrone. Beim Schrotschuss kommt es aber nicht darauf an, dass einige wenige Schrotkörner ihr Ziel erreichen, sondern darauf, dass der Schuss eine Schockwirkung auslöst. Dies erfolgt dadurch, dass eine Vielzahl von Schrotkörnern ihr Ziel erreicht. Durch Erhöhung des Ladegewichts oder gröbere Schrote lässt sich die wirksame Schussentfernung nicht steigern. Deshalb ist es sicherer, auf kürzere Entfernung mit kleineren Schroten zu schießen.

52. Wirkt sich ein lockerer Verschluss einer kombinierten Waffe auf die Kugelschussleistung aus?

Kurzantwort für die schriftliche Prüfung

✓ ja

Hintergrundorientierung für die mündlich-praktische Prüfung

Eine wichtige Aufgabe des Verschlusses ist es, das Patronenlager gasdicht abzuschließen. Ist dies nicht der Fall, geht Gasdruck an anderer Stelle verloren und die Präzision der Waffe ist nicht mehr gegeben. Außerdem kann eine Instabilität des Verschlusses auch zur Gefahr für den Schützen werden (vgl. auch Antwort zur Frage C.108).

53. Wo sitzt der Kugelschuss bei einem linksverkanteten Gewehr im Ziel?

Kurzantwort für die schriftliche Prüfung

✓ tief links

Hintergrundorientierung für die mündlich-praktische Prüfung

Die Flugbahn einer eingeschossenen Waffe schneidet die Visierlinie an zwei Punkten. Diese Schnittpunkte – bei etwa 30 und 170 m vor der Mündung gelegen – nennt man die der Fleckschussentfernung. Die Idealeinstellung liegt dann vor, wenn auf 100 m die Flugbahnkurve einen Hochschuss von 4 cm aufweist. Ein links verkantetes Gewehr produziert einen Treffersitz tief links, da nun die Flugbahn des Geschosses nach links abweicht und die Gravitation wirkt.

54. Was versteht man unter „Doppeln“?

Kurzantwort für die schriftliche Prüfung

✓ das Lösen von zwei Schüssen bei einer mehrläufigen Waffe beim Betätigen von nur einem Abzug

✓ ein ungewolltes gleichzeitiges Losgehen von zwei Schüssen aus mehrläufigen Gewehren

Hintergrundorientierung für die mündlich-praktische Prüfung

Das ungewollte Abfeuern eines zweiten Schusses aus mehrläufigen Gewehren bezeichnet man als „Doppeln". Wenn hingegen bei eingestochenem Kugelschloss versehentlich mit dem zweiten Abzug der Schrotschuss ausgelöst wird, kann es sich um eine Funktionsstörung der Gewehrschlosse oder Abzüge handeln.

55. Was ist ein „Nachbrenner"?

Kurzantwort für die schriftliche Prüfung

✓ eine verzögerte Schussentwicklung

Hintergrundorientierung für die mündlich-praktische Prüfung

Hier gilt es, zwischen Versager und Nachbrenner zu unterscheiden. Von einem „Versager" spricht man, wenn wegen alter oder falsch gelagerter Munition oder aber meist durch Funktionsstörungen in der Schlossmechanik der Schuss nicht bricht.

Bei einem Nachbrenner bricht der Schuss, aber nicht unmittelbar nach Abschlagen des Schlosses. Aus diesem Grund sollte die Waffe immer noch einige Sekunden ins Ziel gehalten werden.

56. Warum wird bei einem Drilling zweckmäßigerweise der Einstecklauf im rechten Schrotlauf montiert?

Kurzantwort für die schriftliche Prüfung

✓ um den Stecher nutzen zu können

Hintergrundorientierung für die mündlich-praktische Prüfung

Zumeist wird optional ein Einstecklauf beim Drilling im rechten Schrotlauf für kleinkalibrige Büchsenpatronen (Schonzeit-, Rehwildkugel) montiert, weil nur der Abzug für den rechten Schrotlauf somit ggfs. eingestochen werden kann.

57. Was bedeutet bei ballistischen Angaben in den Schusstafeln der Ausdruck „Joule"?

Kurzantwort für die schriftliche Prüfung

✓ Bewegungsenergie (Geschossenergie)

✓ Jouleleistung gleich Entfernungsenergie E auf 0, 100 oder 200 Metern.

✓ internationale Maßeinheit für Energie

Hintergrundorientierung für die mündlich-praktische Prüfung

Joule (abgekürzt J) ist die internationale Maßeinheit für Energie (abgekürzt E) und beschreibt in der Zielballistik (Verhalten des Geschosses im Ziel) die Bewegungsenergie des Geschosses.

58. Welches der aufgeführten Zielfernrohre hat das größte Sehfeld?

Kurzantwort für die schriftliche Prüfung

✓ kleine Vergrößerung = großes Sehfeld

✓ Je stärker die Vergrößerung, desto kleiner ist das Sehfeld.

Hintergrundorientierung für die mündlich-praktische Prüfung

Mit „Sehfeld" wird der überblickbare Bildausschnitt, bezogen auf 100 m, angegeben. Je geringer die Vergrößerung, umso größer ist in der Regel das Sehfeld. Das Sehfeld ist weniger vom Objektivdurchmesser abhängig, sondern vielmehr vom Okulardurchmesser.

59. Was bedeutet die Senkrechtstellung des Sicherungsflügels beim Repetierbüchsensystem Mauser 98?

Kurzantwort für die schriftliche Prüfung

✓ (Schlagbolzen) gesichert und Kammerstengel nicht blockiert

✓ Schloss gesichert, Kammer kann geöffnet werden.

✓ Senkrechtstellung = Montagestellung

Hintergrundorientierung für die mündlich-praktische Prüfung

Im hoch (senkrecht) gestellten Zustand sichert der Sicherungsflügel die Schlagbolzenmutter, und die Kammer lässt sich öffnen.

60. Die Auftreffenergie eines Büchsengeschosses wird beeinflusst durch seine

Kurzantwort für die schriftliche Prüfung

✓ Geschwindigkeit

✓ Masse

✓ Schussentfernung

Hintergrundorientierung für die mündlich-praktische Prüfung

Als „Auftreffenergie" bezeichnet man die kinetische (kinesis = Bewegung) Energie des Projektils beim Auftreffen auf das Ziel (Auftreffwucht). Wegen des Luftwiderstands ist diese Energie bei normalen Entfernungen deutlich geringer als die Mündungsenergie. Rechnerisch lösbar durch die Formel: Energie in Joule (J) = 1/2 mal (*) Geschossmasse in kg (mG) mal (*) Geschwindigkeit des Projektils beim Auftreten auf das Ziel in m/s (vG).

61. Welche Geschosse zerlegen sich beim Auftreffen auf den Wildkörper?

Kurzantwort für die schriftliche Prüfung

✓ Zerlegungsgeschosse

✓ H-Mantel-Geschosse

Hintergrundorientierung für die mündlich-praktische Prüfung

Ein Geschoss, das sich nach dem Auftreffen auf den Wildkörper fast vollständig zerlegt.

62. Was verstehen Sie unter dem Begriff „Abkommen"?

Kurzantwort für die schriftliche Prüfung

✓ den Punkt, auf den die Visierlinie beim Brechen des Schusses tatsächlich gezeigt hat

✓ den Zielpunkt bei Schussabgabe

Hintergrundorientierung für die mündlich-praktische Prüfung

Der Schütze visiert das Ziel an (Haltepunkt), das Absehen des Zielfernrohres zeigt auf das Ziel, dann bricht der Schuss. Diesen tatsächlichen Zielpunkt nennt man „Abkommen". Der Schütze sollte „durch das Feuer sehen", d. h. durch das Mündungsfeuer auf das Ziel blicken und wissen, wo er abgekommen ist. Stimmen Haltepunkt und der Punkt des Abkommens nicht überein, spricht man vom „Ziel- oder Abkommenfehler".

63. Was verstehen Sie unter dem Begriff „Ballistik"?

Kurzantwort für die schriftliche Prüfung

✓ die Lehre von der Bewegung geworfener oder geschossener Körper

Hintergrundorientierung für die mündlich-praktische Prüfung

Die „Lehre vom Schuss" bzw. Ballistik umfasst vier Teilgebiete. Mit der Innenballistik wird die Schussentwicklung im Lauf beschrieben. Sie hat ihren Anfang bei der Zündung des Zündhütchens und endet dort, wo das Geschoss den Lauf verlässt. Die Mündungsballistik befasst sich mit den Vorgängen der Schussentwicklung unmittelbar an der Mündung. Die Außenballistik wird bestimmt durch alle Einflüsse, die die Geschossflugbahn beeinflussen. Welche Wirkung das Geschoss im Ziel hat, wird in der Zielballistik zusammengefasst.

64. Wo entsteht beim Schuss der höchste Gasdruck?

Kurzantwort für die schriftliche Prüfung

✓ im Patronenlager

Hintergrundorientierung für die mündlich-praktische Prüfung

Kurz nach der Zündung ist der Gasdruck in der Patronenhülse, die sich dann noch im Patronenlager befindet, am größten.

65. Wie unterscheiden sich die Revolverpatronen „.357 Magnum" und „.38 Spezial"?

Kurzantwort für die schriftliche Prüfung

✓ .357 Magnum hat die längere Hülse.

✓ .357 Magnum hat die höhere Auftreffenergie.

✓ .38 Spezial hat den größeren Durchmesser.

Hintergrundorientierung für die mündlich-praktische Prüfung

Die Revolverpatrone .357 Magnum unterscheidet sich durch die um 3 mm längere Hülse von der .38 Spezial. Durch die längere Hülse passt mehr Pulver, also Treibladung, in die .357 Magnum. Daraus resultiert eine größere Fluggeschwindigkeit (v = 404 m/s bei 0 m) und eine höhere Auftreffenergie (E0 = 832 Joule).

66. Wie verhalten Sie sich bei einer Funktionsstörung an der Selbstladepistole?

Kurzantwort für die schriftliche Prüfung

✓ Waffe sichern, Magazin entnehmen und Verschluss öffnen

Hintergrundorientierung für die mündlich-praktische Prüfung

Bei den Selbstladepistolen werden die Patronen aus dem Magazin durch eine automatische Verschlussbewegung, verursacht durch den entstandenen Gasdruck, nachgeladen. Zu den Selbstladepistolen gehört z. B. die Walther P99.

67. Aus welchem Lauf löst sich bei einem auf „Kugel" gestellten Drilling der Schuss, wenn der hintere Abzug betätigt wird?

Kurzantwort für die schriftliche Prüfung

✓ aus dem linken Schrotlauf

Hintergrundorientierung für die mündlich-praktische Prüfung

Der hintere Abzug betätigt immer das Schloss des linken Schrotlaufes. Abhängig von der Schieberstellung ist nur der vordere Abzug. Dieser kann, auf „S", also Schrot, gestellt, den rechten Lauf oder auf „K", also Kugel, gestellt, den unteren Lauf bedienen.

68. Welcher Lauf einer Bockflinte hat in der Regel die größere Mündungsverengung?

Kurzantwort für die schriftliche Prüfung

✓ der obere Lauf

Hintergrundorientierung für die mündlich-praktische Prüfung

Die Mündungsverengung wird auch „Würge- oder Chokebohrung" genannt. Man unterscheidet Voll-, Dreiviertel-, Halb- und Viertelchoke, wobei der Vollchoke die größte Verengung von 1,0 mm und der Viertelchoke die kleinste Verengung von 0,25 mm bedeutet. Die Verengung führt zur Verdichtung der Schrotgarbe. Demnach braucht man für weite Schüsse enge Laufmündungen (Voll- und Dreiviertelchoke). Bei Bockflinten ist üblicherweise der obere Lauf für den weiten Schuss mit der größten Mündungsverengung und der untere mit Halbchoke versehen. Bei Querflinten und Drillingen hat der linke Lauf den Voll- oder Dreiviertelchoke und der rechte den Halb- oder Viertelchoke.

69. Was bedeutet der Zusatz „S“ bei dem Kaliber 8 x 57 IRS?

Kurzantwort für die schriftliche Prüfung

✓ Der Geschossdurchmesser ist größer.

Hintergrundorientierung für die mündlich-praktische Prüfung

Die „8“ steht für einen Geschossdurchmesser von 8 mm. Das „S“ als Zusatz bedeutet, dass dieser spezielle Geschossdurchmesser nun um 1/10 mm größer ist und nur aus S-Läufen verschossen werden darf, da es sonst zur Laufsprengung kommt.

Die Zahl 57 gibt die Hülsenlänge der Patrone in mm an. Das „R“ zeigt, dass es sich um eine Hülse mit Rand handelt. Der Buchstabe „I“ ist die Abkürzung für Infanterie, also eine Infanteriepatrone mit jagdlicher Abwandlung.

Die besonderen Kennzeichen eines S-Kalibers können neben dem Buchstaben auch noch ein schwarzes Zündhütchen, eine schwarze Ringfugenlackierung oder eine Rändelung am Geschoss sein.

70. Welchem mm-Kaliber entspricht die Patrone „.222 Remington“?

Kurzantwort für die schriftliche Prüfung

✓ 5,6 mm

Hintergrundorientierung für die mündlich-praktische Prüfung

Ein Inch (englisches Zoll) entspricht 25,4 mm. Demnach entsprechen 0,222 Inch 25,4 mal dieser Länge in Millimetern (0,222 x 25,4 = 5,6399), also etwa 5,6 mm Geschossdurchmesser. Die Energie dieses Kalibers beträgt auf 100 m etwa 1.000 Joule. Ihre Anwendung als Wettkampfpatrone oder für die Jagd auf Fuchs und Reh ist zulässig.

71. Wodurch wird der Rückstoß einer Büchse am stärksten beeinflusst?

Kurzantwort für die schriftliche Prüfung

✓ durch das Gewicht der Waffe

✓ durch die Masse des Geschosses und die Treibladung

Hintergrundorientierung für die mündlich-praktische Prüfung

Der Rückstoß einer Waffe ist nach dem Auslösen eines Schusses an dem dadurch entstandenen, auch rückwärts wirkenden Gasdruck an der Schulter des Schützen spürbar. Bei schweren Waffen ist dieser weniger bemerkbar als bei leichten.

72. In welcher Größenordnung liegt der Gasdruck von Büchsenpatronen?

Kurzantwort für die schriftliche Prüfung

✓ bei ca. 3.000 bis 4.500 bar.

Hintergrundorientierung für die mündlich-praktische Prüfung

Im Bereich des Patronenlagers ist der Gasdruck am höchsten. Selbst nach dem Verlassen des Laufes hinterlässt das Geschoss noch einen Gasdruck von 450 bis 500 bar im Lauf.

73. Bei welchen Waffen wird vorzugsweise der Rückstecher eingebaut?

Kurzantwort für die schriftliche Prüfung

✓ bei kombinierten Gewehren

✓ bei Repetierbüchsen

Hintergrundorientierung für die mündlich-praktische Prüfung

Der Rückstecher wird auch „französischer Stecher" genannt. Es erfolgt mit dem gleichen Abzug – durch Drücken des Abzuges nach vorne – das Einstechen sowie – durch Zug nach hinten – das Auslösen des Schusses. Das Entstechen findet immer in gesichertem Zustand statt. Der Abzug wird hierbei langsam mit Daumen und Zeigefinger etwas nach hinten geführt, bis das Ausrasten der Stecherrast hörbar wird.

74. Welchen Einfluss haben Ablagerungen von Geschossmaterial in Büchsenläufen?

Kurzantwort für die schriftliche Prüfung

✓ nachlassende Schusspräzision

Hintergrundorientierung für die mündlich-praktische Prüfung

Büchsenläufe besitzen ein Innenprofil, gebildet durch Vertiefungen (Züge) und Erhebungen (Felder), diese bedingen eine Drehung des Geschosses um seine Längsachse (Drall) und sorgen damit für eine Stabilisierung. Die Dralllänge wird definiert als die Strecke, die das Geschoss im Lauf für eine Umdrehung braucht. Ein verschmutztes Innenprofil wirkt sich somit auf die Stabilität der Geschossflugbahn negativ aus.

75. Welche Vorteile hat ein freiliegender Büchsenlauf bei einer kombinierten Waffe?

Kurzantwort für die schriftliche Prüfung

✓ Die Treffpunktlage wird nicht verändert.

Hintergrundorientierung für die mündlich-praktische Prüfung

Durch den Schuss kommt es zu starker Wärmeentwicklung im Lauf und somit zu einer Materialausdehnung, die bei nicht freiliegenden, sondern verlöteten Läufen Auswirkungen auf die Nachbarläufe und somit die Treffpunktlage hat. Bei Läufen, die frei liegen, kommt es dagegen nach der Abgabe von mehreren Schüssen aus dem Schrotlauf nicht zur Veränderung der Treffpunktlage des Büchsenlaufes.

76. Welche Flugweite muss man beim Schießen mit Flintenlaufgeschossen aus Sicherheitsgründen beachten?

Kurzantwort für die schriftliche Prüfung

✓ ca. 1.500 Meter

Hintergrundorientierung für die mündlich-praktische Prüfung

Flintenlaufgeschosspatronen wie z. B. die Brenneke Kaliber 12 haben eine Schussweite von ca. 1.400 m. Jagdbüchsenpatronen können Schussweiten von 3.000 bis 5.000 m erreichen. Schrotpatronen können zwischen 200 m und 400 m weit streuen. Dies ist abhängig von der Schrotgröße, wobei folgende Merksatz für den Gefahrenbereich gilt: „Schrotgröße multipliziert mit Hundert." Für die Schrotgröße 4 mm ergibt sich also ein Gefahrenbereich von 400 m.

77. Unter welcher Bedingung erreicht ein Büchsengeschoss seine maximale Flugweite?

Kurzantwort für die schriftliche Prüfung

✓ bei einem Lauferhöhungswinkel von 30 bis 35 Grad

Hintergrundorientierung für die mündlich-praktische Prüfung

Für das Geschoss gilt die ballistische Flugkurve, für deren Verlauf neben der Anfangsgeschwindigkeit die auf den Geschosskörper wirkende Schwerkraft und der Luftwiderstand wesentliche Größen sind. Der optimale Abschusswinkel für die maximale Flugweite wurde zwischen 30 bis 35 Grad errechnet. Zu flach gewählte Winkel, aber auch zu große Winkel, verkürzen die Flugweite.

78. Was bedeutet der Ausdruck „Blitzsystem"?

Kurzantwort für die schriftliche Prüfung

✓ Sämtliche Schlossteile sind auf dem Abzugsblech angebracht.

Hintergrundorientierung für die mündlich-praktische Prüfung

Gewehre haben Schlosssysteme, mit denen die Zündung der Patrone eingeleitet wird. Zu den Schlossteilen gehören z. B. der Schlagbolzen, das Schlagstück, die Schlagfeder, die Abzugsstange, der Abzug, das Abzugsblatt, der Spannhebel und das Abzugsblech. Die bekanntesten Schlosssysteme bei Waffen mit abkippbaren Läufen sind das Blitzschloss, das Kastenschloss und das Seitenschloss.

Beim Blitzschloss sind die Schlossteile auf dem Abzugsblech montiert. Dieses System lässt sich leicht aus dem Verschlusskasten nehmen (z. B. Drilling). Beim Kastenschloss befinden sich die Schlossteile in der Basküle, dem Verschlusskasten (Doppelflinte, Doppelbüchse, Bockbüchsflinte). Beim Seitenschloss wiederum sind die Schlossteile auf Seitenblechen angebracht (Doppelflinte, Bockbüchse, Doppelbüchse, Drilling). Neuere Schlosssysteme sind die Einschloss- und die Zweischlosshandspannsysteme.

79. Welchen Vorteil bietet eine kombinierte Waffe mit separater Kugelspannung?

Kurzantwort für die schriftliche Prüfung

✓ Der Kugellauf wird erst bei Bedarf gespannt.

✓ Die Handhabungssicherheit ist gegeben.

✓ Der Büchsenlauf ist besser gesichert.

Hintergrundorientierung für die mündlich-praktische Prüfung

Kombinierte Waffen haben oft einen Spannschieber mit den Beschriftungen „K“ für Kugel und „S“ für Schrot. Der Büchsenlauf und der Schrotlauf kann dadurch separat nach Bedarf gespannt werden.

80. Wie werden schonend Geschossmantel-Ablagerungen (Tombak) aus einem Büchsenlauf entfernt?

Kurzantwort für die schriftliche Prüfung

✓ mit geeigneten chemischen Reinigungsmitteln

Hintergrundorientierung für die mündlich-praktische Prüfung

Nach dem Einwirken der chemischen Reinigungsmittel wird der Lauf gereinigt und anschließend geölt. Um sogenannte Ölschüsse zu vermeiden, wird der Lauf nochmals trockengewischt.

81. Stimmt die Treffpunktlage des Schrotschusses aus einem Drilling mit den aus denselben Läufen abgefeuerten Flintenlaufgeschossen immer überein?

Kurzantwort für die schriftliche Prüfung

✓ nein

Hintergrundorientierung für die mündlich-praktische Prüfung

Flintenlaufgeschosse bestehen aus einem mit Führungsrippen versehenen zylindrischen Bleigeschoss im vorderen Teil der Patrone sowie einem Filzpfropfen oder Kunststoffheckteil. Es handelt sich um ein Einzelgeschoss, das aus Flintenläufen verschossen werden kann. Am offenen Hülsenmund ist der Geschosskopf fühlbar. Die Stabilisierung während des Fluges erfolgt durch das leichtere Ende der Flintenlaufpatrone. Man spricht auch von der Pfeilstabilisierung. Der optimale und verantwortungsbewusste Einsatz während der Jagd erfolgt auf eine Distanz zum Schalenwild von 30 m bis maximal 50 m. Der Gefahrenbereich liegt bei 1.500 m. Ein Geschossfang muss gegeben sein.

Geschosse von unterschiedlicher Form und Gewicht haben eine abweichende Treffpunktlage. Selbst bei gleichem Gewicht und gleicher Form des Geschosses ist die Treffpunktlage in Abhängigkeit von der Fertigungsnummer erneut mit der eingesetzten Waffe zu überprüfen.

82. Mit welchen Schrotpatronen lassen sich aus Flintenläufen mit engen Würgebohrungen auf kurze Schussentfernungen große Streuungen erzielen?

Kurzantwort für die schriftliche Prüfung

✓ mit Streupatronen

Hintergrundorientierung für die mündlich-praktische Prüfung

Eine große Streuung der Schrotgarbe erreicht man bei Streupatronen durch eine spezielle Pfropfenkonstruktion. Diese besteht aus einem meist aus Kunststoff gefertigten Streukreuz in der Schrotladung. Je enger die Würgebohrung ist, desto effektiver das Streukreuz, also die Verwirbelung der Schrote.

83. Was versteht man unter „Schränkung“?

Kurzantwort für die schriftliche Prüfung

✓ die seitliche Ausbiegung des Schaftes

Hintergrundorientierung für die mündlich-praktische Prüfung

Schaut man von oben auf den Schaft und das Laufbündel, ist eine Versetzung des Schaftes zur Visierlinie erkennbar. Je nachdem, ob es sich um eine nach rechts geschränkte Waffe für Rechtshänder oder eine nach links geschränkte für Linkshänder handelt, ist der Schaft nach rechts oder links versetzt. Man sagt auch, die Waffe ist aus dem Gesicht geschränkt. Hat der Schütze ein breiteres Gesicht, braucht er eine Waffe mit größerer Schränkung.

84. Was ist eine Magazinsicherung?

Kurzantwort für die schriftliche Prüfung

✓ Bei herausgenommenem Magazin kann kein Schuss abgegeben werden.

✓ Sicherung der Abschussfunktion

Hintergrundorientierung für die mündlich-praktische Prüfung

Die Magazinsicherung verhindert, dass bei entnommenem Magazin eine im Lauf befindliche Patrone abgeschossen werden kann.

85. Was bedeutet das „R“ in der Kaliberbezeichnung „7 x 57 R“?

Kurzantwort für die schriftliche Prüfung

✓ Die Patronenhülse hat einen überstehenden Rand.

Hintergrundorientierung für die mündlich-praktische Prüfung

Das „R“ steht für „Rand“ und bedeutet, dass es sich um eine Patrone mit einem überstehenden Rand am Hülsenboden handelt. Randpatronen sind für Kipplaufwaffen geeignet.

86. Sie verschießen 3 mm starke Schrote. Welche Distanz muss als „gefährliche Schussweite" berücksichtigt werden?

Kurzantwort für die schriftliche Prüfung

✓ 300 m

Hintergrundorientierung für die mündlich-praktische Prüfung

Der ungefähre Gefährdungsbereich in Metern ergibt sich aus der Multiplikation des Schrotdurchmessers in Millimeter mit 100 (dreimal 100 = 300).

87. Sie müssen bei der Jagdausübung ein größeres Hindernis (z. B. Zaun) überwinden. Wie verhalten Sie sich?

Kurzantwort für die schriftliche Prüfung

✓ Die Waffe sollte stets entladen werden.

Hintergrundorientierung für die mündlich-praktische Prüfung

Die Pflicht zum Entladen der Waffe beim Überqueren von Hindernissen oder beim Besteigen des Hochsitzes ist in der Unfallverhütungsvorschrift Jagd festgelegt.

88. Worin besteht der Unterschied zwischen Patronenauszieher und Ejektor?

Kurzantwort für die schriftliche Prüfung

✓ Der Ejektor wirft die Hülse beim Öffnen des Gewehres aus dem Patronenlager.

✓ Der Patronenauszieher zieht die Hülse ein Stück aus dem Patronenlager heraus.

Hintergrundorientierung für die mündlich-praktische Prüfung

Der Patronenauszieher findet Verwendung bei Kipplaufwaffen und Waffen mit starren Läufen. Er erleichtert das Herausnehmen der leeren Hülse bzw. der noch nicht abgeschossenen Patrone von Hand. Bei Kipplaufwaffen schiebt der Auszieher die Hülse bzw. Patrone und bei Waffen mit Zylinder- oder Kammerverschluss zieht die Auszieherkralle diese aus dem Patronenlager heraus. Ejektoren oder Auswerfer findet man bei Bockflinten, Doppelflinten, Doppelbüchsen und – seltener – bei Drillingen. Der Ejektor steht nach Abschlagen des Schlosses unter Federdruck und schleudert dann beim Öffnen des Verschlusses die Hülse bzw. auch Versager heraus. Somit ist ein schnelleres Nachladen möglich.

89. Wie muss die Kaliberangabe „.30-06“ interpretiert werden?

Kurzantwort für die schriftliche Prüfung

✓ „.30“ gibt das Kaliber in Zoll an.

✓ „06“ steht für das Einführungsjahr 1906.

Hintergrundorientierung für die mündlich-praktische Prüfung

Die erste Zahl der angloamerikanischen Angabe steht für das Kaliber in Zoll. Die Zahl 06 zeigt das Einführungsjahr 1906 an.

90. Wo befindet sich die Würgebohrung bei Flinten?

Kurzantwort für die schriftliche Prüfung

✓ an der Laufmündung

Hintergrundorientierung für die mündlich-praktische Prüfung

Die Würgebohrung wird auch „Chokebohrung“ genannt. Es handelt sich um eine Verengung der Laufmündung, die die Schrotgarbe verdichtet. Man unterscheidet Voll-, Dreiviertel-, Halb- und Viertelchoke, also eine Verengung um 1,0 mm bis 0,25 mm.

91. Welche Patronen werden aus Einsteckläufen verschossen?

Kurzantwort für die schriftliche Prüfung

✓ hauptsächlich leistungsschwache Patronen

Hintergrundorientierung für die mündlich-praktische Prüfung

Einsteckläufe werden verwendet, um kleinere Kaliber aus einem vorhandenen Lauf zu verschießen. Meist kommen sie bei Schrotläufen von Bockbüchsflinten oder Drillingen zum Einsatz. Hierzu wird der Einstecklauf bei Bedarf, nach der ersten Montage vom Büchsenmacher, in den Waffenlauf eingeschoben. Bei der Bockbüchsflinte montiert man ihn in den oberen, beim Drilling in den rechten Schrotlauf, um den Stecher nutzen zu können. Zu den leistungsschwächeren Patronen zählen die .22 lfb, .22 Win Magnum, .22 Hornet oder die .222 Rem.

92. Was wird beim amtlichen Beschuss einer Waffe geprüft?

Kurzantwort für die schriftliche Prüfung

✓ Kennzeichnung
✓ Handhabungssicherheit
✓ Haltbarkeit
✓ Maßhaltigkeit

Hintergrundorientierung für die mündlich-praktische Prüfung

Unter „Kennzeichnung" versteht man die nötigen Angaben über das zu verwendende Kaliber, die Waffennummer und den Hersteller, die auf der Waffe zu finden sein müssen. Die Prüfung der Handhabungssicherheit beinhaltet die Kontrolle der Funktionssicherheit der Waffe, wie z. B. die der Sicherungen und die Verschlussprüfung. Die Haltbarkeit wird mithilfe von drei Patronen mit höherem Gebrauchsgasdruck geprüft. Bei der Maßhaltigkeitsprüfung werden die Einhaltung der vorgeschriebenen Nenngrößen wie Patronenlagermaß und Verschlussabstand kontrolliert und die Maße des Laufes vermessen.

93. Wie sind bei einer Büchsflinte die Läufe angeordnet?

Kurzantwort für die schriftliche Prüfung

✓ Ein Büchsenlauf und ein Schrotlauf liegen nebeneinander.

Hintergrundorientierung für die mündlich-praktische Prüfung

Eine Büchsflinte ist eine kombinierte zweiläufige Waffe. Die Läufe sind nebeneinander angeordnet. Liegen die Läufe übereinander, spricht man von einer Bockbüchsflinte, wobei oft das Kaliber mit dem höheren Gasdruck unten ist.

Nach gleichem Prinzip erfolgt auch die Nomenklatur der Flinten und Büchsen. Liegen die Läufe nebeneinander, handelt sich um Doppelflinten bzw. Doppelbüchsen. Liegen sie übereinander, bezeichnet man diese als Bockflinte bzw. Bockbüchse.

94. Eine Patrone trägt auf ihrem Boden u. a. die Kennzeichnung „.243 Win.“. Was wird mit dieser Zahl gekennzeichnet?

Kurzantwort für die schriftliche Prüfung

✓ „.234“ ist das Patronenkaliber in Zoll.

✓ „Win.“ steht für den Hersteller Winchester (Entwickler).

Hintergrundorientierung für die mündlich-praktische Prüfung

Es handelt sich um eine angloamerikanische Kaliberbezeichnung. Das Nennkaliber 0.243 Zoll multipliziert mit 25,4 mm ergibt einen Geschossdurchmesser von 6,17 mm.

95. Was bedeutet die Bezeichnung „V 100“ in einer Schusstafel?

Kurzantwort für die schriftliche Prüfung

✓ die Geschossgeschwindigkeit in 100 m Entfernung

Hintergrundorientierung für die mündlich-praktische Prüfung

Das „V" ist die Bezeichnung für die Geschwindigkeit in Metern pro Sekunde und die 100 steht für die Geschwindigkeit des Geschosses nach 100 m.

96. Aus welchen Flintenläufen haben Streupatronen die beste Wirkung?

Kurzantwort für die schriftliche Prüfung

✓ aus Läufen mit Vollchoke

Hintergrundorientierung für die mündlich-praktische Prüfung

Streupatronen sind Patronen mit größerer Streuung der Schrote. Diese wird durch die Wirkung eines Streukreuzes, das sich zwischen den Schrotkügelchen befindet, erreicht. Je enger der Lauf, desto größer die Wirkung des Streukreuzes, also die Verwirbelung der Schrotgarbe. Bei Läufen mit Vollchoke erfolgt die Verjüngung des Laufes an der Mündung um 1,0 mm und ist damit am größten und effektivsten für Streupatronen.

97. Welche Schlosskonstruktion hat eine Hahnflinte?

Kurzantwort für die schriftliche Prüfung

✓ ein Seitenschloss

Hintergrundorientierung für die mündlich-praktische Prüfung

Bei einem Seitenschloss sind alle Schlossteile gut zugänglich, da sie auf den Seitenblechen angebracht sind. Hahngewehre haben außenliegende Hähne, bei denen durch Zurückziehen eines Hahnes das Gewehr gespannt wird.

98. Für welche Jagdart ist eine Doppelbüchse am besten geeignet?

Kurzantwort für die schriftliche Prüfung

✓ für die Drückjagd

✓ für die Ansitzdrückjagd

Hintergrundorientierung für die mündlich-praktische Prüfung

Für Jagdarten, bei denen ein schneller zweiter Schuss notwendig werden könnte, sind Doppelbüchsen gut geeignet.

99. In welchen Fällen ist die Verwendung von Jagd-Streupatronen angezeigt?

Kurzantwort für die schriftliche Prüfung

✓ immer dann, wenn auf kurze Entfernung eine optimale Streuung erwünscht ist

✓ Sie werden bei geringem Abstand zum Wild aus eng gebohrten Läufen (Vollchoke) verwendet.

Hintergrundorientierung für die mündlich-praktische Prüfung

Verwendung finden Streupatronen auf kurze Distanz z. B. bei der Enten-, und Taubenjagd sowie bei der Kaninchen- und Hasenjagd.

100. Aus welchen Läufen können Flintenlaufgeschosse verschossen werden?

Kurzantwort für die schriftliche Prüfung

✓ aus Läufen von Flinten mit entsprechendem Kaliber und passender Patronenlagerlänge

Hintergrundorientierung für die mündlich-praktische Prüfung

Aus Flintenläufen, also Schrotläufen, können neben Schrotpatronen auch Flintenlaufgeschosse (FLG) verschossen werden. Die FLG sind Einzelgeschosse, die es wie die Schrotpatronen in den Kalibern 12, 16, 20 und 28 gibt und die Hülsenlängen von 67,5 mm, 70 mm und 76 mm haben können.

101. Was muss beim Schießen mit aufgesetztem Zielfernrohr besonders beachtet werden?

Kurzantwort für die schriftliche Prüfung

✓ Es dürfen keine Hindernisse vor der Laufmündung sein.

Hintergrundorientierung für die mündlich-praktische Prüfung

Die Zieloptik wird auf den Lauf, also oberhalb der Laufmündung, montiert. Einen Ast, der sich nah vor der Mündung befindet und nicht im Sichtfeld der Optik liegt, könnte demnach bei dem Blick durch das Zielfernrohr übersehen werden.

102. Wie nennt man eine dreiläufige kombinierte Waffe mit zwei oben nebeneinanderliegenden Büchsenläufen und einem in der Mitte darunterliegenden Schrotlauf?

Kurzantwort für die schriftliche Prüfung

✓ Doppelbüchsdrilling

Hintergrundorientierung für die mündlich-praktische Prüfung

Als „Drilling" werden kombinierte Waffen bezeichnet, die drei Läufe besitzen. Sie erhalten ihren Namen in Abhängigkeit der Laufarten und ihrer Anordnung.

Der klassische Drilling besitzt zwei nebeneinanderliegende Schrotläufe mit einem darunterliegenden Kugellauf.

Der Bockdrilling hat einen Kugellauf mit darunterliegendem Schrotlauf (Bockbüchsflinte) und einem seitlichen kleinkalibrigen Kugellauf.

Der Doppelbüchsdrilling (DBD) besteht aus zwei nebeneinanderliegenden Kugelläufen und einem darunterliegenden Schrotlauf.

Weitere mögliche Kombinationen sind unter anderem Kugeldrilling und Schrotdrilling.

103. Wo spielen die Begriffe „Zugkaliber" und „Feldkaliber" eine Rolle?

Kurzantwort für die schriftliche Prüfung

✓ bei Büchsenläufen

Hintergrundorientierung für die mündlich-praktische Prüfung

Das Feldkaliber stellt die ursprüngliche Bohrung eines Büchsenlaufes dar. Durch eine weitere gewindeförmige Bohrung entstehen Vertiefungen, auch Züge genannt. Sie bilden das Zugkaliber.

Die neben den Zügen verbliebenen, erhabenen Stellen bezeichnet man als Felder. Das Innenprofil eines Büchsenlaufes ist somit durch Züge und Felder, also durch Vertiefungen und Erhebungen, gekennzeichnet.

Durch dieses Profil ist es erst möglich, dass das Geschoss eine Rotationbewegung (Drehbewegung) um seine Längsachse erfährt und sich während des Fluges nicht überschlägt, sondern mit der Geschossspitze am Ende der Flugbahn auftrifft.

Die Strecke im Lauf, die das Geschoss für eine Längsumdrehung braucht, nennt man Dralllänge.

104. Weshalb ist ein hoher Abzugswiderstand nachteilig?

Kurzantwort für die schriftliche Prüfung

✓ Es kommt eher zum „Verreißen" des Schusses.

Hintergrundorientierung für die mündlich-praktische Prüfung

Um den Abzugswiderstand zu überwinden, übt der Finger einen bestimmten Druck auf den Abzug aus. Ist der Widerstand zu hoch eingestellt, muss zu viel Kraft mit der Fingerbewegung aufgebracht werden. Dies führt zu einer ungewollten Bewegung der Hand und damit zu einer Bewegung der Waffe: Der Schuss „verreißt", geht also am Ziel vorbei.

Der Abzugswiderstand bei Kipplaufwaffen liegt etwa bei 15 bis 20 Newton (1,5 bis 2,0 kg), wobei die Abzugskraft (das

Abzugsgewicht) des vorderen Abzuges meist geringer ist als die des hinteren.

105. Welche max. Flugweiten können Büchsengeschosse aus Jagdwaffen erreichen?

Kurzantwort für die schriftliche Prüfung

✓ Die maximale Flugweite beträgt 5.000 m.

Hintergrundorientierung für die mündlich-praktische Prüfung

Bei Hochleistungspatronen für Jagdbüchsen mit einem Abgangswinkel von 25 bis 30 Grad liegt die Schussweite und damit der Gefährdungsbereich bei 5 km. Bei den Standardpatronen ist die Höchstschussweite 3 bis 4 km. Selbst Schon--zeitgeschosse fliegen 2.500 m weit.

106. Warum soll die Schäftung einer Flinte für den Jäger so angepasst sein, dass er beim Schießen die Laufschiene sieht?

Kurzantwort für die schriftliche Prüfung

✓ Um sicher treffen zu können, muss das Ziel auf den Läufen „aufsitzen“.

✓ Das Ziel soll nicht durch die Laufschienen verdeckt werden.

Hintergrundorientierung für die mündlich-praktische Prüfung

Die Laufschiene bei Flinten hat die Funktion eines Hilfsvisiers. Die Schäftung muss so angepasst sein, dass der Schütze in einer geraden Linie über die Laufschiene das Ziel anvisieren kann. Das Ziel soll auf den Läufen „aufsitzen“, also am Ende der Laufschiene zu sehen sein.

107. Was versteht man unter „offener Visierung“?

Kurzantwort für die schriftliche Prüfung

✓ Kimme (Lochkimme oder Visier) und Korn sind offene Visiereinrichtungen auf dem Gewehrlauf.

Hintergrundorientierung für die mündlich-praktische Prüfung

Es wird zwischen „offener Visierung“ und „optischer Visierung“ unterschieden. Unter offener Visierung versteht man Vorrichtungen wie Visier oder Lochkimme und Korn auf dem Lauf. Der Schütze muss Visier und Korn mit dem Ziel zur Deckung bringen. Bei der optischen Visierung muss das Absehen des Zielfernrohres auf das Ziel zeigen.

108. Warum muss der Oberhebel einer Kipplaufwaffe bei der Schussabgabe ganz geschlossen sein?

Kurzantwort für die schriftliche Prüfung

✓ Es könnte sich der Verschluss öffnen.

Hintergrundorientierung für die mündlich-praktische Prüfung

Der Oberhebel wird auch als Verschlusshebel bzw. Öffnerhebel bezeichnet. Durch ihn wird der Verschluss der Kipplaufwaffe geöffnet oder verriegelt.

Mit einer Seitwärtsbewegung des Hebels öffnet sich der Verschlusskasten, auch Basküle genannt, und durch das Abkippen der Läufe zeigt sich das Patronenlager.

Ist der Verschluss also durch den Hebel nicht sorgfältig geschlossen, besteht Unfallgefahr. Die Stabilität des Verschlusses ist wichtig für die Sicherheit des Schützen.

Zu den Verschlüssen bei Kipplaufwaffen gehören: Laufhakenverschluss, Purdeyverschluss, Greenerverschluss, Kerstenverschluss, Flankenverschluss oder Kippblockverschluss. Alle haben unter anderem die Aufgabe, das Patronenlager gasdicht abzuschließen und werden mit dem Verschlusshebel bedient.

109. Wie wird am zweckmäßigsten bei einem Revolver kon-trolliert, ob die Laufbohrung frei von Hindernissen ist?

Kurzantwort für die schriftliche Prüfung

✓ Die Trommel wird ausgeschwenkt und man schaut von der Mündung aus in den Lauf. Am Ende des Laufes kann man noch Licht einspiegeln.

Hintergrundorientierung für die mündlich-praktische Prüfung

Das Einspiegeln des Lichtes geschieht z. B. mit Hilfe des Fingernagels am Daumen. Die Lichtreflexion vom Nagel ist dann gut an der Mündung erkennbar.

110. Auf einer Schrotpatrone deutschen Fabrikats steht für die Schrotgröße die Zahl „6". Wie groß ist der Schrotdurchmesser in mm?

Kurzantwort für die schriftliche Prüfung

✓ Der Schrotdurchmesser liegt bei 2,75 mm.

Hintergrundorientierung für die mündlich-praktische Prüfung

Die Korngrößenbezeichnung in Deutschland erfolgt durch Kennzeichnung der Patronen mit fortlaufenden Nummern oder auch Farben.

So kennzeichnet die Zahl 1 Patronen mit Schrotgrößen von 4 mm und der Verschlussdeckel ist gelb (Farbgebung nicht mehr bei allen Patronen). Die Zahl 2 steht für 3,75 mm, die Zahl 3 und die Farbe rot für 3,5 mm, die Zahl 4 für 3,25 mm, die Zahl 5 und blau für 3 mm, 6 für 2,75 mm, 7 für 2,5 mm, 8 für 2,25 mm und 9 für 2 mm Schrotgrößendurchmesser. Ab 4 mm Schrotgröße (aufwärts) spricht man von „Posten".

111. Stellen Rückstände von Waffenpflegemitteln in Büchsenläufen ein Sicherheitsrisiko dar?

Kurzantwort für die schriftliche Prüfung

✓ Handelt es sich um Ölrückstände, ist nur die Trefferleistung reduziert.

✓ Handelt es sich um einen Putzstab oder um Tücher, besteht Unfallgefahr.

Hintergrundorientierung für die mündlich-praktische Prüfung

Aus diesem Grund immer den Lauf kontrollieren und von Ölresten und Gegenständen befreien.

112. Kann ein Hindernis in einem Gewehrlauf bei der Schussabgabe gefährlich werden?

Kurzantwort für die schriftliche Prüfung

✓ Ja, es kann zur Laufsprengung (Laufaufbauchung) kommen.

Hintergrundorientierung für die mündlich-praktische Prüfung

Ein Fremdkörper im Lauf hindert das Geschoss am Austritt aus der Laufmündung, der Gasdruck steigt, es kommt zur Sprengung des Laufes. Es besteht Lebensgefahr.

113. Was müssen Sie tun, wenn Sie einen Hochsitz besteigen wollen und Ihre Waffe geladen ist?

Kurzantwort für die schriftliche Prüfung

✓ die Waffe entladen

Hintergrundorientierung für die mündlich-praktische Prüfung

Nach der Unfallverhütungsvorschrift muss die Waffe entladen werden bzw. die Läufe. Ein offener Verschluss zeigt das Entladen der Waffe an. Repetierer können unterladen und gesichert sein.

114. Worauf ist zu achten, wenn bei gefrorenem Boden mit der Flinte geschossen wird?

Kurzantwort für die schriftliche Prüfung

✓ Durch den gefrorenen Boden könnten Schrote unkontrolliert abprallen.

Hintergrundorientierung für die mündlich-praktische Prüfung

Die Gefahr von abgelenkten Schroten ist bei gefrorenem Boden erhöht und dadurch vergrößert sich, um niemanden zu schädigen, der Sicherheitsbereich.

115. Warum hat die Laufbohrung eines Büchsenlaufes wendelförmige Züge und Felder?

Kurzantwort für die schriftliche Prüfung

✓ Diese wendelförmigen Züge und Felder bringen das Geschoss in eine Drehbewegung um seine Längsachse.

✓ Die Flugbahn wird dadurch stabilisiert.

✓ Das Geschoss landet mit der Spitze im Ziel. Die Schusspräzision wird ermöglicht.

Hintergrundorientierung für die mündlich-praktische Prüfung

Die wendelförmigen Züge und Felder sorgen im Lauf für eine Rotationsbewegung des Geschosses um seine eigene Längsachse. Diese Drehbewegung stabilisiert die Flugbahn des Geschosses (vgl. auch die Antwort zur Frage C.103). Würde ein Langgeschoss aus einem glatten Rohr verschossen werden, also ohne Drall, würde es sich nach Austritt aus dem Lauf wegen der Wirkung des Luftwiderstandes überschlagen.

116. Was ist waffentechnisch unter dem Begriff „Schränkung“ zu verstehen?

Kurzantwort für die schriftliche Prüfung

✓ die seitliche Ausbiegung des Schaftes

Hintergrundorientierung für die mündlich-praktische Prüfung

Waffentechnisch gesehen beschreibt die Schränkung die Ausformung des Schaftes. Der Schaft ist von der Visierlinie aus gesehen beim Linkshänder nach links und beim Rechtshänder nach rechts versetzt. Die Schränkung oder Ausbiegung des Schaftes erfolgt also „aus dem Gesicht" (vgl. auch die Antwort zu Frager C.83).

117. Darf mit einer Flinte Schalenwild erlegt werden?

Kurzantwort für die schriftliche Prüfung

✓ ja, bei der Verwendung bleifreier Flintenlaufgeschosse

Hintergrundorientierung für die mündlich-praktische Prüfung

Normalerweise wird Schalenwild mit Büchsenpatronen erlegt. Flintenlaufgeschosse sind Einzelgeschosse, die – wie der Name schon beschreibt – aus Flinten verschossen werden. Sie besitzen zwar niedrigere Energie, dafür aber eine große Geschossmasse. Aus diesem Grund eignen sie sich für Schüsse besonders auf kurze Distanz (vgl. auch die Antwort zur Frage C.81). Darauf hinzuweisen ist allerdings, dass in Nordrhein-Westfalen die Verwendung bleihaltiger FLG bei der Jagd verboten ist (vgl. § 19 Abs. 1 Nr. 3 LJG-NRW): Es ist daher in Nordrhein-Westfalen allein der Schuss mit bleifreien FLG erlaubt.

118. Welche Faktoren beeinflussen im Wesentlichen die Flugbahn eines Büchsengeschosses?

Kurzantwort für die schriftliche Prüfung

✓ der Luftwiderstand

✓ die Erdanziehung

Hintergrundorientierung für die mündlich-praktische Prüfung

Bei geringerem Luftwiderstand verändert sich die Treffpunktlage, d. h. es kommt zu einem Hochschuss. Bei Schüssen bergauf oder bergab verändern sich die Kraftvektoren auf das Geschoss. Auch hier kommt es zum Hochschuss („Berg rauf und Berg runter, halt immer drunter!").

119. Darf ein Revierinhaber vor Aufgang der Bockjagd in seinem Jagdrevier seine Repetierbüchse anschießen?

Kurzantwort für die schriftliche Prüfung

✓ ja

Hintergrundorientierung für die mündlich-praktische Prüfung

Bis maximal fünf Kontrollschüsse sind zur Überprüfung der Zieleinrichtung oder der Treffpunktlage im eigenen Revier erlaubt.

120. Von welchem der nachgenannten Kaliber bei gleicher Schrotgröße enthält eine Schrotpatrone die meisten Schrotkörner?

Kurzantwort für die schriftliche Prüfung

✓ Stets die Patrone für den größten Laufdurchmesser: also 12, wenn ansonsten 16 und 20 zur Auswahl stehen, oder auch 16, wenn ansonsten 20 zur Auswahl steht.

Hintergrundorientierung für die mündlich-praktische Prüfung

Der Begriff „Kaliber" bezeichnet allein den inneren Durchmesser des Laufs von Feuerwaffen. Bei der Beantwortung der vorliegenden Frage kommt es daher nicht zusätzlich auf die für die Patrone maßgebliche Hülsenlänge/Patronenlagerlänge an, obwohl auch sie – ebenso wie der Laufdurchmesser – das Volumen/Fassungsvermögen der Patrone prägt. Da tenden-ziell eine Patrone größeren Durchmessers bei gleicher Größe des einzelnen Schrotkorns die größte Anzahl an Schroten zu fassen vermag, ist bei der Antwort richtigerweise stets die Patrone mit dem größten Durchmesser zu nennen. Da nach dem zugrundeliegenden englischen System das Kaliber mit der kleineren Zahl das größte ist, ist bei der Beantwortung immer die kleinste Zahl zu nennen.

121. Darf der Inhaber eines Jahresjagdscheines seine Schonzeitbüchse Kal. .22 lfB innerhalb seines Wohngrundstückes, das mit einer 2 m hohen Mauer umgeben ist, anschießen?

Kurzantwort für die schriftliche Prüfung

✓ nein

Hintergrundorientierung für die mündlich-praktische Prüfung

Das Geschoss könnte das Wohngrundstück verlassen und Menschen gefährden. Das An- und Einschießen erfolgt daher auf dem Schießstand oder im Revier. Die waffenrechtliche Ausnahme, nach der der Inhaber des Hausrechts in befriedetem Besitztum einer Schießerlaubnis nicht bedarf, wenn die Geschosse das Besitztum nicht verlassen können und er Schusswaffen bis zu 7,5 Joule verwendet (§ 12 Abs. 4 WaffG), ist vorliegend nicht erfüllt.

122. Zu welchen der nachgenannten Zwecke darf ein Jäger seine Faustfeuerwaffe gebrauchen, wenn die Mündungsenergie der verwendeten Geschosse unter 200 Joule liegt?

Kurzantwort für die schriftliche Prüfung

✓ für die Bau- und Fangjagd

✓ für das Übungs- und Wettkampfschießen

✓ zu Jagdschutzzwecken

Hintergrundorientierung für die mündlich-praktische Prüfung

Positiv formuliert, darf der Jäger eine Faustfeuerwaffe ohne weitere Beschränkung für alle Zwecke einsetzen, für die nicht die Verwendung von Waffen einer bestimmten Mündungsenergie vorgeschrieben ist: Die Verwendung zu allgemeinen Jagdschutzzwecken, für das Übungs- und Wettkampfschießen sowie für die Bau- und Fangjagd begegnet keinen Einschränkungen auf eine bestimmte Mindestmündungsenergie.

123. Welche zwingende Vorschrift enthält die Unfallverhütungsvorschrift „Jagd" über das Schießen mit Büchsen- oder Flintenlaufgeschossen in das Treiben hinein?

Kurzantwort für die schriftliche Prüfung

✓ nur mit Genehmigung des Jagdleiters

Hintergrundorientierung für die mündlich-praktische Prüfung

Es gilt der allgemeine Grundsatz, dass in eine Richtung, in der sich Personen in gefahrbringender Nähe befinden, weder angeschlagen noch geschossen werden darf (§ 4 Abs. 7 Satz 1 UVV Jagd). Während ein Durchziehen mit der Schusswaffe durch die Schützen- oder Treiberlinie allerdings auch durch den Jagdleiter unter keinen Umständen zugelassen werden kann und damit abweichungsfest ist (§ 4 Abs. 7 Satz 2 UVV Jagd), darf dieser das ebenfalls grundsätzlich unzulässige (vgl. § 4 Abs. 8 Satz 1 UVV Jagd) Schießen mit Büchsen- oder Flintenlaufgeschossen in das Treiben ausnahmsweise unter besonderen Verhältnissen zulassen, sofern eine Gefährdung hierdurch ausgeschlossen ist (§ 4 Abs. 8 UVV Jagd).

124. Bis zu welcher Entfernung reicht die Schusspräzision von Flintenlaufgeschossen aus, um sie auf Frischlinge bei Beachtung der Waidgerechtigkeit verwenden zu können?

Kurzantwort für die schriftliche Prüfung

✓ Die Höchstschussweite beträgt 50 m.

Hintergrundorientierung für die mündlich-praktische Prüfung

Die Flintenlaufgeschosse sind eher auf kurze Distanz einzusetzen mit einer jagdlichen Einsatzgrenze von etwa 50 m.

125. Welche Einstellung wählen Sie bei einem variablen Zielfernrohr für den Schuss auf flüchtiges Schalenwild?

Kurzantwort für die schriftliche Prüfung

✓ die kleinste Vergrößerung.

Hintergrundorientierung für die mündlich-praktische Prüfung

Bei flüchtigem Wild sollte die niedrigste Vergrößerung gewählt werden, um ein größeres Sehfeld nutzen zu können. Eine hohe Vergrößerung zeigt dagegen ein großes Bild, aber ein kleineres Sehfeld.

D. Sachgebiet „Jagdrecht, Grundsätze und wichtige Einzelbestimmungen des Waffenrechts, des Tierschutzrechts, des Naturschutz- und Landschaftspflegerechts"

1. Welchen Zeitraum umfasst das Jagdjahr?

Kurzantwort für die schriftliche Prüfung

- ✓ den Zeitraum vom 1. April eines Jahres bis zum 31. März des Folgejahres
- ✓ den in § 11 Abs. 4 BJagdG als solchen definierten Zeitraum
- ✓ den Zeitraum, mit dessen Beginn und Ende auch der Beginn und das Ende von Jagdpachtverträgen zusammenfallen soll (§ 11 Abs. 4 LJG-NRW)

Hintergrundorientierung für die mündlich-praktische Prüfung

Das Jagdjahr stellt den zeitlichen Rahmen der im Rahmen der Jagd zu treffenden Entscheidungen dar. Abweichend vom Kalenderjahr umfasst es den Zeitraum vom 1. April eines Jahres bis zum 31. März des Folgejahres. Es ist damit am Jahreslauf des Wildes orientiert. Sein Ende und sein Beginn fallen in die Zeit, in der die für das Wild karge Zeit endet, die Äsungsverhältnisse sich wieder verbessern und das Wild seine Kreislauffunktionen wieder auf „Normalniveau" anhebt. Bei wiederkäuendem Schalenwild etwa wird die während des Winters reduzierte Anzahl der Pansenzotten wieder erhöht.

An den Zeitraum des Jagdjahres knüpfen auch wesentliche rechtliche Pflichten der Jäger an: So sollen Beginn und Ende der Pachtzeit der – in der Regel auf mindestens neun Jahre zu schließenden – Jagdpachtverträge mit Beginn und Ende des Jagdjahres zusammenfallen (vgl. § 11 Abs. 4 Satz 5 BJagdG; § 9 Abs. 2 LJG-NRW). Auch der Jagdschein wird für die Dauer des Jagdjahres erteilt. Auch wenn er etwa im November eines Jahres gelöst wird, wird er nicht auf einen längeren Zeitraum ausgestellt, als einen solchen, der mit dem 31. März des folgenden Kalenderjahres (Ende des laufenden Jagdjahres) bzw. mit dem 31. März des zweiten oder dritten darauffolgenden

Kalenderjahres (im Falle eines auf zwei bzw. drei Jagdjahre lautenden Jagdscheins) endet. Auch die Laufzeit der Abschlusspläne wird in Jagdjahren bemessen (§ 22 Abs. 3 Satz 1 LJG-NRW). Abweichend kann für Nationalparks und auf Antrag von Hegegemeinschaften ein Periodenabschussplan mit einer Geltungsdauer von drei Jahren festgestellt werden (§ 22 Abs. 3 Satz 2 und 3 LJG-NRW).

2. Ist bei einer Mehrzahl von Jagdpächtern der Jagderlaubnisschein von einem oder von allen Pächtern zu unterzeichnen?

Kurzantwort für die schriftliche Prüfung

✓ Er ist von sämtlichen Pächtern zu unterzeichnen.

Hintergrundorientierung für die mündlich-praktische Prüfung

Da mehrere Pächter eines Jagdbezirkes stets als Gesamtberechtigte und -verpflichtete auftreten, können sie nur gemeinschaftlich über das ihnen durch den Verpächter eingeräumte Jagdausübungsrecht verfügen. Folglich muss die Erteilung von Untererlaubnissen – also auch von Jagderlaubnissen – von jedem einzelnen von ihnen unterzeichnet werden.

3. Die Schäden welcher Wildtierarten sind ersatzpflichtig?

Kurzantwort für die schriftliche Prüfung

✓ Schalenwild

✓ Wildkaninchen

✓ Fasan

Hintergrundorientierung für die mündlich-praktische Prüfung

Ersatzpflichtig ist grundsätzlich nur der durch Schalenwild, Wildkaninchen und Fasanen verursachte Wildschaden (§ 29 Abs. 1 Satz 1 BJagdG). Die Länder können diese Verpflichtung durch Landesrecht auf andere Wildarten ausdehnen (§ 29 Abs. 4 BJagdG). Hierzu hat der nordrhein-westfälische Landesgesetzgeber mit § 32 LJG-NRW eine Ermächtigungsbestimmung geschaffen, nach der das zuständige Ministerium

(MLV NRW) eine solche Ausdehnung im Einvernehmen mit dem Landtag im Wege einer Rechtsverordnung bestimmen kann. Diese Ermächtigung hat das Ministerium bislang nicht genutzt. Darüber hinaus sind abweichende Bestimmungen im Jagdpachtvertrag nicht unüblich und zulässig: So kann z. B. vertraglich eine Ersatzpflicht auch bei Schäden weiterer Tierarten vereinbart oder der zu ersetzende Schaden gedeckelt werden.

4. Wer ist zuständig für die Ahndung von Überschreitungen des Abschussplanes?

Kurzantwort für die schriftliche Prüfung

✓ die untere Jagdbehörde

Hintergrundorientierung für die mündlich-praktische Prüfung

Die Überschreitung von Abschussplänen stellt eine Ordnungswidrigkeit dar (§ 39 Abs. 2 Nr. 3 BJagdG), für deren Ahndung die untere Jagdbehörde zuständig ist (§ 56 Abs. 1 LJG-NRW). Um der Behörde dies zu ermöglichen, enthält das Gesetz detaillierte Bestimmungen über die Führung einer Streckenliste und der Pflicht zu deren jederzeitiger unterjähriger Vorlage bei Verlangen der Behörde sowie zur Vorlage der jährlichen Streckenmeldung nach Ende des Jagdjahres (vgl. § 22 Abs. 8 bis 11 LJG-NRW).

5. Wann wird der Jäger jagdpachtfähig?

Kurzantwort für die schriftliche Prüfung

✓ Sobald er – nachdem er bereits während dreier Jahre in der Vergangenheit einen solchen besessen hat – einen weiteren Jahresjagdschein löst.

Hintergrundorientierung für die mündlich-praktische Prüfung

Bundesgesetzlich ist vorgesehen, dass Jagdpächter nur sein kann, wer einen Jahresjagdschein besitzt und schon vorher einen solchen während dreier Jahre in Deutschland besessen hat (§ 11 Abs. 5 Satz 1 BJG). Voraussetzung ist also der Besitz eines Jagdscheines in Deutschland während dreier Jagdjahre der Vergangenheit und zum Zeitpunkt des Eingehens des Pachtvertrages. Die Jagdpachtfähigkeit tritt damit frühestens drei Jahre nach dem Lösen des ersten Jahresjagdscheines ein, wenn der erste Jahresjagdschein zum Beginn des vorvorvergangenen Jagdjahres gelöst wurde. Sie kann jedoch auch erst später eintreten, denn die Vorschrift verlangt keinen durchgehenden Besitz eines Jahresjagdscheines: Dieser muss lediglich in der Vergangenheit während dreier – ggf. auch unzusammenhängender – Jagdjahre gegeben gewesen sein. Hiervon kann in Nordrhein-Westfalen landesrechtlich die untere Jagdbehörde im Einzelfall zur Vermeidung unbilliger Härten Ausnahmen zulassen (§ 10 LJG-NRW). Dies kann etwa im Erbfall gegeben sein (vgl. dazu § 16 LJG-NRW), wenn zwar einer der Erben, die in den Pachtvertrag folgen würden, über einen Jahresjagdschein verfügt, jedoch einen solchen noch nicht während dreier Jagdjahre besessen hat.

6. Von wem wird der Jagdberater gewählt?

Kurzantwort für die schriftliche Prüfung

✓ vom Jagdbeirat

Hintergrundorientierung für die mündlich-praktische Prüfung

Bei jeder unteren Jagdbehörde besteht ein Jagdbeirat, der sich aus verschiedenen jagdlich relevanten Gruppen zusammensetzt (Landwirtschaft, Forstwirtschaft, Jägerschaft, Naturschutz, Jagdgenossenschaften). Dieser wählt „aus seiner Mitte" u. a. den Jagdberater und dessen Stellvertreter. „Aus seiner Mitte" bedeutet, dass der Jagdberater selbst Mitglied des Jagdbeirates sein muss. Er muss in jagdlichen Angelegenheiten erfahren sein. Zulässig ist, dass er zugleich auch den Vorsitz des Jagdbeirates führt. Wie der Jagdbeirat selbst hat der Jagdberater die Aufgabe, die untere Jagdbehörde in jagdlichen Fragen zu beraten. Die rechtlichen Regelungen dazu finden sich in § 51 LJG-NRW. Er oder sein Stellvertreter sind zudem verpflichtendes Mitglied im Jägerprüfungsausschuss (§ 2 Abs. 2 Nr. 2 DVO LJG-NRW).

7. Welche Stellen in Nordrhein-Westfalen sind untere Jagdbehörden?

Kurzantwort für die schriftliche Prüfung

✓ Kreise

✓ kreisfreie Städte

Hintergrundorientierung für die mündlich-praktische Prüfung

Untere Jagdbehörde ist jeweils der Kreis bzw. die kreisfreie Stadt in der Funktion der Kreisordnungsbehörde (§ 46 Abs. 2 LJG-NRW). Auch wenn das Gesetz damit nur vorsieht, dass die Aufgabe durch den Kreis bzw. die kreisfreie Stadt als Kreisordnungsbehörde geführt wird und damit keine Festschreibung der inneren Verwaltungszuordnung beinhaltet, ist die untere Jagdbehörde damit in der Regel nicht Teil der unteren Naturschutzbehörde oder des Umweltamtes, sondern Teil der Behörde, die für Recht, Ordnung und Sicherheit allgemein zuständig ist.

8. Von welcher Stelle sind die Jagd-Unfallverhütungsvorschriften erlassen worden?

Kurzantwort für die schriftliche Prüfung

✓ vom Bundesverband der Landwirtschaftlichen Berufsgenossenschaften

Hintergrundorientierung für die mündlich-praktische Prüfung

Die Jagd-Unfallverhütungsvorschriften sind Bestimmungen, die das Versicherungswesen erlassen hat und die regeln, welchen Bedingungen eingehalten werden müssen, bevor eine Leistungspflicht in Betracht kommt. Derzeit gelten die Jagd-Unfallverhütungsvorschriften in Form der „Unfallverhütungsvorschrift Jagd (VSG 4.4)" mit entsprechenden Durchführungsanweisungen. Diese Vorschriften, die u. a. den Umgang mit Waffen und Munition, die Durchführung von Gesellschaftsjagden, die Nachsuche, das Übungsschießen und die Errichtung von Hochsitzen wie deren Erhalt betreffen, sind Ausdruck eines objektiven Sorgfaltsmaßstabs im Sinne des

§ 276 BGB. Sie geben daher den einzuhaltenden Standard der Verkehrssicherungspflicht des Jägers wieder.

9. Was versteht man unter einem „Jagdkataster"?

Kurzantwort für die schriftliche Prüfung

✓ das durch jede Jagdgenossenschaft zu führende Verzeichnis der ihr angehörenden Jagdgenossen, der ihnen im Gebiet der Jagdgenossenschaft gehörenden Grundstücke und derer Größe

Hintergrundorientierung für die mündlich-praktische Prüfung

Jede Jagdgenossenschaft hat ein als „Jagdkataster" bezeichnetes Verzeichnis zu führen, das die Grundlage ihrer Abstimmungsverhältnisse bildet. Grund ist, dass Beschlüsse der Jagdgenossenschaft eine Mehrheit der anwesenden und vertretenen Jagdgenossen und eine Mehrheit der vertretenen Grundfläche erfordern (doppelte Mehrheit, § 9 Abs. 3 BJagdG). Das Jagdkataster gibt also wieder, wer zu der bestimmten Jagdgenossenschaft, welche Grundstücke demjenigen innerhalb des Jagdbezirks gehören und wie groß diese Grundstücke jeweils sind (vgl. § 7 Abs. 4 Satz 2 LJG-NRW).

10. Wann ist die Treibjagd verboten?

Kurzantwort für die schriftliche Prüfung

✓ an Sonntagen

✓ an Feiertagen

✓ bei Mondschein

Hintergrundorientierung für die mündlich-praktische Prüfung

Die Treib- wie auch die Hetz- und die Lappjagd sind in Nordrhein-Westfalen an Sonn- und Feiertagen verboten (§ 3 Satz 3 FeiertagsG NRW). Grund dafür ist, dass diese Jagdarten angesichts ihres personellen Umfangs und der dabei genutzten Grundfläche öffentlich bemerkbar und geeignet wären, die äußere Ruhe des Tages zu stören (vgl. § 3 Satz 1 FeiertagsG NRW). Hinzu tritt das bundesrechtliche Verbot, die Treibjagd bei Mondschein auszuüben (§ 19 Abs. 1 Nr. 3 BJagdG).

Dieses wiederum findet seinen Grund im Tier- und Unfallschutz: Das Wild soll nicht während seiner natürlichen Nachtruhestunden großflächig beunruhigt und Gefahren, die für alle Jagdteilnehmer mit einer Abgabe von Schüssen in der Dunkelheit angesichts der Vielzahl der sich bei einer Treibjagd bewegenden Personen verbunden wären, vermieden werden.

11. Welche Wildarten dürfen nach dem Bundesjagdgesetz nicht ausgesetzt werden?

Kurzantwort für die schriftliche Prüfung

✓ Schwarzwild

✓ Wildkaninchen

Hintergrundorientierung für die mündlich-praktische Prüfung

Das Aussetzen von Schwarzwild und Wildkaninchen ist nach § 28 Abs. 2 BJagdG verboten. Hintergrund ist, dass die Reproduktionsraten dieser beiden Wildarten derart hoch sind, dass davon ausgegangen werden muss, dass ein Aussetzen im Wesentlichen zu zusätzlichen Wildschäden führen würde. Die Länder können zudem Aussetzungsverbote nach Landesrecht für weitere Tierarten verfügen (§ 28 Abs. 4 BJagdG). Solche zusätzlichen Verbote hat Nordrhein-Westfalen bislang nicht verfügt. Ein Aussetzen muss aber auch in solchen Fällen zunächst genehmigt (so bei fremden Tierarten und Schalenwild und bei weiteren Tierarten in der freien Wildbahn zum Zwecke der Einbürgerung in Jagdbezirken gemäß § 31 Abs. 2 und 3 LJG-NRW) oder aber nachfolgend angezeigt werden (so bei heimischem Feder- oder Haarwild [außer Schalenwild und Wildkaninchen und außer bei Fasanen, die aus verlassenen Gelegen des jeweiligen Jagdbezirks stammen und aufgezogen worden sind] gemäß § 31 Abs. 4 LJG-NRW). Die Genehmigung kann erteilt werden, wenn eine Störung des biologischen Gleichgewichts, eine Schädigung der Landeskultur und Gefahren für die öffentliche Sicherheit nicht zu befürchten sind (so durch die oberste Jagdbehörde bei fremden Tierarten und Schalenwild) bzw. wenn Interessen der Landeskultur nicht entgegenstehen und insbesondere unverhältnismäßig hohe Wildschäden nicht zu erwarten sind (so durch die untere Jagdbehörde bei weiteren Tierarten). Weitere Voraussetzung ist – bei weiteren Tierarten – das Vorliegen des Einvernehmens der Forschungsstelle für Jagdkunde und Wildschadenverhütung (§ 31 Abs. 3 LJG-NRW). Das Aussetzen heimischen Haar- und Federwildes (außer Schalenwild und Wildkaninchen) und das von Fasanen, die aus verlassenen Gelegen des jeweiligen Jagdbezirks stammen und aufgezogen worden sind, unterliegt nicht solchen besonderen Voraussetzungen, nur der nachfolgenden Anzeigepflicht.

12. Wer ist nach dem Gesetz grundsätzlich zum Ersatz des Wildschadens im gemeinschaftlichen Jagdbezirk verpflichtet?

Kurzantwort für die schriftliche Prüfung

✓ die Jagdgenossenschaft

Hintergrundorientierung für die mündlich-praktische Prüfung

Zum Ersatz des Wildschadens im gemeinschaftlichen Jagdbezirk ist nach § 29 Abs. 1 BJagdG grundsätzlich die Jagdgenossenschaft verpflichtet. Diese kann die Wildschadenersatzpflicht allerdings – was sie in der Regel tut – im Rahmen des Jagdpachtvertrages auf den Jagdpächter überwälzen. Hat sie dies nicht getan und folglich Schadenersatz zu leisten, ist der aus der Genossenschaftskasse geleistete Ersatz von den einzelnen Jagdgenossen nach dem Verhältnis des Flächeninhalts ihrer beteiligten Grundstücke zu tragen. Gleiches gilt, wenn sie die Schadenersatzpflicht zwar vertraglich auf den Jagdpächter übergewälzt hat, der Geschädigte von diesem jedoch – etwa mangels Solvenz – keinen Ersatz erlangen kann. In diesem Fall haftet die Jagdgenossenschaft neben dem Jagdpächter, hat den Schaden im Innenverhältnis nach dem beschriebenen Modus zu verteilen und einen vertraglichen Anspruch auf Ersatz gegen den Jagdpächter. Gängig sind jedenfalls wegen der ausufernden Schäden inzwischen Klauseln zur Deckelung ersatzfähiger Wildschäden im Pachtvertrag.

13. Darf der Jagdgast einen wildernden Hund schießen?

Kurzantwort für die schriftliche Prüfung

✓ nur mit Erlaubnis des Jagdausübungsberechtigten

Hintergrundorientierung für die mündlich-praktische Prüfung

Der Jagdschutz umfasst nach Bundesrecht auch den Schutz des Wildes vor wildernden Hunden und Katzen (§ 23 BJG). Diese Anordnung unterliegt der näheren Bestimmung durch die Länder. Die bisherige nordrhein-westfälische Vorschrift wurde diesbezüglich im Rahmen der Novelle des LJG-NRW im Mai 2015 geändert: Voraussetzung ist nun nach § 25 Abs. 4 Nr. 2 LJG-NRW, dass die Hunde sich außerhalb der Einwirkung ihres Führers befinden und weitere zwei sachliche und ein zeitliches Kriterium gleichzeitig erfüllt sind: Die Hunde müssen Wild töten oder erkennbar hetzen und in der Lage sein, das Wild zu beißen oder zu reißen (Kriterium 1). Es darf sich nicht um Blinden-, Behindertenbegleit-, Hirten-, Herdenschutz-, Jagd-, Polizei- oder Rettungshunde handeln, soweit sie als solche kenntlich sind (Kriterium 2). Die Befugnis besteht nur, solange andere mildere und zumutbare Maßnahmen des Wildtierschutzes, insbesondere das Einfangen des Hundes, nicht erfolgversprechend sind (Kriterium 3). In jedem Einzelfalle kommt es auf den Hund und das Wild an: Ein Dackel wird einem Hirsch wohl nicht gefährlich, Gänsen aber schon. Es dürfen daher – bei Vorliegen der weiteren Voraussetzungen – nicht nur große Hunde geschossen werden. Zentral ist, ob der konkrete Hund dem betroffenen Wild gefährlich werden kann.

Die Befugnis zum Abschuss steht in den genannten Fällen mit Erlaubnis des Jagdausübungsberechtigten auch dem Jagdgast zu. Soweit dieser allerdings nicht in Begleitung des Jagdausübungsberechtigten ist, hat er einen Erlaubnisschein mit sich zu führen, in dem die Befugnis eingetragen ist (§ 25 Abs. 6 LJG-NRW).

14. Innerhalb welcher Zeit muss man den Kauf einer Langwaffe bei der zuständigen Kreispolizeibehörde anmelden?

Kurzantwort für die schriftliche Prüfung

✓ binnen zweier Wochen

Hintergrundorientierung für die mündlich-praktische Prüfung

Inhaber eines Jagdscheines benötigen zum Erwerb einer Langwaffe – anders als bei dem einer Kurzwaffe – keiner vorherigen Erlaubnis. Sie haben deren Erwerb lediglich innerhalb von zwei Wochen bei der für ihren Wohnsitz zuständigen Kreispolizeibehörde zu melden. Dabei wird die Waffe in die bestehende Waffenbesitzkarte eingetragen bzw. diese – wenn es sich um einen erstmaligen Waffenerwerb handelt – erstmals ausgestellt (vgl. § 13 Abs. 3 WaffG).

15. Wie kann eine Ordnungswidrigkeit geahndet werden?

Kurzantwort für die schriftliche Prüfung

✓ Geldbuße

✓ Einziehung von Waffe und Wild

✓ Einziehung sonstiger Gegenstände, die zur Begehung oder Vorbereitung der Ordnungswidrigkeit genutzt wurden oder bestimmt waren

✓ Jagdverbot

✓ Jagdscheinentziehung

Hintergrundorientierung für die mündlich-praktische Prüfung

Ordnungswidrigkeiten können mit Geldbuße (§§ 29 Abs. 3 BJagdG, 56 Abs. 2 LJG-NRW), Einziehung der Gegenstände auf die sich Ordnungswidrigkeit bezieht – etwa das erlegte Wild – oder die zu ihrer Begehung gebraucht – etwa die dabei genutzte Waffe oder auch das Auto – wurden (§§ 40 BJagdG, 56 Abs. 4 LJG-NRW), Entziehung des Jagdscheines (§ 41 BJagdG) und ein zeitlich befristetes Verbot der Jagdausübung (§§ 41 a BJagdG, 56 Abs. 3 LJG-NRW) geahndet werden.

Zuständige Behörde hierfür ist die untere Jagdbehörde (§ 56 Abs. 1 LJG-NRW).

16. Darf der Inhaber eines Jugendjagdscheines an einer Gesellschaftsjagd teilnehmen?

Kurzantwort für die schriftliche Prüfung

✓ ja, aber nicht mit Schusswaffe

Hintergrundorientierung für die mündlich-praktische Prüfung

Die Vorschrift des § 16 Abs. 3 BJagdG besagt zwar wörtlich, der Jugendjagdschein berechtige nicht zur Teilnahme an Gesellschaftsjagden. Diese Vorschrift ist jedoch dahingehend auszulegen, dass davon nur die Teilnahme mit der Schusswaffe umfasst ist. Grund ist der Schutzzweck des Verbotes: Gesellschaftsjagden sind Jagdarten, bei denen mehr als vier Personen jagdlich zusammenwirken (§ 17a Abs. 1 LJG-NRW), regelmäßig aber auch deutlich mehr. Durch diese zusammenwirkende Vielzahl an Personen wird ein besonderes Risiko mit Bezug auf den Schusswaffengebrauch gesetzt. Eben dieses soll durch das Verbot für Jugendjagdscheininhaber auf Personen mit in der Regel größerer Erfahrung und Weitsicht beschränkt werden. Eine Teilnahme des Jugendjagdscheininhabers an einer Gesellschaftsjagd etwa als Treiber erhöht allerdings dieses Risiko nicht. Hinzutritt, dass auch Personen, die keinen Jagdschein innehaben, ohne Schusswaffe an Gesellschaftsjagden teilnehmen dürfen. Es besteht daher kein Grund, den Inhaber eines Jugendjagdscheines, der schließlich die Jägerprüfung bestanden hat und die erforderliche persönliche und körperliche Eignung besitzt, schlechter zu stellen als Personen, die keinen Jagdschein besitzen und nicht auf Eignung überprüft wurden. Das Verbot des § 16 Abs. 3 BJagdG ist entsprechend restriktiv auszulegen.

17. Wie viel Gesamtfläche darf ein Pächter zur Ausübung des Jagdrechts höchstens pachten?

Kurzantwort für die schriftliche Prüfung

✓ 1.000 ha bei Anrechnung seiner entgeltlichen Begehungsscheine

Hintergrundorientierung für die mündlich-praktische Prüfung

Nach den gesetzlichen Bestimmungen darf die Fläche, die einem einzelnen Jagdausübungsberechtigten durch Pacht vermittelt wird, nicht dazu führen, dass er die Jagd auf mehr als 1.000 ha an Fläche auszuüben berechtigt wird. Hierzu enthält § 11 Abs. 3 BJagdG umfassende Regelungen, die diese Höchstpachtgrenze einerseits aus dem Blickwinkel des nur Pachtenden und andererseits aus dem des zupachtenden Eigenjagdbesitzers formulieren: Der nur Pachtende darf in keinem Fall mehr als 1.000 ha pachten. Der Eigenjagdbesitzer, dessen Eigenjagd weniger als 1.000 ha umfasst, darf nur so viel an Fläche hinzupachten, bis er das Jagdausübungsrecht auf 1.000 ha erreicht. Im Falle eines Überschreitens dieser Grenze muss er wiederum Teile seiner Jagdausübungsflächen – etwa seines Eigenjagdbezirks – verpachten. Der Eigenjagdbesitzer hingegen, dessen Jagdausübungsfläche bereits anfänglich 1.000 ha übersteigt, hat für jeden Hektar, den er pachtet, einen Hektar zu verpachten. Angerechnet werden auf die Flächen in den genannten Konstellationen jeweils die Flächen, auf denen dem Pachtenden eine entgeltliche Jagderlaubnis zusteht.

Grund und Ziel dieser Regelung ist es, sicherzustellen, dass nicht ein begrenzter Personenkreis in einer Gegend im Wege der Pacht das Jagdausübungsrecht auf sich konzentrieren und damit – wenngleich auf anderem Wege – praktisch eine Situation herbeiführen kann, wie sie vor 1848 existierte, als der Großteil der Bevölkerung schon rechtlich von der Jagd ausgeschlossen war. Die Eigentumsgarantie am bestehenden Eigenjagdbezirk wird dabei uneingeschränkt geachtet, da nur eine Hinzupachtungsbeschränkung auferlegt wird. In bestehendes Eigentum wird nicht eingegriffen. Die im Kern sozialpolitisch angelegte Bestimmung soll damit eine Situation begünstigen, in der rechtspraktisch jeder Interessierte das Jagdausübungsrecht an Flächen erlangen kann, die die vorgesehenen Mindestgrößen erreichen.

18. Ein Pächter hat eine jagdlich nutzbare Fläche von 550 ha allein gepachtet. Wie viele Jagderlaubnisscheine muss er erteilen?

Kurzantwort für die schriftliche Prüfung

✓ einen

Hintergrundorientierung für die mündlich-praktische Prüfung

Die Erteilung von Jagderlaubnissen regeln die Länder (§ 11 Abs. 1 Satz 2 BJagdG). Das Bundesrecht bestimmt lediglich, dass durch den Erwerb entgeltlicher Jagderlaubnisscheine das sozialpolitische Ziel der Höchstpachtflächenbegrenzung aus § 11 Abs. 3 BJagdG (1.000 ha-Grenze) nicht unterlaufen werden darf (vgl. § 11 Abs. 6 Satz 2 BJagdG).

Für Nordrhein-Westfalen wiederum regelt § 12 LJG-NRW die Erteilung von Jagderlaubnissen. Hierbei legt § 12 Abs. 2 LJG-NRW fest, dass unter bestimmten Voraussetzungen durch einen Jagdpächter – nicht also einen reinen Eigenjagdbesitzer – Jagderlaubnisse an Dritte erteilt werden müssen. Inhaltlich ist ein Jagdpächter – sobald die Fläche, an der ihm das Jagdausübungsrecht zusteht, 300 ha übersteigt – verpflichtet, für jede weiteren, voll bejagbaren 150 ha an Fläche eine Jagderlaubnis an einen Dritten zu erteilen. Dies gilt allerdings nur, wenn der betreffende Jagdbezirk an eine geringere Anzahl an Mit-Pächtern verpachtet ist, als das Gesetz zulässt. Gesetzlich wiederum sind für Jagdbezirke bis 300 ha an Fläche zwei, darüber für jede weiteren voll bejagbaren 150 ha ein weiterer Pächter zugelassen (§ 11 Abs. 1 LJG-NRW). Man kann damit für beide Fälle – Pacht und Jagderlaubnis – folgern, dass es das Ziel des Gesetzgebers ist, dass sich niemand durch Pacht eine Fläche, die 300 ha übersteigt, exklusiv sichern kann. Die Jagdausübung soll – bei Vorliegen der sonstigen Voraussetzungen – möglichst vielen Personen offenstehen.

Daher muss, wenn eine Jagdbezirksfläche 300 ha übersteigt, entweder die Zahl der Pächter oder die Zahl der Jagderlaubnisinhaber auf die gesetzliche Mindestzahl angehoben werden.

Inhalt und Umfang der Jagderlaubnisse werden jeweils zwischen Pächter und Jagdgast (Jagderlaubnisnehmer) vereinbart. Da Pächter über den Pachtgegenstand nur gemeinsam verfügen können, trifft die Verpflichtung zur Erteilung von Jagderlaubnisscheinen auch alle gemeinsam. Sie sind daher auch durch sämtliche Pächter zu unterzeichnen (vgl. § 12 Abs. 2 Satz 2 LJG-NRW).

19. Wann darf in Nordrhein-Westfalen die Jagd auf den Rehbock ausgeübt werden?

Kurzantwort für die schriftliche Prüfung

✓ vom 1. Mai bis zum 31. Januar

Hintergrundorientierung für die mündlich-praktische Prüfung

Die Jagdzeiten werden auf Bundesebene durch eine auf § 22 Abs. 1 Satz 1 BJagdG gestützte Verordnung, die Bundesjagdzeitenverordnung (JagdZVO), festgelegt. Von den dortigen Festlegungen können die Länder, da das BJG – abgesehen vom Recht der Jagdscheine – seit der Föderalismusreform nur noch Teil der konkurrierenden Gesetzgebung ist (Art. 72 Abs. 3 Nr. 1 i. V. m. Art. 74 Abs. 1 Nr. 28 GG), abweichen. In Nordrhein-Westfalen werden die Festlegungen hierzu durch eine Verordnung (§§ 2 und 24 Abs. 1 LJG-NRW), die LJZeitVO NRW getroffen.

Was den Rehbock angeht, legt die bundesrechtliche JagdZVO die Jagdzeit auf die Zeit vom 1. Mai bis zum 15. Oktober fest. Nordrhein-Westfalen ist hiervon abgewichen und hat für Rehböcke eine andere Jagdzeit vom 1. Mai bis zum 31. Januar bestimmt.

20. Welche Wildarten genießen keine Schonzeit?

Kurzantwort für die schriftliche Prüfung

✓ Frischlinge

✓ Jungkaninchen

✓ Jungfüchse

✓ Jungwaschbären

✓ Jungmarderhunde

Hintergrundorientierung für die mündlich-praktische Prüfung

Nach geltendem Bundesrecht genießen Frischlinge, Überläufer, Wildkaninchen und Füchse keine Schonzeit (§ 1 Abs. 2 JagdZVO). Sie dürfen daher – bundesrechtlich – außerhalb der Setzzeiten bejagt werden (§ 22 Abs. 4 Satz 1 BJagdG). Hiervon ist Nordrhein-Westfalen – wie seit der Föderalismusreform im Bereich des Jagdrechts bis auf das Recht der Jagdscheine rechtlich möglich (vgl. dazu die Hintergrundorientierung zur Frage D.19) – durch die LJZeitVO NRW abgewichen: Dabei hat es die Jagdzeit für Wildkaninchen, Füchse und Überläufer beschränkt, so dass aus der Reihe des bundesrechtlich schonzeitlosen Wildes nur noch Jungwildkaninchen (nicht aber Altwildkaninchen) und Jungfüchse (nicht aber Altfüchse) sowie Frischlinge ganzjährig bejagt werden können. Gleichzeitig hat es bei zwei Tierarten, die erst durch Landesrecht als Wildarten eingestuft wurden, die Jagd auf deren Jungtiere ohne Schonzeit zugelassen. Dies betrifft Jungwaschbären und Jungmarderhunde (§ 1 Abs. 1 LJZeitVO NRW). Aus dem ursprünglichen bundesrechtlichen Katalog bleiben daher nur Frischlinge, Jungkaninchen und Jungfüchse, zu denen landesrechtlich Jungwaschbären und Jungmarderhunde hinzukommen.

21. Wie viele Kurzwaffen darf ein Jagdscheininhaber erwerben, ohne ein besonderes Bedürfnis nachweisen zu müssen?

Kurzantwort für die schriftliche Prüfung

✓ zwei

Hintergrundorientierung für die mündlich-praktische Prüfung

Es findet keine waffenrechtlich vorgeschriebene Bedürfnisprüfung für Langwaffen allgemein und für – zwei – Kurzwaffen statt. Voraussetzung ist allerdings das Innehaben eines Jagdscheins in Form eines Jahresjagdscheins (§ 13 Abs. 2 WaffG). Ein Tagesjagdschein oder ein Jugendjagdschein führen also nicht zu dieser waffenrechtlichen Privilegierung.

22. Dürfen Sie mit einer Faustfeuerwaffe einen Fuchs töten, der sich in einer Kastenfalle gefangen hat?

Kurzantwort für die schriftliche Prüfung

✓ ja

Hintergrundorientierung für die mündlich-praktische Prüfung

Vorbehaltlich der Beachtung der Jagdzeiten (Altfüchse in Nordrhein-Westfalen: 16. Juli bis 28. Februar) und der Vorschriften über den zulässigen Waffeneinsatz ist dies zulässig: Die Mündungsenergie des Geschosses muss daher mindestens 200 Joule betragen (§ 19 Abs. 1 Nr. 2 d) BJagdG).

23. Welche der genannten Tierarten dürfen in Nordrhein-Westfalen nicht gefangen werden?

Kurzantwort für die schriftliche Prüfung

✓ alle nicht dem Jagdrecht unterliegenden Arten (so Wisent, Wolf, Biber, Siebenschläfer, Igel, Fledermaus, Schneehase, Murmeltier, Elch, Luchs)

✓ sämtliche ganzjährig geschonten Arten (Wildkatze, Baummarder, Mauswiesel, Fischotter)

✓ sämtliche Vogelarten und alles Federwild

Hintergrundorientierung für die mündlich-praktische Prüfung

Tierarten, die nicht geschossen werden dürfen, dürfen auch nicht gefangen werden. Folglich dürfen Tierarten, die nicht dem Jagdrecht, sondern allein dem Naturschutzrecht unterliegen – also Tierarten, die weder Wild noch Raubzeug sind –

nicht gefangen werden. Hinzu kommen die Tierarten, die zwar Wild darstellen, jedoch ganzjährig geschont sind. Da alle Vögel dem Naturschutzrecht (Artenschutzverordnung) unterfallen, fallen auch sie unter das Fangverbot. Dies betrifft auch alles Federwild.

24. Ist es ohne besondere Erlaubnis zulässig, ein Wildfreigehege oder eine Anlage zur Haltung von Greifvögeln oder Eulen einzurichten?

Kurzantwort für die schriftliche Prüfung

✓ nein

Hintergrundorientierung für die mündlich-praktische Prüfung

Das Halten von Greifvögeln ist nur bei Beachtung der Vorschriften des § 3 Abs. 2 bis 6 BWildSchV zulässig. Dies betrifft Greifen und Falken der in Anlage 4 zur BWildSchV genannten Arten (Fischadler, Wespenbussard, Schwarzmilan, Rotmilan, Seeadler, Rohrweihe, Kornweihe, Wiesenweihe, Sperber, Habicht, Mäusebussard, Rauhfußbussard, Steinadler, Turmfalke, Rotfußfalke, Merlin, Baumfalke, Wanderfalke). Auch wenn danach zwar die bauliche Errichtung des Wildfreigeheges oder der Anlage zur Haltung der Greifvögel keinen besonderen Genehmigungspflichten nach Jagd- oder Naturschutzrecht unterliegt, ist danach das Halten der Vögel selbst nur zugelassen, wenn die haltende Person über einen Falknerschein verfügt, das Halten binnen vier Wochen nach Begründung des Eigenbesitzes anzeigt und bestimmte Kennzeichnungs- und Meldepflichten einhält. Zuständige Behörde ist dabei die untere Jagdbehörde (§ 48 LJG-NRW). Was Eulen angeht, ergibt sich die Unzulässigkeit ihrer Haltung ohne besondere behördliche Erlaubnis aus ihrer naturschutzrechtlichen Einstufung (§ 39 BNatSchG).

25. Welcher Stelle ist der Abschussplan einzureichen?

Kurzantwort für die schriftliche Prüfung

✓ bei der unteren Jagdbehörde

Hintergrundorientierung für die mündlich-praktische Prüfung

Der Abschlussplan, der für Schalenwild – außer Reh- und Schwarzwild – aufzustellen ist, ist der unteren Jagdbehörde jeweils zum 1. April des Jahres, in dem der bisherige Abschussplan ausläuft, zur Bestätigung einzureichen (§ 22 Abs. 1 LJG-NRW). Er hat eine zahlenmäßig nach Wildarten und Geschlecht, bei männlichem Schalenwild zudem nach Klassen, gegliederte Planung zu beinhalten. Sein Planungshorizont umfasst ein Jagdjahr (§ 22 Abs. 3 Satz 1 LJG-NRW). In Nationalparks oder auf Antrag einer Hegegemeinschaft kann abweichend davon ein Periodenabschussplan mit einer Geltungsdauer von drei Jahren bestätigt oder festgesetzt werden (§ 22 Abs. 3 Satz 2 und 3 LJG-NRW).

26. Welcher Mehrheit bedürfen die Beschlüsse in der Jagdgenossenschaftsversammlung?

Kurzantwort für die schriftliche Prüfung

✓ der Mehrheit der anwesenden oder vertretenen Jagdgenossen und der Mehrheit der vertretenen Grundflächen

Hintergrundorientierung für die mündlich-praktische Prüfung

Um sicherzustellen, dass bei einer Beschlussfassung innerhalb der Jagdgenossenschaft einerseits eine an Köpfen starke, an Grundflächen jedoch weniger gewichtige, und andererseits eine an Köpfen kleine, an Grundflächen jedoch starke Gruppe dominiert, sieht § 9 Abs. 3 BJagdG das Erfordernis einer „doppelten“ Mehrheit vor: Beschlüsse müssen sowohl die Mehrheit der anwesenden oder vertretenen Köpfe als auch die Mehrheit der vertretenen Flächen auf sich vereinigen.

27. Welche Wildarten sind ganzjährig mit der Jagd zu verschonen?

Kurzantwort für die schriftliche Prüfung

✓ diejenigen Tierarten, die nach landesrechtlicher Regelung als Wild definiert sind, ohne dass für sie landesrechtlich eine Jagdzeit bestimmt wurde (in Nordrhein-Westfalen Wildkatze, Baummarder, Mauswiesel, Fischotter, Rebhühner [bis Ende 2023], Wildtruthennen, Wachtel, Haselwild, Hohltaube, Türkentaube, Turteltaube, Schneegans, Weißwangengans, Brandgans, Rostgans, Brautente, Mandarinente, Schnatterente, Krickente, Knäkente, Löffelente, Kolbenente, Tafelente, Reiherente, Gänsesäger, Blässhuhn, Lachmöwe, Schwarzkopfmöwe, Sturmmöwe, Silbermöwe, Mittelmeermöwe, Heringsmöwe, Haubentaucher, Graureiher, Wespenbussard, Wiesenweihe, Rohrweihe, Habicht, Sperber, Rotmilan, Schwarzmilan, Mäusebussard, Baumfalke, Wanderfalke, Turmfalke und Kolkrabe)

Hintergrundorientierung für die mündlich-praktische Prüfung

Voraussetzung dafür, dass es sich bei einer Tierart um eine in Nordrhein-Westfalen geschonte Wildart handelt, ist zunächst, dass es sich um eine solche handelt, die kraft landesrechtlicher Regelung als solche definiert ist.

Es muss sich folglich um eine Art handeln, die in § 2 LJG-NRW aufgeführt ist bzw. auf die in § 2 LJG-NRW verwiesen wird. Abschließend aufgeführt ist dabei nur das Haarwild. Beim Federwild werden ausdrücklich nur Nilgans, Rabenkrähe und Elster aufgeführt; ansonsten wird auf § 2 Abs. 1 Nr. 2 BJagdG verwiesen, dies mit der Einschränkung, dass die Arten in Nordrhein-Westfalen nach der Roten Liste der Brutvogelarten Nordrhein-Westfalens (Hrsg.: Nordrhein-Westfälische Ornithologengesellschaft und Landesamt für Natur, Umwelt und Verbraucherschutz 2017; 6. Fassung, Stand: Juni 2016) regelmäßig brüten.

Ganzjährig geschont ist sie sodann, wenn in der landesrechtlichen Jagdzeitenvorschrift, der LJZeitVO NRW, keine Jagdzeit festgesetzt ist.

28. Welche Mindestgröße müssen zusammenhängende land-, forst- oder fischereiwirtschaftlich nutzbare Grundflächen aufweisen, die im Eigentum ein und derselben Person stehen, um einen Eigenjagdbezirk zu bilden?

Kurzantwort für die schriftliche Prüfung

✓ 75 ha

Hintergrundorientierung für die mündlich-praktische Prüfung

Ein Eigenjagdbezirk setzt eine gewisse Mindestgröße voraus. Auch wenn mit der seit 1848 eingetretenen Bindung des Jagdrechtes an den Grund eine Öffnung und Verbreiterung der Jagdmöglichkeit verbunden war, galt es, sicherzustellen, dass die Jagd nicht jeweils auf Grundflächen ausgeübt wird, die für eine waidgerechte Bewirtschaftung zu klein bemessen sind. Daher erfolgte die Trennung zwischen Jagdrecht einerseits und Jagdausübungsrecht andererseits. Die Jagdausübung wurde dabei an Jagdbezirke – Eigenjagdbezirke oder gemeinschaftliche Jagdbezirke – gebunden. Im Spannungsfeld zwischen dem Erfordernis der für eine waidgerechte Bewirtschaftung erforderlichen Mindestfläche und dem Ziel, die Beschränkung des Eigentumsrechtes, die durch Trennung in Jagd- und Jagdausübungsrecht erfolgt, möglichst gering zu halten, hat der Gesetzgeber hierbei für Eigenjagdbezirke eine Mindestfläche von bundesweit 75 ha vorgesehen (§ 7 Abs. 1 Satz 1 BJagdG).

29. Wann darf in Nordrhein-Westfalen die Jagd auf Feldhasen ausgeübt werden?

Kurzantwort für die schriftliche Prüfung

✓ vom 16. Oktober bis zum 31. Dezember

Hintergrundorientierung für die mündlich-praktische Prüfung

Nach der bundesrechtlichen Regelung ist die Jagd auf Feldhasen auf die Zeit vom 1. Oktober bis zum 15. Januar (§ 1 Abs. 1 Nr. 7 JagdZVO) begrenzt. Von der den Ländern allgemein zukommenden Abweichungsmöglichkeit zur Festsetzung der Jagdzeiten (§ 22 Abs. 1 Satz 3 BJagdG) hat Nordrhein-Westfalen insofern Gebrauch gemacht, als es die Jagdzeit für Feldhasen am Anfang und am Ende um jeweils 15 Tage, also auf die Zeit vom 16. Oktober bis zum 31. Dezember, verkürzt hat (§ 1 Abs. 1 Nr. 6 LJZeitVO NRW).

30. Welche der aufgeführten Stellen nimmt in der Regel die Abrundung von Jagdbezirken vor?

Kurzantwort für die schriftliche Prüfung

✓ die untere Jagdbehörde

Hintergrundorientierung für die mündlich-praktische Prüfung

Jagdbezirke können durch Abtrennung, Angliederung oder Austausch von Grundflächen abgerundet werden, wenn dies aus Erfordernissen der Jagdpflege und Jagdausübung notwendig ist (§ 5 Abs. 1 BJagdG). Die landesrechtlichen Regelungen hierzu sieht in Nordrhein-Westfalen die Vorschrift des § 3 LJG-NRW vor. Die danach für die Entscheidung über eine Abrundung zuständige untere Jagdbehörde (§ 3 Abs. 5 Satz 1 LJG-NRW) nimmt solche Abrundungen nur auf Antrag vor, nicht also von Amts wegen. Ein Handeln von Amts wegen – also ohne Vorliegen eines Antrags – ist nur bei der Angliederung von Flächen, die zu keinem Jagdbezirk gehören (Enklaven), zulässig. Den Antrag können dabei nur beteiligte Jagdgenossenschaften oder beteiligte Eigenjagdinhaber stellen.

31. Welchem der nachgenannten Zwecke dient die Jagdabgabe, die mit der Gebühr für den Jagdschein erhoben wird?

Kurzantwort für die schriftliche Prüfung

✓ Die Jagdabgabe wurde mit Ablauf des Jagdjahres 2018/2019 abgeschafft.

Hintergrundorientierung für die mündlich-praktische Prüfung

Die Jagdabgabe wurde bis zum Jagdjahr 2018/2019 mit der Gebühr für die Erteilung des Jagdscheines als landesrechtliche Sonderabgabe erhoben. Die Verwendung der Mittel erfolgte gruppennützig unter der Grundlinie „Förderung und Weiterentwicklung des Jagdwesens in Nordrhein-Westfalen" (etwa Maßnahmen der jagdlichen Weiterbildung, jagdliches Schießwesen, Jagdgebrauchshundewesen, Fortentwicklung der Jagdtechnik und Jagdsicherheit sowie Schießtechnik, Lehrstätten und Lehrreviere). Die Jagdabgabe wurde mit dem Dritten Gesetz zur Änderung des Landesjagdgesetzes und zur Änderung anderer Vorschriften vom 26.2.2019 (GV.NRW Nr. 6 S. 153) abgeschafft. Begründet wurde die mit der Abschaffung einhergehende finanzielle Entlastung der Jägerschaft durch die Gemeinwohlfunktion der Jagd, die damit einhergehende Wildschadensverhütung und den Beitrag zur Bekämpfung der Afrikanischen Schweinepest. Der Jägerschaft wurde empfohlen, sich eine selbstauferlegte Gebührenregelung zu schaffen (so die Beschlussempfehlung und der Bericht des Ausschusses für Umwelt, Landwirtschaft, Natur- und Verbraucherschutz des Landtages zum Gesetzentwurf der Landesregierung, LT-Drs. 17/3569 vom 14.2.2019, LT-Drs. 17/4858).

32. Sie erlegen im Weizenschlag ein Stück Schwarzwild. Bei der Bergung des Stückes entsteht im Weizen eine Schleifspur. Um welchen speziellen Schaden handelt es sich?

Kurzantwort für die schriftliche Prüfung

✓ einen Jagdschaden

Hintergrundorientierung für die mündlich-praktische Prüfung

Es handelt sich um einen Schaden, der bei der Ausübung der Jagd – bei der Bergung des erlegten Stückes – entstanden ist. Solche Schäden werden als „Jagdschäden" bezeichnet (§ 33 BJagdG). Sie werden von den Wildschäden (§ 29 BJagdG) dadurch abgegrenzt, dass sie nicht durch Einwirkung des

Wildes selbst entstanden sind, sondern durch die des Jägers im Rahmen der Jagdausübung.

33. An welche Person darf der Jäger seinen Drilling ohne weiteres veräußern?

Kurzantwort für die schriftliche Prüfung

✓ an jede dazu berechtigte Person (etwa Jahresjagdscheininhaber, Büchsenmacher, Waffenhändler)

Hintergrundorientierung für die mündlich-praktische Prüfung

Waffen dürfen nur an Personen veräußert werden, die die waffenrechtlichen Voraussetzungen einer Erlaubnis zum Erwerb und Besitz erfüllen. Es muss sich also um Personen handeln, die entweder über eine waffenrechtliche Erwerbserlaubnis (§ 10 WaffG) verfügen oder die die speziellen Voraussetzungen der besonderen Erlaubnistatbestände für bestimmte Personengruppen erfüllen, so etwa Jäger (§ 13 WaffG), Büchsenmacher oder Waffenhändler (§ 21 WaffG).

34. Sie wollen sich für Ihre Jagdwaffe (länger als 60 cm) Munition kaufen. Was benötigen Sie als Jagdscheininhaber dafür?

Kurzantwort für die schriftliche Prüfung

✓ einen gültigen Jagdschein (Tages- oder Jahresjagdschein)

Hintergrundorientierung für die mündlich-praktische Prüfung

Da die Frage sich auf eine Waffe bezieht, deren kürzeste bestimmungsgemäß verwendbare Gesamtlänge 60 cm übersteigt, handelt es sich nach der gesetzlichen Definition um eine Langwaffe (§ 1 Abs. 4 i. V. m. Anlage 1 Nr. 2.5 WaffG). Folglich ist auf die Frage des Munitionserwerbs die Regelung des § 13 Abs. 5 WaffG anzuwenden. Danach benötigt der der Jäger zum Erwerb und zum Besitz von Munition für Langwaffen – soweit es sich nicht um verbotene Waffen handelt – keine Erlaubnis. Jäger in diesem Sinne ist – wegen der gesetzlichen Definition des Begriffs des „Jägers“ in § 13

Abs. 1 WaffG – jede Person, die Inhaber eines gültigen Jagdscheines im Sinne des § 15 Abs. 1 Satz 1 BJagdG ist. Dabei wiederum handelt es sich um jeden Jahres- oder Tagesjagdschein (§ 15 Abs. 2 BJagdG). Anders als die Vorschrift betreffend die spezielle Berechtigung zum Erwerb der Langwaffe selbst (§ 13 Abs. 2 Satz 2 WaffG) verweist § 13 Abs. 5 WaffG nämlich nicht auf den engeren Kreis der Personen, die Inhaber eines Jahresjagdscheines sind, sondern nur auf „Jäger“ im Sinne des § 13 Abs. 1 WaffG, der wiederum generell auf alle Jagdscheininhaber im Sinne des § 15 Abs. 1 Satz 1 BJagdG rekurriert, also auch auf Tagesjagdscheininhaber.

35. Bei welcher Behörde sind der Abschluss sowie jede Änderung eines Jagdpachtvertrages anzuzeigen?

Kurzantwort für die schriftliche Prüfung

✓ bei der unteren Jagdbehörde

Hintergrundorientierung für die mündlich-praktische Prüfung

Abschluss und Änderungen von Jagdpachtverträgen sind der örtlich zuständigen unteren Jagdbehörde anzuzeigen (§ 12 Abs. 1 Satz 1 BJagdG i. V. m. § 13 Abs. 3 und 14 Satz 1 LJG-NRW), die den Vertrag in seiner Ausgangs- bzw. geänderten Fassung darauf überprüft, ob die gesetzlichen Regelungen zur Pachtdauer eingehalten sind und ob eine dem Vertrag gemäße Jagdausübung den Zielen des § 1 Abs. 2 BJagdG entspricht. Der Vertrag muss also der Erhaltung eines den landschaftlichen und landeskulturellen Verhältnissen angepassten artenreichen und gesunden Wildbestandes sowie der Pflege und Sicherung seiner Lebensgrundlagen dienen. Beeinträchtigungen ordnungsgemäßer land-, forst- und fischereiwirtschaftlicher Nutzung, insbesondere Wildschäden, dürfen auf seiner Basis nicht vorprogrammiert sein.

36. Wird zum Sammeln von Abwurfstangen ein Jagdschein benötigt?

Kurzantwort für die schriftliche Prüfung

✓ nein

Hintergrundorientierung für die mündlich-praktische Prüfung

Zwar ist auch das Sammeln von Abwurfstangen dem Jagdausübungsberechtigten vorbehalten, denn die vom Jagdrecht umfasste Berechtigung zur Aneignung von Wild beinhaltet auch das Recht zur Aneignung der Abwurfstangen (§ 1 Abs. 1 Satz 1 und Abs. 5 BJagdG). Nach gesetzlicher Sondervorschrift des § 15 Abs. 1 Satz 2 BJagdG genügt für das Sammeln von Abwurfstangen durch Dritte jedoch eine schriftliche Erlaubnis des Jagdausübungsberechtigten. Das Innehaben eines Jagdscheines ist dazu daher nicht erforderlich.

37. Der Inhaber eines Jugendjagdscheines übt die Jagd ohne Begleitperson aus. Welcher Tatbestand liegt vor?

Kurzantwort für die schriftliche Prüfung

✓ eine Ordnungswidrigkeit

Hintergrundorientierung für die mündlich-praktische Prüfung

Das Ausüben der Jagd als Jugendjagdscheininhaber ohne die nach § 16 Abs. 2 BJagdG vorgeschriebene Begleitperson (jagdlich erfahrener Erziehungsberechtigter oder von diesem schriftlich beauftragte jagdlich erfahrene Aufsichtsperson) stellt eine Ordnungswidrigkeit dar (§ 39 Abs. 1 Nr. 4 BJagdG). Diese kann mit Geldbuße von bis zu 5.000 Euro geahndet werden (§ 39 Abs. 3 BJagdG, § 56 Abs. 2 LJG-NRW). Zuständig ist die untere Jagdbehörde (§ 56 Abs. 1 LJG-NRW).

38. Über welche Deckungssummen muss die Jagdhaftpflichtversicherung mindestens verfügen?

Kurzantwort für die schriftliche Prüfung

✓ fünfhunderttausend Euro für Personenschäden und fünfzigtausend Euro für Sachschäden

Hintergrundorientierung für die mündlich-praktische Prüfung

Die Erteilung eines Jagdscheines ist Personen zu versagen, die keine ausreichende Jagdhaftpflichtversicherung nachweisen. Als ausreichend gilt die Jagdhaftpflichtversicherung erst, wenn ihre Deckungssumme mindestens auf fünfhunderttausend Euro für Personenschäden und fünfzigtausend Euro für Sachschäden lautet (§ 17 Abs. 1 Nr. 4 BJagdG).

39. Wann darf in Nordrhein-Westfalen die Jagd auf Rotwild ausgeübt werden?

Kurzantwort für die schriftliche Prüfung

✓ allgemein vom 1. August bis zum 31. Januar und auf Schmaltiere und Schmalspießer vom 1. Mai bis 31. Mai

Hintergrundorientierung für die mündlich-praktische Prüfung

Nordrhein-Westfalen hat die Jagdzeit für Rotwild allgemein auf die Zeit vom 1. August bis zum 31. Januar und für Schmaltiere und Schmalspießer zusätzlich auf die Zeit vom 1. Mai bis zum 31. Mai festgesetzt (§ 1 Abs. 1 Nr. 1 LJZeitVO NRW).

40. Welche Voraussetzungen müssen im Regelfall für die erstmalige Bestätigung von Jagdaufsehern vorliegen?

Kurzantwort für die schriftliche Prüfung

✓ Es muss sich um eine geeignete, zuverlässige, volljährige Person handeln, die Inhaberin eines Jahresjagdscheines ist.

✓ Es müssen Prüfungszeugnisse des LJV NRW über die erfolgreiche Teilnahme an einem Jagdschutzlehrgang und an einem Fangjagdlehrgang und der Nachweis der Jagdpachtfähigkeit sowie jagdliche Erfahrung vorliegen.

Hintergrundorientierung für die mündlich-praktische Prüfung

Der Jagdschutz in einem Jagdbezirk obliegt neben dem Jagdausübungsberechtigten dem von der zuständigen Behörde bestätigten Jagdaufseher (§ 25 Abs. 1 Satz 1 BJagdG). Als einen solchen Jagdaufseher kann der Jagdausübungsberechtigte volljährige, zuverlässige Personen anstellen, die Inhaber eines Jahresjagdscheines sind (§ 26 Abs. 1 Satz 1 LJG-NRW). Die Bestellung bedarf der Bestätigung der unteren Jagdbehörde (§ 25 Abs. 1 Satz 1 BJagdG i. V. m. § 48 LJG-NRW), die diese wiederum nur mit Zustimmung der Kreispolizeibehörde und nur dann erteilen darf, wenn die genannte Person fachlich geeignet und persönlich zuverlässig ist (§ 26 Abs. 3 Satz 2 und 3 LJG-NRW). Der verwaltungsverfahrensrechtliche Rahmen hierzu wird durch den Erlass „Bestätigung von Jagdaufsehern" (RdErl. d. Ministeriums für Umwelt, Raumordnung und Landwirtschaft – I A 1 – 62.30.60/ III B 6 – 71-28-00.00 – vom 27.10.1992) gezogen. Danach müssen Prüfungszeugnisse des LJV NRW über die erfolgreiche Teilnahme an einem Jagdschutzlehrgang und an einem Fangjagdlehrgang und der Nachweis der Jagdpachtfähigkeit sowie jagdliche Erfahrung vorliegen.

41. Ein gemeinschaftlicher Jagdbezirk hat die Größe von 1.000 ha. Wie viele Jagdpächter sind für den Jagdbezirk höchstens zulässig?

Kurzantwort für die schriftliche Prüfung

✓ sechs

Hintergrundorientierung für die mündlich-praktische Prüfung

Damit die Zahl der in einem Jagdbezirk jagdausübungsberichtigten Pächter sich mit dem Ziel einer waidgerechten Jagd verträgt, wird die Anzahl der maximal zulässigen Pächter pro Fläche gesetzlich begrenzt. In Nordrhein-Westfalen werden dabei bei Jagdbezirken bis zu 300 ha zwei Jagdpächter zugelassen und darüber hinaus für jede weiteren vollen 150 ha ein weiterer (§ 11 Abs. 1 LJG-NRW). Bei einem Jagdbezirk mit einer Fläche von 1.000 ha wären somit maximal sechs Jagdpächter zulässig.

42. Wie viele Langwaffen darf ein Jagdscheininhaber erwerben?

Kurzantwort für die schriftliche Prüfung

✓ unbegrenzt viele

Hintergrundorientierung für die mündlich-praktische Prüfung

Im Gegensatz zum Erwerb von Kurzwaffen, der ohne besondere Bedürfnisprüfung für Jagdscheininhaber auf zwei begrenzt ist, ist der Erwerb von Langwaffen für Jagdscheininhaber (Jahresjagdschein) ohne zahlenmäßige Begrenzung zulässig (§ 13 Abs. 2 Satz 2 WaffG).

43. Wer ist Inhaber des Jagdrechts?

Kurzantwort für die schriftliche Prüfung

✓ der jeweilige Grundeigentümer

Hintergrundorientierung für die mündlich-praktische Prüfung

Das vom Recht zur Ausübung der Jagd, dem Jagdausübungsrecht, zu unterscheidende Jagdrecht steht in Deutschland dem jeweiligen Grundstückseigentümer zu (§ 3 BJagdG). Ausüben kann er es selbst nur, wenn er über einen Jagdschein verfügt und die Grundfläche mindestens 75 ha umfasst (Eigenjagdbezirk, §§ 4, 7 BJagdG). Soweit die Fläche diesen Grundumfang nicht erreicht, gehört er – so es sich nicht um einen befriedeten Bezirk (§§ 6, 6 a BJagdG, § 4 LJG-NRW) handelt – pflichtig einer Jagdgenossenschaft an. Die Flächen der Genossen einer Jagdgenossenschaft bilden einen gemeinschaftlichen Jagdbezirk (§§ 4, 8 BJagdG), der in der Regel durch Verpachtung genutzt wird. Das Jagdausübungsrecht steht dann dem Pächter zu. Das Jagdrecht selbst aber verbleibt stets beim Grundeigentümer und ist nicht getrennt übertragbar (§ 3 Abs. 1 Satz 2 und 3 BJagdG).

44. Welche Stelle ist die höhere Landschaftsbehörde?

Kurzantwort für die schriftliche Prüfung

✓ die Bezirksregierung

Hintergrundorientierung für die mündlich-praktische Prüfung

Höhere – im dreistufigen Behördenaufbau also mittlere, zwischen Kreisen und kreisfreien Städten als unterer und dem MUNV NRW als oberster stehende – Naturschutzbehörde (frühere Bezeichnung: „Landschaftsbehörde“) ist in Nordrhein-Westfalen die jeweils örtlich zuständige Bezirksregierung (§ 2 Abs. 1 Satz 1 Nr. 2 LNatSchG NRW). Die Naturschutzbehörden (frühere Bezeichnung: „Landschaftsbehörden“) sind für den Vollzug des LNatSchG NRW und damit für den Naturschutz und die Landschaftspflege zuständig. Sie wurden bis zum Inkrafttreten des Gesetzes zum Schutz der Natur in Nordrhein-Westfalen und zur Änderung anderer Vorschriften vom 15.11.2016 (GV. NRW. S. 934) als „Landschaftsbehörden“ bezeichnet. Auf diese frühere Bezeichnung stellt die aus der Zeit vor dieser Gesetzesänderung datierende amtliche Frage noch ab.

45. Wie muss sich der Jagdausübungsberechtigte bei der Ausübung des Jagdschutzes ausweisen?

Kurzantwort für die schriftliche Prüfung

✓ mittels des Jagdschutzausweises

Hintergrundorientierung für die mündlich-praktische Prüfung

Der Jagdausübungsberechtigte hat bei der Ausübung der Jagd stets den von der unteren Jagdbehörde auf Antrag für die Zeit der Jagdausübungsberechtigung auszustellenden Jagdschutzausweis bei sich zu führen und diesen auf Verlangen vorzuzeigen, es sei denn, dies kann ihm aus Sicherheitsgründen nicht zugemutet werden (§ 25 Abs. 5 LJG-NRW).

46. In welchem Umkreis von Fütterungen darf Schalenwild in Notzeiten nicht erlegt werden?

Kurzantwort für die schriftliche Prüfung

✓ im Umkreis von 300 Metern

Hintergrundorientierung für die mündlich-praktische Prüfung

Schalenwild darf in Notzeiten nach bundesgesetzlicher Regelung im Umkreis von 200 m um Fütterungsstellen nicht erlegt werden (vgl. § 19 Abs. 1 Nr. 10 BJagdG). Dieser Umkreis wurde in Nordrhein-Westfalen – wie seit der Föderalismusreform im Bereich des Jagdrechts außer dem des Rechts der Jagdscheine möglich – weiter gezogen und generell auf 300 m festgelegt (vgl. § 27 Abs. 1 Nr. 2 DVO LJG-NRW). Als Notzeiten gelten in Nordrhein-Westfalen Zeiten witterungs- oder katastrophenbedingten Äsungsmangels, insbesondere Situationen vereister oder hoher Schneelage oder Perioden nach ausgedehnten Waldbränden (§ 25 Abs. 1 Satz 1 LJG-NRW). Das gegenüber dem Bundesrecht weitere nordrhein-westfälische Verbot der Erlegung um Fütterungsstellen gilt darüber hinaus auch jenseits reiner Notzeitfütterungen, also auch in der für Schalenwild allgemein erlaubten Fütterungszeit vom 15. Dezember bis zum 30. April (vgl. § 27 Abs. 1 Nr. 2 DVO LJG-NRW).

47. Welche in der Natur tot aufgefundene Tierart darf ein Jagdausübungsberechtigter für den eigenen Bedarf präparieren lassen?

Kurzantwort für die schriftliche Prüfung

✓ alle dem Jagdrecht unterliegenden Tierarten

✓ von den nicht dem Jagdrecht unterliegenden Tierarten Nutria und Bisam

Hintergrundorientierung für die mündlich-praktische Prüfung

Aneignen darf sich selbst der Jagdausübungsberechtigte nur Tierarten, die dem Jagdrecht unterliegen: Denn nur auf diese Tierarten bezieht sich das Aneignungsrecht, das Teil des

Jagdrechtes ist (§ 1 Abs. 1 Satz 1 und Abs. 5 BJagdG). In Frage kommen für eine Präparation für den eigenen Bedarf des Jagdausübungsberechtigten also tot aufgefundene Tiere sämtlicher in § 2 BJagdG und – in Nordrhein-Westfalen – in § 2 LJG-NRW genannter Arten. Darauf, ob für die jeweilige Tierart eine Jagdzeit festgesetzt oder aber ob diese ganzjährig geschont ist, kommt es nicht an, da das betroffene Tier im vorliegenden Falle bereits tot aufgefunden wurde.

Exemplare von Arten, die nach dem Naturschutzrecht als besonders geschützte Arten gelten (vgl. dazu § 7 Abs. 2 Nr. 13 BNatSchG), müssen auch vom Jagdausübungsberechtigten – und zwar selbst dann, wenn er sie bereits tot aufgefunden hat – der zuständigen unteren Naturschutzbehörde abgeliefert werden. Grund ist, dass besonders geschützte Arten einem Besitz- und Verarbeitungsverbot unterfallen (§ 44 Abs. 2 Nr. 1 BNatSchG), das es nur zulässt, sie im Falle der Totauffindung an die von der unteren Naturschutzbehörde bestimmte Stelle abzugeben oder, soweit sie nicht zu den streng geschützten Arten gehören, für Zwecke der Forschung oder Lehre oder zur Präparation für diese Zwecke zu verwenden (§ 45 Abs. 4 BNatSchG).

Nicht besonders geschützte Arten dagegen darf sich im Falle der Totauffindung der Jagdausübungsberechtigte auch dann zum Zwecke der Eigenbedarfspräparation aneignen, wenn sie nicht dem Jagdrecht unterliegen: Beispiele hierfür sind Nutria und Bisam.

48. Aus welchen Gründen kann die untere Jagdbehörde die Jagd auf Wild mit ganzjähriger Schonzeit zulassen?

Kurzantwort für die schriftliche Prüfung

✓ zu wissenschaftlichen, Lehr- und Forschungszwecken sowie zur Vermeidung übermäßiger Wildschäden

Hintergrundorientierung für die mündlich-praktische Prüfung

Bundesrecht stellt es den Ländern anheim, die Jagd auf ganzjährig geschonte Arten begrenzt auf bestimmte Gebiete oder einzelne Jagdbezirke aus besonderen Gründen, insbesondere aus Gründen der Wildseuchenbekämpfung und Landeskultur, zur Beseitigung kranken oder kümmernden Wildes, zur Vermeidung von übermäßigen Wildschäden, zu wissenschaftlichen, Lehr- und Forschungszwecken, bei Störung des biologischen Gleichgewichts oder der Wildhege zuzulassen (§ 22 Abs. 1 Satz 3 BJagdG). Unabhängig von einer Beschränkung auf bestimmte Gebiete oder einzelne Jagdbezirke ist es den Ländern überlassen, die Jagd auf Wild mit ganzjähriger Schonzeit zu wissenschaftlichen, Lehr- und Forschungszwecken sowie zur Vermeidung übermäßiger Wildschäden zuzulassen (§ 22 Abs. 2 Satz 2 BJagdG).

Die Zuständigkeit dafür liegt in Nordrhein-Westfalen bei der unteren Jagdbehörde (§ 24 Abs. 3 lit. b LJG-NRW). Bei der Beantwortung ist allein der Fall nach § 24 Abs. 3 lit. b LJG-NRW gemeint (zu wissenschaftlichen, Lehr- und Forschungszwecken sowie zur Vermeidung übermäßiger Wildschäden). Der Fall des § 24 Abs. 2 LJG-NRW (aus Gründen der Wildseuchenbekämpfung und Landeskultur, zur Beseitigung kranken oder kümmernden Wildes, zur Vermeidung von übermäßigen Wildschäden, zu wissenschaftlichen, Lehr- und Forschungszwecken, bei Störung des biologischen Gleichgewichts oder der Wildhege) ist davon strikt zu unterscheiden: Denn dieser Fall betrifft die Jagd unter ausdrücklicher Aufhebung der Schonzeit. Gefragt ist jedoch nach einer Zulassung der Jagd in der Schonzeit, also ohne deren vorherige Aufhebung.

49. Wann darf in Nordrhein-Westfalen die Jagd auf Schmalrehe ausgeübt werden?

Kurzantwort für die schriftliche Prüfung

✓ vom 1. Mai bis zum 31. Mai und vom 1. September bis zum 31. Januar

Hintergrundorientierung für die mündlich-praktische Prüfung

Die bundesrechtliche Regelung (§ 1 Abs. 1 Nr. 3 JagdZVO) sieht folgende Jagdzeiten für Schmalrehe vor:

Schmalrehe vom 1. Mai bis 31. Januar

Von der den Ländern allgemein zukommenden Abweichungsmöglichkeit zur Festsetzung der Jagdzeiten (§ 22 Abs. 1 Satz 3 BJagdG) hat Nordrhein-Westfalen insofern Gebrauch gemacht, als es die Jagdzeit für Schmalrehe in den Monaten Juni, Juli und August ausgesetzt hat, so dass die Jagd auf Schmalrehe in Nordrhein-Westfalen nur vom 1. Mai bis zum 31. Mai und sodann wieder vom 1. September bis zum 31. Januar auf ist (§ 1 Abs. 1 Nr. 3 LJZeitVO NRW).

50. Wer muss bei befugter Jagdausübung einen Jagderlaubnisschein mit sich führen?

Kurzantwort für die schriftliche Prüfung

✓ jede befugte Person, die die Jagd in einem Bezirk ausübt, ohne in Begleitung des Jagdausübungsberechtigten oder eines von diesem beauftragten Jagdschutzberechtigten zu sein

Hintergrundorientierung für die mündlich-praktische Prüfung

Nach nordrhein-westfälischem Landesrecht dürfen Jagdgäste die Jagd ohne Begleitung des Jagdausübungsberechtigten oder eines von diesem beauftragten Jagdschutzberechtigten nur ausüben, wenn sie eine schriftliche Jagderlaubnis (Jagderlaubnisschein) des Jagdausübungsberechtigten mit sich führen (§ 12 Abs. 7 LJG-NRW). Führt dementgegen ein Jagdgast den Jagderlaubnisschein nicht mit, begeht er eine Ordnungswidrigkeit (§ 55 Abs. 1 Nr. 4 LJG-NRW), die mit einer Geldbuße von bis zu 5.000 Euro geahndet werden kann (§ 56 Abs. 2 LJG-NRW).

51. Wer darf in einem befriedeten Bezirk Wildkaninchen fangen, töten und sich aneignen?

Kurzantwort für die schriftliche Prüfung

✓ Sachkundige Grundeigentümer, Nutzungsberechtigte und deren Beauftragte

Hintergrundorientierung für die mündlich-praktische Prüfung

Die Befugnis, in einem befriedeten Bezirk Wildkaninchen zu fangen, zu töten und sich anzueignen, steht nach nordrhein-westfälischem Landesrecht – vorbehaltlich gegebener Sachkunde – dem jeweiligen Grundeigentümer, dem ggf. vorhandenen Nutzungsberechtigten und deren Beauftragten zu. Bei der Ausübung der Befugnis haben sie in Einhaltung der jagd- und tierschutzrechtlichen Bestimmungen vorzugehen (§ 4 Abs. 4 LJG-NRW). Da die Befugnis ihnen nach der Vorschrift „jederzeit" zusteht, gilt sie unabhängig von Jagd- und Schonzeitregelungen. Der Gebrauch von Schusswaffen ist dabei jedoch an eine besondere Genehmigung der unteren Jagdbehörde gebunden, die wiederum vom Vorliegen einer ausreichenden Jagdhaftpflichtversicherung, nicht aber vom Besitz eines Jagdscheins abhängt (vgl. dazu § 4 Abs. 3 Satz 2 LJG-NRW).

Nachzuweisen ist lediglich der Nachweis der Sachkunde: Dafür ist die bestandene Jäger- oder Falknerprüfung Voraussetzung, nicht aber ein gültiger Jagd- oder Falknerschein (§ 4 Abs. 4 Satz 1 i. V. m. § 4 Abs. 3 Satz 2 LJG-NRW). Exakt das ist auch der Grund, warum der Nachweis der Jagdhaftpflicht über § 4 Abs. 4 Satz 2 i. V. m. § 4 Abs. 3 Satz 2 und 3 LJG-NRW separat gefordert wird: Wäre etwa der Jagdschein Voraussetzung, läge die Jagdhaftpflichtversicherung automatisch vor, da sie eine der Bedingungen für dessen Erteilung ist.

52. Gehören Schalldämpfer zu den verbotenen Gegenständen im Sinne des Waffengesetzes?

Kurzantwort für die schriftliche Prüfung

✓ nein

Hintergrundorientierung für die mündlich-praktische Prüfung

Schalldämpfer sind keine verbotenen Gegenstände im Sinne des WaffG (sonst wären sie nach § 2 Abs. 4 Satz 1 WaffG in Anlage 2 Abschnitt 1 WaffG aufgeführt), sondern Gegenstände, die den Waffen, für die sie bestimmt sind, gleichstehen (§ 1 Abs. 4 WaffG i. V. m. Anlage 1 Abschnitt 1 Unterabschnitt 1

Nr. 1.3 WaffG). Daher gelten für ihren Besitz dieselben waffenrechtlichen Voraussetzungen, die auch für Waffen gelten. Das heißt, sie sind erlaubnispflichtig. Da die waffenrechtliche Bedürfnisfiktion für Jäger nur zwei Kurzwaffen und Langwaffen (§ 13 Abs. 2 Satz 2 WaffG), nicht aber Schalldämpfer umfasst, ist diesbezüglich eine besondere waffenrechtliche Bedürfnisprüfung erforderlich. Auch eine Eintragung in die Waffenbesitzkarte hat zu erfolgen.

53. Wie bezeichnet man diejenige Verteidigung, welche erforderlich ist, um einen gegenwärtigen rechtswidrigen Angriff von sich oder einem anderen abzuwenden?

Kurzantwort für die schriftliche Prüfung

✓ Notwehr

Hintergrundorientierung für die mündlich-praktische Prüfung

Nach der der Frage gleichlautenden Formulierung des § 32 Abs. 2 StGB handelt es sich bei der Verteidigung, die erforderlich ist, um einen gegenwärtigen rechtswidrigen Angriff von sich oder einem anderen abzuwenden, um Notwehr. Wer eine Tat begeht, die durch Notwehr geboten ist, handelt nicht rechtswidrig (§ 32 Abs. 1 StGB).

54. Welche Pflicht ist mit dem Jagdrecht verbunden?

Kurzantwort für die schriftliche Prüfung

✓ die Pflicht zur Hege

Hintergrundorientierung für die mündlich-praktische Prüfung

Mit dem Jagdrecht ist die Pflicht zur Hege verbunden (§ 1 Abs. 1 Satz 2 BJagdG). Diese hat nach § 1 Abs. 2 BJagdG die Erhaltung eines den landschaftlichen und landeskulturellen Verhältnissen angepassten artenreichen und gesunden Wildbestandes sowie die Pflege und Sicherung seiner Lebensgrundlagen zum Ziel. Sie wird ebenso durch biotopflegerische Maßnahmen verwirklicht, wie durch die sog. „Hege mit der Büchse", also den aktiven Bestandseingriff in den Wildbesatz.

55. Welche Funktion hat der Jagdberater?

Kurzantwort für die schriftliche Prüfung

✓ Er berät die Jagdbehörde.

Hintergrundorientierung für die mündlich-praktische Prüfung

Der – bundesrechtlich nicht vorgesehene (vgl. § 37 Abs. 1 BJagdG) – Jagdberater hat landesrechtlich in Nordrhein-Westfalen die Aufgabe, die Jagdbehörde, der er zugeordnet ist, in allen jagdlichen Angelegenheiten zu beraten (§ 51 Abs. 5 LJG-NRW). Er hat damit eine Aufgabe, die auch dem Jagdbeirat selbst zukommt, der allerdings nur in allen grundsätzlichen Fragen zwingend zu hören ist. Er ist zudem gesetztes Mitglied im Jägerprüfungsausschuss (§ 2 Abs. 2 Nr. 2 DVO LJG-NRW).

56. Auf welche Wildarten ist die Jagd landesrechtlich in den Setz- und Brutzeiten zulässig?

Kurzantwort für die schriftliche Prüfung

✓ auf Frischlinge, Jungfüchse, Jungkaninchen, Jungwaschbären und Jungmarderhunde sowie – vorausgesetzt, die untere Jagdbehörde hat die Schonzeit zur Vermeidung übermäßiger Wildschäden aufgehoben – auf die Elterntiere von Wildkaninchen, Ringeltauben sowie Rabenkrähen

Hintergrundorientierung für die mündlich-praktische Prüfung

Bundesrechtlich ist die Jagd auf die für die Aufzucht notwendigen Elterntiere in Setz- und Brutzeiten bis zum Selbständigwerden der Jungtiere auf sämtliche Wildarten grundsätzlich untersagt. Gleichzeitig bleibt es den Ländern überlassen, für Schwarzwild, Wildkaninchen, Fuchs, Ringel- und Türkentaube, Silber- und Lachmöwe sowie für nach Landesrecht dem Jagdrecht unterliegende Tierarten Ausnahmen zu bestimmen, soweit dies wegen einer bei Störung des biologischen Gleichgewichts oder schwerer Schädigung der Landeskultur oder in Einzelfällen zu wissenschaftlichen Lehr- und Forschungszwecken erforderlich ist (§ 22 Abs. 4 BJagdG). Eine solche Bestimmung ist in Nordrhein-Westfalen für Jungwaschbären (§ 1 Abs. 1 Nr. 14 LJZeitVO NRW), Jungmarderhunde (§ 1 Abs. 1 Nr. 15 LJZeitVO NRW), Frischlinge (§ 1 Abs. 1 Nr. 5 LJZeitVO NRW), Jungkaninchen (§ 1 Abs. 1 Nr. 7 LJZeitVO NRW) und Jungfüchse (§ 1 Abs. 1 Nr. 12 LJZeitVO NRW) vorgesehen. Zudem können auch die Elterntiere von Schwarzwild, Wildkaninchen, Fuchs, Ringeltauben und Rabenkrähen in den Setz- und Brutzeiten erlegt werden, soweit die Schonzeit durch die untere Jagdbehörde auf Grundlage der LJZeitVO NRW aufgehoben worden ist: Dazu ist die untere Jagdbehörde zur Vermeidung übermäßiger Wildschäden bei Wildkaninchen, Rabenkrähen und Ringeltauben ermächtigt (§ 24 Abs. 1 lit. b LJG-NRW i. V. m. § 1 Abs. 2 LJZeitVO NRW und JagdAVO NRW).

57. Was ist zu tun, wenn Schusswaffen oder Munition gestohlen worden sind?

Kurzantwort für die schriftliche Prüfung

✓ Die zuständige Behörde ist unverzüglich zu verständigen.

Hintergrundorientierung für die mündlich-praktische Prüfung

Das Abhandenkommen erlaubnispflichtiger Waffen und Munition ist unverzüglich der zuständigen Behörde – in der Regel der unteren Waffenbehörde – anzuzeigen. Dabei sind die Waffenbesitzkarte und der Europäische Feuerwaffenpass zur Berichtigung vorzulegen (§ 37 Abs. 2 Satz 1 WaffG).

58. Sie besitzen noch keine Faustfeuerwaffe und beabsichtigen, eine Pistole zu erwerben. Benötigen Sie hierfür eine vorherige Erlaubnis?

Kurzantwort für die schriftliche Prüfung

✓ ja

Hintergrundorientierung für die mündlich-praktische Prüfung

Anders als der Erwerb von Langwaffen und Munition für Langwaffen, der Jahresjagdscheininhabern ohne Bedürfnisprüfung mengenmäßig unbegrenzt erlaubt ist (§ 13 Abs. 2 Satz 2 und Abs. 3 Satz 1 bzw. Abs. 5 WaffG), ist der Erwerb von Faustfeuerwaffen ohne Vorliegen eines besonderen Bedürfnisses auf zwei begrenzt (§ 13 Abs. 2 Satz 2 WaffG) und steht unter der Voraussetzung der Erteilung einer vorherigen Erwerbserlaubnis (§ 2 Abs. 2 WaffG). Diese wird durch – soweit noch nicht vorhanden – Ausstellung einer Waffenbesitzkarte und Eintragung der zum Erwerb vorgesehenen Waffe nach Art und Kaliber (Voreintrag) in diese erteilt (§ 10 Abs. 1 WaffG). Nach Erwerb der Waffe ist sodann der Erwerb in die Waffenbesitzkarte einzutragen (§ 10 Abs. 1 a WaffG).

59. Welche Zeit gilt als Nachtzeit im Sinne des Nachtjagdverbotes?

Kurzantwort für die schriftliche Prüfung

✓ die Zeit von anderthalb Stunden nach Sonnenuntergang bis anderthalb Stunden vor Sonnenaufgang

Hintergrundorientierung für die mündlich-praktische Prüfung

Als Nachtzeit im Sinne des Nachtjagdverbotes gilt nach der gesetzlichen Definition (vgl. § 19 Abs. 1 Nr. 6 Hs. 2 LJG-NRW) die Zeit von anderthalb Stunden nach Sonnenuntergang bis anderthalb Stunden vor Sonnenaufgang.

60. Welche Tierarten unterliegen nicht dem Jagdrecht?

Kurzantwort für die schriftliche Prüfung

✓ in Nordrhein-Westfalen sämtliche Tierarten, die nach Landesrecht nicht dem Jagdrecht unterstellt sind

Hintergrundorientierung für die mündlich-praktische Prüfung

Die Bestimmung der jagdbaren Tierarten (Wild) in § 2 LJG-NRW ist – in Ansehung der seit der Föderalismusreform gegebenen Gesetzgebungskompetenz der Länder – für Nordrhein-Westfalen abschließend. Tierarten, die dort nicht aufgezählt sind oder auf die dort nicht verwiesen wird, unterliegen hierzulande nicht dem Jagdrecht.

Abschließend aufgeführt ist dabei nur das Haarwild: Rotwild, Damwild, Sikawild, Rehwild, Muffelwild, Schwarzwild, Feldhase, Wildkaninchen, Wildkatze, Fuchs, Steinmarder, Baummarder, Iltis, Hermelin, Mauswiesel, Dachs, Fischotter, Waschbär, Marderhund und Mink gehören zum Haarwild.

Beim Federwild werden ausdrücklich nur Nilgans, Rabenkrähe und Elster aufgeführt; ansonsten wird auf § 2 Abs. 1 Nr. 2 BJagdG verwiesen, dies mit der Einschränkung, dass die Arten in Nordrhein-Westfalen nach der Roten Liste der Brutvogelarten Nordrhein-Westfalens (Hrsg.: Nordrhein-Westfälische Ornithologengesellschaft und Landesamt für Natur, Umwelt und Verbraucherschutz 2017; 6. Fassung, Stand: Juni 2016) regelmäßig brüten. Zum Federwild gehören in Nordrhein-Westfalen danach: Rebhuhn, Fasan, Wachtel, Haselhuhn, Wildtruthuhn, Ringeltaube, Hohltaube, Türkentaube, Turteltaube, Höckerschwan, Graugans, Schneegans, Weißwangengans, Kanadagans, Nilgans, Brandgans, Rostgans, Stockente, Brautente, Mandarinente, Schnatterente, Krickente, Knäkente, Löffelente, Kolbenente, Tafelente, Reiherente, Gänsesäger, Waldschnepfe, Blässhuhn, Lachmöwe, Schwarzkopfmöwe, Sturmmöwe, Silbermöwe, Mittelmeermöwe, Heringsmöwe, Haubentaucher, Graureiher, Wespenbussard, Wiesenweihe, Rohrweihe, Habicht, Sperber, Rotmilan, Schwarzmilan, Mäusebussard, Baumfalke, Wanderfalke, Turmfalke, Rabenkrähe, Kolkrabe und Elster.

61. Wem steht das Aneignungsrecht an Abwurfstangen und den Eiern des Federwildes zu?

Kurzantwort für die schriftliche Prüfung

✓ dem Jagdausübungsberechtigten

Hintergrundorientierung für die mündlich-praktische Prüfung

Das Jagdrecht umfasst auch das Recht zur Aneignung von Abwurfstangen und von Eiern des Federwildes (§ 1 Abs. 5

BJagdG). Dieses steht unübertragbar dem jeweiligen Grundeigentümer zu (§ 3 Abs. 1 BJagdG), der jedoch nur im Falle des Vorliegens eines Eigenjagdbezirks zugleich auch jagdausübungsberechtigt ist (§ 7 Abs. 4 Satz 1 BJagdG). Ansonsten liegt das Jagdausübungsrecht beim Pächter (§ 11 Abs. 1 BJagdG).

62. Sie finden bei der Ausübung der Jagd bei erlegtem, gefangenem oder verendetem Wild Kennzeichen vor. Wo sind diese Kennzeichen unverzüglich abzuliefern?

Kurzantwort für die schriftliche Prüfung

✓ bei der örtlich zuständigen unteren Jagdbehörde

Hintergrundorientierung für die mündlich-praktische Prüfung

Bei der Ausübung der Jagd oder des Jagdschutzes aufgefundene Ohrmarken und ähnliche Kennzeichen sind unverzüglich der für den Fundort zuständigen unteren Jagdbehörde unter Angabe des Fundortes und der Auffindungszeit abzuliefern (§ 1 LJG-NRW). Diese Verpflichtung stellt eine landesrechtliche Beschränkung des Jagdrechts im Sinne des § 1 Abs. 6 BJagdG dar. Eine Zuwiderhandlung bedeutet eine Ordnungswidrigkeit (§ 55 Abs. 1 Nr. 2 LJG-NRW), die mit Geldbuße von bis zu 5.000 Euro geahndet werden kann (§ 56 Abs. 2 LJG-NRW).

63. Mit welchen Fanggeräten ist in Nordrhein-Westfalen das Fangen von Wild verboten?

Kurzantwort für die schriftliche Prüfung

✓ mit Schlingen sämtlicher Art, allen Fanggeräten, die nicht unversehrt fangen, und Wippbrettkastenfallen, die bestimmte Mindestmaße nicht aufweisen

Hintergrundorientierung für die mündlich-praktische Prüfung

Bundesrechtlich ist das Fangen mit Schlingen sämtlicher Art (§ 19 Abs. 1 Nr. 8 BJG) und allen Fanggeräten verboten, die nicht unversehrt fangen oder sofort töten (§ 19 Abs. 1 Nr. 9

BJG). Abweichend davon ist in Nordrhein-Westfalen nach § 19 Abs. 4 LJG-NRW i. V. m. § 30 Nr. 1 DVO LJG-NRW die Verwendung von Totschlagfallen aller Art untersagt (also u. a. Knüppelfallen einschließlich Prügel- und Rasenfallen, Marderschlagbäumen, Scherenfallen, Drahtbügelschlagfallen einschließlich Fallen nach Conibear-Bauart, sowie aller Totschlagfallen, die durch Zug, Tritt, Druck oder Berührung ausgelöst werden). Ebenfalls untersagt ist der Einsatz von Wippbrettkastenfallen, die bestimmte Mindestmaße nicht aufweisen (§ 19 Abs. 4 LJG-NRW i. V. m. § 30 Nr. 2 DVO LJG-NRW). Wippbrettkastenfallen müssen danach eine Mindestlänge von 80 cm, eine Mindestbreite von 10 cm und eine Mindesthöhe von 15 cm (Innenmaße) aufweisen (§ 31 Abs. 2 Satz 1 DVO LJG-NRW). Sie müssen zudem so gebaut sein oder verblendet werden, dass dem gefangenen Tier die Sicht nach außen verwehrt wird, dauerhaft und jederzeit sichtbar so gekennzeichnet sein, dass ihr Besitzer feststellbar ist und mit einem elektronischen Fangmeldesystem ausgestattet sein, soweit keine kommunikationstechnischen Gründe – etwa ein „Funkloch“ – entgegenstehen (§ 32 Abs. 1 DVO LJG-NRW). Soweit sie für das Hermelin bestimmt sind, müssen sie zudem mit einer Gewichtstarierung versehen sein, durch die der Fang von Mauswieseln und Mäusen verhindert wird (§ 31 Abs. 2 Satz 2 DVO LJG-NRW).

64. Welche Wildarten dürfen in freier Wildbahn nur auf Grund und im Rahmen eines Abschussplanes erlegt werden?

Kurzantwort für die schriftliche Prüfung

✓ Schalenwild (außer Reh- und Schwarzwild)

Hintergrundorientierung für die mündlich-praktische Prüfung

Bundesrechtlich dürfen Schalenwild (mit Ausnahme von Schwarzwild) sowie Auer-, Birk- und Rackelwild und Seehunde nur aufgrund und im Rahmen eines Abschussplans erlegt werden (§ 22 Abs. 2 Satz 1 und 2 BJG). In Nordrhein-Westfalen wurde davon abweichend die Erforderlichkeit eines Abschussplans allein für die Bejagung von Schalenwild mit Ausnahme von Reh- und Schwarzwild bestimmt (§ 22 Abs. 1 LJG-NRW), der von der unteren Jagdbehörde nach Anhörung der Forstbehörde und im Benehmen mit dem Jagdbeirat zu bestätigen oder festzusetzen ist (§ 21 Abs. 2 Satz 1 BJG i. V. m. § 22 Abs. 4 LJG-NRW).

65. Ein Autofahrer überfährt ein Reh und nimmt das Stück mit, um es zu verwerten. Welcher Tatbestand liegt vor?

Kurzantwort für die schriftliche Prüfung

✓ der Straftatbestand der Jagdwilderei

Hintergrundorientierung für die mündlich-praktische Prüfung

Überfährt ein Autofahrer ein Reh und nimmt es mit, um es zu verwerten, verwirklicht der den Straftatbestand der Jagdwilderei nach § 292 StGB, vorausgesetzt, er ist nicht der örtliche Jagdausübungsberechtigte.

66. Wie viele Jahre beträgt in Nordrhein-Westfalen die gesetzlich vorgeschriebene Mindestpachtdauer für einen gemeinschaftlichen Jagdbezirk?

Kurzantwort für die schriftliche Prüfung

✓ Sie soll mindestens neun Jahre betragen.

Hintergrundorientierung für die mündlich-praktische Prüfung

Bundesrechtlich „soll" die Pachtdauer für gemeinschaftliche Jagdbezirke neun Jahre betragen (§ 11 Abs. 4 Satz 2 BJagdG). Es handelt sich also nicht um eine zwingende Mindestpachtdauer, sondern um eine Mindestdauer, die eingehalten werden soll, wenn nicht atypische Umstände vorliegen. Sie kann daher auch unterschritten werden. Zwar räumt des Bundesrecht den Ländern ausdrücklich ein, eine längere Mindestpachtdauer vorzusehen (§ 11 Abs. 4 Satz 3 BJG). Eine solche Erhöhung hat Nordrhein-Westfalen jedoch nicht vorgesehen. Es sieht – im Rahmen der seit der Föderalismusreform bestehenden grundsätzlichen Abweichungsgesetzgebungskompetenz der Länder im Bereich des Jagdrechts – nach einer vorübergehenden Herabsetzung nun keine grundsätzliche Abweichung von der neunjährigen Regelmindestpachtdauer mehr vor, sondern gibt nur in begründeten Einzelfällen die Möglichkeit, die Mindestpachtdauer auf bis zu fünf Jahre abzusenken. Gründe hierfür können insbesondere sein, dass ansonsten ein geeignetes Pachtverhältnis nicht zustande kommt oder die kürzere Festsetzung aufgrund einer besonderen Geneigtheit des Jagdbezirks gegenüber Wildschäden notwendig ist (vgl. § 9 Abs. 2 LJG-NRW).

67. Welche Munition ist für den Schuss auf Rehwild verboten?

Kurzantwort für die schriftliche Prüfung

✓ Schrot- und Postenpatronen (außer beim Fangschuss), gehacktes Blei, bleihaltige Flintenlaufgeschosse und allgemein bleihaltige Büchsenpatronen (mit Ausnahme der Kalibergruppen bis 5,6 mm/.22') und solche, deren Geschosse über eine Auftreffenergie auf 100 m (E 100) von unter 1.000 Joule verfügen (außer im Falle des Fangschusses – dann reicht eine Mündungsenergie von 200 Joule).

Hintergrundorientierung für die mündlich-praktische Prüfung

Bundesrechtlich ist auf Schalenwild allgemein (und Seehunde) der Schuss mit Schrot, Posten, und gehacktem Blei untersagt (§ 19 Abs. 1 Nr. 1 BJagdG). Nordrhein-Westfalen ist davon durch § 19 Abs. 1 Nr. 1 Hs. 2 LJG-NRW insofern abgewichen, als es die Nutzung von Schrot oder Posten für den Fangschuss zugelassen hat. Speziell auf Rehwild ist zudem der Schuss mit Büchsenpatronen untersagt, deren Auftreffenergie auf 100 m (E 100) weniger als 1.000 Joule beträgt (§ 19 Abs. 1 Nr. 2 lit. a BJagdG, § 19 Abs. 1 Nr. 5 LJG-NRW). Allein im Falle des Fangschusses reicht eine Mündungsenergie von 200 Joule (vgl. § 19 Abs. 1 Nr. 2 lit. d BJG). Allgemein in Nordrhein-Westfalen ist zudem nach § 19 Abs. 1 Nr. 3 LJG-NRW die Jagd mit bleihaltigen

Büchsengeschossen (mit Ausnahme der Kalibergruppen bis 5,6 mm/.22') und bleihaltigen Flintenlaufgeschossen untersagt. Die durch § 19 Abs. 1 Nr. 1 BJagdG und § 19 Abs. 1 Nr. 2 LJG-NRW ebenfalls untersagte Nutzung von Bolzen und Pfeilen bei der Schalenwildjagd betrifft keine „Munition" im eigentlichen Sinne, da es sich dabei um Geschosse, jedoch nicht um explosivstoffhaltige Gegenstände handelt. Auf Pfeile und Bolzen ist daher bei der Beantwortung der Frage nicht einzugehen.

68. Welche Federwildart hat in Nordrhein-Westfalen ganzjährige Schonzeit?

Kurzantwort für die schriftliche Prüfung

✓ sämtliche Federwildarten, für die in § 1 der landesrechtlichen LJZeitVO NRW keine Jagdzeit festgesetzt ist sowie die in § 2 Nr. 1 LJZeitVO NRW genannten Arten

✓ Rebhühner (bis zum 31.12.2023), Wildtruthennen, Wachtel, Haselwild, Hohltaube, Türkentaube, Turteltaube, Schneegans, Weißwangengans, Brandgans, Rostgans, Brautente, Mandarinente, Schnatterente, Krickente, Knäkente, Löffelente, Kolbenente, Tafelente, Reiherente, Gänsesäger, Blässhuhn, Lachmöwe, Schwarzkopfmöwe, Sturmmöwe, Silbermöwe, Mittelmeermöwe, Heringsmöwe, Haubentaucher, Graureiher, Wespenbussard, Wiesenweihe, Rohrweihe, Habicht, Sperber, Rotmilan, Schwarzmilan, Mäusebussard, Baumfalke, Wanderfalke, Turmfalke, Kolkrabe.

Hintergrundorientierung für die mündlich-praktische Prüfung

Ganzjährig geschont sind diejenigen Wildarten, für die keine Jagdzeiten festgesetzt sind (§ 22 Abs. 2 Satz 1 BJagdG). In Nordrhein-Westfalen sind dies unter den Federwildarten – also unter den befiederten Tierarten, die nach § 2 LJG-NRW in Nordrhein-Westfalen Wild sind – diejenigen, für die in der LJZeitVO NRW keine Jagdzeit festgesetzt ist sowie die in § 2 Nr. 1 LJZeitVO NRW ergänzend als ganzjährig zu verschonend genannten Arten oder Teile von Arten. Dazu gehören in Nordrhein-Westfalen folgende Federwildarten: Rebhühner (bis zum 31.12.2023), Wildtruthennen, Wachtel, Haselwild, Hohltaube, Türkentaube, Turteltaube, Schneegans, Weißwangengans, Brandgans, Rostgans, Brautente, Mandarinente, Schnatterente, Krickente, Knäkente, Löffelente, Kolbenente, Tafelente, Reiherente, Gänsesäger, Blässhuhn, Lachmöwe, Schwarzkopfmöwe, Sturmmöwe, Silbermöwe, Mittelmeermöwe, Heringsmöwe, Haubentaucher, Graureiher, Wespenbussard, Wiesenweihe, Rohrweihe, Habicht, Sperber, Rotmilan, Schwarzmilan, Mäusebussard, Baumfalke, Wanderfalke, Turmfalke und Kolkrabe.

69. Darf eine Jagdgenossenschaft in ihrem gemeinschaftlichen Jagdbezirk die Jagd ruhen lassen?

Kurzantwort für die schriftliche Prüfung

✓ ja

Hintergrundorientierung für die mündlich-praktische Prüfung

Grundsätzlich findet auf allen Grundflächen die Jagd statt. Ausgenommen sind einzig Grundflächen, die zu keinem Jagdbezirk gehören, und befriedete Bezirke (§ 6 Satz 1 BJagdG). Dennoch darf eine Jagdgenossenschaft die Jagd in ihrem gemeinschaftlichen Jagdbezirk ruhen lassen, wenn die untere Jagdbehörde diesem Ansinnen zustimmt (§ 10 Abs. 2 Satz 2 BJagdG). Voraussetzung sind folglich zunächst ein entsprechender Beschluss der Genossenschaftsversammlung und sodann das Vorliegen einer Ausnahmesituation, die ein Abweichen vom Grundsatz der flächendeckenden Jagd rechtfertigt.

70. Darf man mit Bracken auf einer Fläche von weniger als 1.000 ha die Stöberjagd ausüben?

Kurzantwort für die schriftliche Prüfung

✓ ja

Hintergrundorientierung für die mündlich-praktische Prüfung

Auch auf Flächen unter der Grenze von 1.000 ha darf mit Bracken gestöbert werden: Allein die Brackenjagd selbst als klassische und typische Jagdform ist auf Flächen, die diesen Umfang nicht erreichen, untersagt (§ 19 Abs. 1 Nr. 16 BJagdG). Diese bundesrechtliche Vorschrift untersagt folglich nicht die jagdliche Nutzung einer bestimmten Hunderasse auf Flächen, die eine bestimmte Größe nicht erreichen, sondern allein die Nutzung dieser Hunderasse auf solchen Flächen im Rahmen einer bestimmten Jagdform (Brackenjagd). Auch das jagdlich fragliche und wegen § 19 Abs. 2 BJG starre Verbot der Brackenjagd selbst auf Flächen von unter 1.000 ha kann jedoch in Nordrhein-Westfalen seit der Novellierung des LJG-NRW im Jahre 2015 durch die untere Jagdbehörde im Einzelfall auf Grundlage des § 19 Abs. 2 LJG-NRW eingeschränkt werden (so auch die Begründung zum Entwurf der Novellierung unter ausdrücklicher Berufung auf die Abweichungskompetenz der Länder aus Art. 72 Abs. 3 Nr. 1 GG, Gesetzentwurf der Landesregierung zu einem Zweiten Gesetz zur Änderung des Landesjagdgesetzes Nordrhein-Westfalen und zur Änderung anderer Vorschriften [Ökologisches Jagdgesetz], LT-Drs. 16/7383 vom 24.11.2014 S. 76).

71. Was verstehen Sie unter der „Vereinigung der Jäger“?

Kurzantwort für die schriftliche Prüfung

✓ eine seit wenigstens fünf Jahren bestehende Vereinigung von Jägern, der fünf Prozent der Jagdscheininhaber im Land Nordrhein-Westfalen angehören, oder eine solche von Revierjägern als rechtsfähiger Verein, die satzungs- und schwerpunktmäßig das Jagdwesen fördert oder als gemeinnützig anerkannt ist und das Jagdwesen in ihrer praktischen Tätigkeit fördert, in diesem Sinne innerhalb der letzten fünf Jahre aktiv gewesen ist, ihren Sitz in Nordrhein-Westfalen hat und deren satzungsgemäßer und praktischer Tätigkeitsbereich sich auf das gesamte Landesgebiet erstreckt

Hintergrundorientierung für die mündlich-praktische Prüfung

Das Bundesrecht kennt Vereinigungen der Jäger, für die die Länder Mitwirkungsrechte für die Fälle vorsehen können, in denen Jäger gegen die Grundsätze der Waidgerechtigkeit verstoßen haben, etwa Jagdscheinentziehungsverfahren (vgl. § 37 Abs. 2 BJagdG). Nordrhein-Westfalen hat von dieser Möglichkeit Gebrauch gemacht: Nach der dafür maßgeblichen landesrechtlichen Vorschrift ist Voraussetzung der Anerkennung als „Vereinigung der Jäger“, dass sie wenigsten fünf Prozent der Jagscheininhaber im Lande umfasst oder eine solche von Revierjägern ist, die als rechtsfähiger Verein eingetragen ist, wenn eine sie seit wenigstens fünf Jahren besteht und nachweist, dass sie satzungs- und schwerpunktmäßig das Jagdwesen fördert oder als gemeinnützig anerkannt ist und das Jagdwesen in ihrer praktischen Tätigkeit fördert, in diesem Sinne innerhalb der letzten fünf Jahre aktiv gewesen ist, ihren Sitz in Nordrhein-Westfalen hat und ihr satzungsgemäßer und praktischer Tätigkeitsbereich sich auf das gesamte Landesgebiet erstreckt. Als solche anzuerkennen ist sie durch die oberste Jagdbehörde, wenn sie dies nachweist (§ 52 Abs. 1 LJG-NRW). Den Vereinigungen der Jäger in Nordrhein-Westfalen steht dabei in Jagdscheinversagungs- und -entziehungsverfahren sogar ein Antragsrecht zu (vgl. § 52 Abs. 2 LJG-NRW). Die Vereinigungen der Jäger sind als Interessenvertretungen der Jägerschaft daneben wichtige Ansprechpartner der Behörden in Fragen der Waidgerechtigkeit. Neben Vereinigungen von Jägern als Interessenvertreter der Jägerschaft kommt dabei seit dem Jahre 2019 auch die Vereinigung von Berufsjägern als weitere Variante einer Vereinigung in Betracht (Vereinigung von Revierjägern), da diese Berufsgruppe aufgrund ihrer mehrjährigen Berufsausbildung und der Berufsausübung der Mitglieder für Fragen der guten fachlichen Praxis prädestiniert ist.

72. Unter welcher Voraussetzung darf in einem befriedeten Bezirk die Ausübung der Jagd mit der Schusswaffe gestattet werden?

Kurzantwort für die schriftliche Prüfung

✓ Voraussetzung ist eine Erlaubnis der unteren Jagdbehörde, die wiederum unter der Voraussetzung des Nachweises der bestandenen Jäger- oder Falknerprüfung sowie einer ausreichenden Jagdhaftpflichtversicherung steht.

Hintergrundorientierung für die mündlich-praktische Prüfung

Die beschränkte Ausübung der Jagd allgemein oder im Einzelfall kann für befriedete Bezirke den jeweiligen Grundstückseigentümern und Nutzungsberechtigten sowie deren Beauftragten durch die untere Jagdbehörde gestattet werden. Voraussetzung sind der Nachweis der Sachkunde durch bestandene Jäger- oder Falknerprüfung sowie das Vorliegen einer ausreichenden Jagdhaftpflichtversicherung (§ 4 Abs. 3 und 4 LJG-NRW). Letztere muss sich mindestens auf fünfhunderttausend Euro für Personenschäden und fünfzigtausend Euro für Sachschäden belaufen (§ 17 Abs. 1 Nr. 4 BJagdG). Auch ist nicht jeder befriedete Bezirk tauglicher Gegenstand einer solchen Gestattung: Es gilt die allgemeine Begrenzung des § 20 Abs. 1 BJagdG, nach der an Orten, an denen die Jagd nach den Umständen des einzelnen Falles die öffentliche Ruhe, Ordnung oder Sicherheit stören oder das Leben von Menschen gefährden würde, nicht gejagt werden darf.

73. Ein Jagdpächter möchte in seinem Revier Fasane aussetzen.

Kurzantwort für die schriftliche Prüfung

✓ Es ist die nachfolgende Anzeige bei der unteren Jagdbehörde erforderlich, soweit die Fasanen nicht aus verlassenen Gelegen des Jagdbezirks stammen und aufgezogen worden sind.

Hintergrundorientierung für die mündlich-praktische Prüfung

Zwar hat der Jagdpächter grundsätzlich – jenseits spezieller Bestimmungen des Jagdpachtvertrages – alle Rechten und Pflichten, die dem jagdausübungsberechtigen Jagdrechtsinhaber zukommen. Das Aussetzen von Wild geht jedoch – wenn man es nicht im Einzelfall unter den der „Hege“ subsumiert – über das Jagdrecht hinaus. Denn dieses beinhaltet allein die ausschließliche Befugnis, auf einem bestimmten Gebiet wildlebende Tiere, die dem Jagdrecht unterliegen, zu hegen, auf sie die Jagd auszuüben und sie sich anzueignen (§ 1 Abs. 1 Satz 1 BJG). Da das Aussetzen von Wild im Einzelfall zum Zwecke der Bestandsstützung, Besatzstützung oder Wiederansiedlung in Jagdbezirken trotzdem sinnvoll sein kann, ist es an bestimmte Genehmigungs- bzw. Anzeigepflichten gebunden. Während grundsätzlich – außer bei Schwarzwild und Wildkaninchen, deren Aussetzen schon bundesrechtlich verboten ist (§ 28 Abs. 1 BJagdG) – eine Genehmigungspflichtigkeit gegeben ist, die wiederum an bestimmte Voraussetzungen gebunden ist (vgl. § 31 Abs. 2 und 3 LJG-NRW), gilt für Fasanen nur eine Anzeigepflicht (§ 31 Abs. 4 Satz 1 LJG-NRW). Eine solche Anzeige ist der unteren Jagdbehörde schriftlich bis eine Woche nach dem Aussetzen unter Angabe des Geschlechts und der Anzahl der ausgesetzten Fasanen zu erstatten. Die Anzeige ist bei Fasanen dann nicht erforderlich, wenn diese aus verlassenen Gelegen des jeweiligen Jagdbezirks stammen und aufgezogen worden sind (vgl. § 31 Abs. 4 Satz 2 LJG-NRW). Besondere Voraussetzungen, jenseits der ggf. erforderlichen Anzeige, bestehen für das Aussetzen von Fasanen nicht.

74. In die Streckenliste ist einzutragen

Kurzantwort für die schriftliche Prüfung

✓ alle Abschüsse von Wild und Fälle von Fallwild

Hintergrundorientierung für die mündlich-praktische Prüfung

In die Streckenliste, die der Jagdausübungsberechtigte zu führen und der unteren Jagdbehörde jederzeit auf Verlangen zur Einsicht vorzulegen hat, muss er binnen eines Monats den Abschuss jedes Stückes Wild und jeden Fall von Fallwild eintragen (§ 22 Abs. 8 Satz 1 bis 3 LJG-NRW).

75. Welche Maßnahmen beinhaltet der Jagdschutz?

Kurzantwort für die schriftliche Prüfung

✓ den Schutz des Wildes etwa vor Wilderern, Futternot, Wildseuchen, wildernden Hunden und Katzen und die Sorge für die Einhaltung der zum Schutz von Wild und Jagd erlassenen Vorschriften

Hintergrundorientierung für die mündlich-praktische Prüfung

Nach bundesrechtlicher Bestimmung umfasst der Jagdschutz den Schutz des Wildes insbesondere vor Wilderern, Futternot, Wildseuchen, vor wildernden Hunden und Katzen sowie die Sorge für die Einhaltung der zum Schutz des Wildes und der Jagd erlassenen Vorschriften. Die nähere Ausgestaltung obliegt dabei den Ländern (§ 23 BJagdG). Diese nähere Ausformung sieht etwa in Nordrhein-Westfalen die Pflicht des Jagdausübungsberechtigten vor, in Notzeiten für eine angemessene Wildfütterung zu sorgen (§ 25 Abs. 1 LJG-NRW). Zudem wird dem Jagdschutzberechtigten die Befugnis eingeräumt, unter bestimmten Voraussetzungen Personenfeststellungen im Jagdbezirk durchzuführen und Gegenstände sicherzustellen (§ 25 Abs. 4 Nr. 1 LJG-NRW). Die Befugnis zum Abschuss wildernder Hunde und Katzen wurde landesrechtlich eingeschränkt: Danach wurde mit der Novelle des LJG-NRW im Jahre 2015 das sachliche Verbot des Abschusses von Katzen eingeführt (§ 19 Abs. 1 Nr. 12 LJG-NRW) und der Abschuss wildernder Hunde weiteren Voraussetzungen unterworfen (§ 25 Abs. 4 Nr. 2 LJG-NRW). Auch wird die Pflicht des Jagdschutzberechtigten normiert, sich beim Jagdschutz mittels des Jagdschutzausweises auszuweisen (§ 25 Abs. 5 Satz 1 LJG-NRW).

76. Wer übt die Rechte aus einem Jagdpachtvertrag aus, wenn ein Jagdpächter stirbt?

Kurzantwort für die schriftliche Prüfung

✓ grundsätzlich der Erbe. Soweit dieser nicht jagdpachtfähig ist, ist der unteren Jagdbehörde ein jagdpachtfähiger Dritter zu benennen.

Hintergrundorientierung für die mündlich-praktische Prüfung

Das Bundesrecht enthält keine spezielle Regelung für den Fall des Todes eines Jagdpächters. Zivilrechtlich träte damit folglich der Erbe vollständig in die Rechts- und Pflichtenstellung des Erblassers ein (Universalsukzession, § 1922 Abs. 1 BGB). Anwendung finden jedoch unverändert die allgemeinen jagdrechtlichen Bestimmungen, nach denen Jagdpächter nur sein kann, wer jagdpachtfähig ist (§ 11 Abs. 5 Satz 1 BJagdG). Ist der Erbe also nicht – oder bei einer Mehrheit von Erben: kein Erbe – jagdpachtfähig, so ist der unteren Jagdbehörde eine jagdpachtfähige Person als Jagdausübungsberechtigter zu benennen (§ 16 Abs. 1 LJG-NRW). Erfolgt dies nicht, kann die Behörde die notwendigen Anordnungen auf Kosten der Erben treffen (§ 16 Abs. 2 LJG-NRW). Daraus folgt, dass die Erben zwar – trotz § 11 Abs. 5 Satz 1 BJagdG – in die Vertragsstellung eintreten, die Rechte und Pflichten daraus jedoch nur durch eine jagdpachtfähige Person ausüben können.

77. Bis zu welchen Terminen sind Wildschäden an forstwirtschaftlich genutzten Flächen bei der zuständigen Behörde anzumelden?

Kurzantwort für die schriftliche Prüfung

✓ zum 1. Mai und zum 1. Oktober

Hintergrundorientierung für die mündlich-praktische Prüfung

Während allgemein die Ersatzfähigkeit von Wild- und Jagdschäden ausscheidet, wenn der betroffene Grundeigentümer sie nicht binnen zweier Wochen nach Kenntnis oder fahrlässiger Unkenntnis geltend gemacht hat (§ 34 Abs. 1 Satz 2 LJG-NRW), scheidet die Ersatzfähigkeit von Wild- und Jagdschäden an forstwirtschaftlich genutzten Flächen nur aus, wenn diese Schäden nicht – für das Winterhalbjahr – bis zum 1. Mai bzw. – für das Sommerhalbjahr – bis zum 1. Oktober der zuständigen Behörde gemeldet sind (§ 34 Satz 2 BJagdG, § 34 Abs. 1 Satz 3 LJG-NRW).

78. In welcher Vorschrift ist das Halten von heimischen Greifen und Falken verbindlich geregelt?

Kurzantwort für die schriftliche Prüfung

✓ in der BWildSchV

Hintergrundorientierung für die mündlich-praktische Prüfung

Das Halten von Greifen und Falken ist in § 3 BWildSchV detailliert und verbindlich geregelt. Danach dürfen diese Tiere nur durch Personen gehalten werden, die einen Falknerjagdschein besitzen. Das Halten, das wiederum anzeigepflichtig ist, ist auf zwei Exemplare begrenzt. Diese müssen eindeutig und dauerhaft gekennzeichnet werden.

79. Welche Futtermittel dürfen in Nordrhein-Westfalen zur Wildfütterung nicht verwendet werden?

Kurzantwort für die schriftliche Prüfung

✓ bei der Fütterung von allem Wild sind verboten: Küchenabfälle, Schlachtabfälle, Fische, Fischabfälle, Backwaren und Südfrüchte sowie Stoffe mit pharmakologischer Wirkung oder – mit Ausnahme von ausschließlich als Silierhilfe eingesetzten Stoffen – Futtermittelzusatzstoffe (soweit nicht behördlich angeordnet, veranlasst oder genehmigt) und tierisches Protein sowie Mischfuttermittel, die dieses enthalten (letztere Stoffe mit Ausnahmen für Nicht-Wiederkäuer).

✓ bei der Fütterung von Schalenwild – mit Ausnahme von Schwarzwild – sind zudem verboten: alle Futtermittel außer Heu und Anwelksilage.

Hintergrundorientierung für die mündlich-praktische Prüfung

Der Schutz des Wildes vor Futternot als Teil des Jagdschutzes ist durch die Länder auszugestalten (§ 23 BJagdG). Dem ist Nordrhein-Westfalen nachgekommen und hat hierbei die Verfütterung von Küchenabfällen, Schlachtabfällen, Fischen, Fischabfällen, Backwaren und Südfrüchten an sämtliche Wildarten ebenso untersagt (§ 25 Abs. 2 Satz 3 LJG-NRW), wie die Verfütterung/Verabreichung von Stoffen mit pharmakologischer Wirkung oder – mit Ausnahme von ausschließlich als Silierhilfe eingesetzten Stoffen – von Futtermittelzusatzstoffen (soweit nicht behördlich angeordnet, veranlasst oder genehmigt) und tierischem Protein sowie Mischfuttermitteln, die dieses enthalten (§ 27 Abs. 2 Nr. 7 und 8 DVO LJG-NRW). Bei letzteren Stoffen sind dabei noch Ausnahmen für Nicht-Wiederkäuer vorgesehen. Zusätzlich hat Nordrhein-Westfalen hinsichtlich der Fütterung von Schalenwild – außer Schwarzwild – die Verwendung anderer Futtermittel als Heu oder Anwelksilage verboten (§ 27 Abs. 2 Nr. 6 DVO LJG-NRW). Für Rehwild darf außerhalb von Notzeiten nur eine Gewöhnungsfütterung mit kräuterreichem Grasheu erfolgen (§ 27 Abs. 2 Nr. 4 DVO LJG-NRW).

80. In welcher Zeit darf Schalenwild in Nordrhein-Westfalen gefüttert werden?

Kurzantwort für die schriftliche Prüfung

✓ Schalenwild allgemein nur in der Zeit vom 15. Dezember bis zum 30. April

✓ Rehwild nur in Notzeiten, soweit nicht nur eine Gewöhnungsfütterung mit kräuterreichem Grasheu vorliegt

Hintergrundorientierung für die mündlich-praktische Prüfung

In Ausgestaltung der bundesrechtlichen Vorgabe zur Ausgestaltung des Schutzes des Wildes vor Futternot (§ 23 BJagdG) hat Nordrhein-Westfalen die Zulässigkeit der Fütterung von Schalenwild jenseits von Notzeiten allgemein auf den Zeitraum vom 15. Dezember bis zum 30. April beschränkt (§ 25

Abs. 2 Satz 1 LJG-NRW). Die Fütterung von Reh- und Schwarzwild wiederum hat es – in weitergehender Beschränkung – nur in Notzeiten gestattet (§ 27 Abs. 2 Nr. 2 bzw. 4 DVO LJG-NRW). Ausgenommen von dieser für Rehwild strikteren Vorgabe ist ausschließlich die Gewöhnungsfütterung mit kräuterreichem Grasheu (§ 27 Abs. 2 Nr. 4 DVO LJG-NRW). Diese darf daher bei Rehwild auch jenseits von Notzeiten in der Zeit zwischen 15. Dezember und 30. April stattfinden. Was Schwarzwild betrifft, muss die Notzeit zunächst durch die FJW festgestellt und auch die Fütterung durch die zuständige Veterinärbehörde genehmigt werden (§ 27 Abs. 2 Nr. 2 DVO LJG-NRW). Weitere Ausnahmen existieren nicht. Damit ist – anders als bei Rehwild – die Fütterung von Schwarzwild außerhalb von Notzeiten ausnahmslos unzulässig.

81. Was hat die Hege zum Ziel?

Kurzantwort für die schriftliche Prüfung

✓ die Erhaltung eines den landschaftlichen und landeskulturellen Verhältnissen angepassten artenreichen und gesunden Wildbestandes sowie die Pflege und Sicherung seiner Lebensgrundlagen

Hintergrundorientierung für die mündlich-praktische Prüfung

Die Hege hat die Erhaltung eines den landschaftlichen und landeskulturellen Verhältnissen angepassten artenreichen und gesunden Wildbestandes sowie die Pflege und Sicherung seiner Lebensgrundlagen zum Ziel (§ 1 Abs. 2 Hs. 1 BJagdG). Dabei müssen Beeinträchtigungen einer ordnungsgemäßen land-, forst- und fischereiwirtschaftlichen Nutzung, insbesondere Wildschäden, möglichst vermieden werden (§ 1 Abs. 2 Hs. 2 BJagdG).

82. Welche Wildarten gehören zum Niederwild?

Kurzantwort für die schriftliche Prüfung

✓ klassischerweise sämtliche Wildarten außer den zum Hochwild gehörenden Arten, mithin alle als Wild definierten Tierarten außer Schalenwild – mit der Ausnahme von Rehwild – , und zudem – obwohl sie in Nordrhein-Westfalen kein Wild mehr darstellen – Auerwild, Steinadler und Seeadler

Hintergrundorientierung für die mündlich-praktische Prüfung

Der Begriff des „Hochwildes“ wird in § 2 Abs. 4 BJagdG bestimmt. Danach bezeichnet er alles Schalenwild außer Rehwild, ferner Auerwild, Steinadler und Seeadler. Alles übrige Wild gehört zum Niederwild. Von dieser klassischen Hochwild-Definition ist Nordrhein-Westfalen nicht abgewichen: Auch die Wilddefinition in Nordrhein-Westfalen in § 2 LJG-NRW stellt nach ausdrücklichem Gesetzeswortlaut nur eine Abweichung von § 2 Abs. 2 BJagdG und damit von der „Mindestfestsetzung“ von Tierarten als Wildarten in § 2 Abs. 1 BJagdG – nicht aber von § 2 Abs. 4 BJagdG – dar. Der Umstand, dass Auerwild, Steinadler und Seeadler in Nordrhein-Westfalen nach § 2 LJG-NRW kein Wild darstellen, sondern dem Natur- und Artenschutz unterfallen, führt daher auch unabhängig von der engeren nordrhein-westfälischen Wilddefinition nicht dazu, dass diese Tierarten dem Niederwild zugeordnet würden. Ihr Einbezug in den traditionellen Rahmenbegriff des „Hochwildes“ in § 2 Abs. 4 BJagdG hängt nämlich nicht am Begriff des „Wildes“ in § 1 Abs. 1 Satz 1 BJagdG: Er ist das Ergebnis einer isolierten Aufzählung in § 2 Abs. 4 BJagdG. Allein hinsichtlich des Schalenwildes ist der Hochwildbegriff in § 2 Abs. 4 BJagdG ein abgeleiteter. Eine rechtliche Relevanz des Hochwildbegriffs ist ohnehin – jenseits von Pachtverträgen, in denen er zur Abgrenzung gebraucht werden mag – nicht gegeben, da keine weiteren Regelungen des BJagdG oder des LJG-NRW daran anknüpfen.

83. Welche Grundflächen bilden einen gemeinschaftlichen Jagdbezirk?

Kurzantwort für die schriftliche Prüfung

✓ sämtliche Flächen auf dem Gebiet einer Gemeinde oder abgesonderten Gemarkung, die im Zusammenhang eine Fläche von mindestens 150 ha umfassen und zu keinem Eigenjagdbezirk gehören

Hintergrundorientierung für die mündlich-praktische Prüfung

Einen gemeinschaftlichen Jagdbezirk bilden alle Grundflächen einer Gemeinde oder abgesonderten Gemarkung, die nicht zu einem Eigenjagdbezirk gehören, wenn sie im Zusammenhang mindestens 150 ha umfassen (§ 8 Abs. 1 BJagdG). Flächen, die auf dem Gebiet verschiedener Gemeinden belegen sind, können auf Antrag zu einem gemeinschaftlichen Jagdbezirk zusammengelegt werden (§ 8 Abs. 3 BJagdG). Voraussetzung der Bildung eines Jagdbezirks – eines gemeinschaftlichen wie eines Eigenjagdbezirks – ist jedoch, dass die betroffenen Flächen miteinander zusammenhängen: Sie müssen folglich über zumindest eine Punktverbindung aneinander angrenzen. Die Länder können die Mindestgröße von 150 ha höher festsetzen (§ 8 Abs. 4 BJagdG). Hiervon hat Nordrhein-Westfalen jedoch lediglich hinsichtlich der Mindestgröße nach Teilung eines gemeinschaftlichen Jagdbezirks Gebrauch gemacht, die es abweichend von Bundesrecht (§ 8 Abs. 3 BJagdG: 250 ha) mit 300 ha festgesetzt hat (§ 6 Abs. 3 LJG-NRW).

84. In welchem Fall verliert der Jagdpächter seine Jagdpachtfähigkeit?

Kurzantwort für die schriftliche Prüfung

✓ wenn ihm der Jagdschein unanfechtbar entzogen, dessen Wiedererteilung unanfechtbar versagt worden oder die Verlängerung des Jagdscheins nicht rechtzeitig erfolgt ist

Hintergrundorientierung für die mündlich-praktische Prüfung

Die Jagdpachtfähigkeit, die besitzt, wer über einen Jahresjagdschein verfügt und einen solchen bereits während dreier Jahre in Deutschland besessen hat (§ 11 Abs. 5 Satz 1 BJagdG), verliert der, dem der Jagdschein unanfechtbar entzogen worden ist. Gleiches gilt, wenn die Gültigkeitsdauer des Jagdscheines abgelaufen ist und entweder die untere Jagdbehörde die Erteilung eines neuen Jagdscheines unanfechtbar abgelehnt hat oder die Voraussetzungen für die Erteilung eines neuen Jagdscheines nicht fristgemäß erfüllt worden sind – also der Pächter „schlicht“ die Verlängerung nicht rechtzeitig in die Wege geleitet hat (§ 13 Satz 1 und 2 BJagdG). Da der Jagdpachtvertrag damit automatisch endet, hat der Pächter, wenn ihn ein Verschulden am Verlust der Jagdpachtfähigkeit trifft, dem Verpächter den daraus entstehenden Schaden zu ersetzen (§ 13 Satz 3 BJagdG).

85. An welchen Orten darf die Jagd nicht ausgeübt werden?

Kurzantwort für die schriftliche Prüfung

- ✓ an Orten, an denen die Jagd nach den Umständen des einzelnen Falles die öffentliche Ruhe, Ordnung oder Sicherheit stören oder das Leben von Menschen gefährden würde
- ✓ in unmittelbar gesetzlich oder aus ethischen Gründen im Einzelfall befriedeten Bezirken
- ✓ an Kirrungen auf Schalenwild außer Schwarzwild
- ✓ im Umkreis von 300 m um Fütterungsstellen auf Schalenwild

Hintergrundorientierung für die mündlich-praktische Prüfung

Die Jagd darf zunächst allgemein an Orten nicht ausgeübt werden, an denen sie nach den Umständen des Einzelfalles die öffentliche Ruhe, Ordnung oder Sicherheit stören oder das Leben von Menschen gefährden würde (§ 20 Abs. 1 BJagdG). Sodann ruht die Jagd in unmittelbar kraft Gesetzes befriedeten Bezirken (§ 6 Satz 1 BJagdG). Dazu gehören in

Nordrhein-Westfalen Gebäude, die zum Aufenthalt von Menschen dienen, oder die mit solchen Gebäuden räumlich zusammenhängen, Hofräume und Hausgärten, die unmittelbar an eine Behausung anstoßen und durch irgendeine Umfriedung begrenzt oder sonst vollständig abgeschlossen sind, Friedhöfe, Wildgehege, soweit sie nicht jagdlichen Zwecken dienen, Bundesautobahnen und Kleingartenanlagen und Dauerkleingärten (§ 4 Abs. 1 LJG-NRW). Hinzu kommen Bezirke, die aus ethischen Gründen im Einzelfall zu befriedeten erklärt wurden (§ 6 a BJG). Das spezielle bundesrechtliche Verbot, im Umkreis von 200 m um Fütterungsstellen die Jagd auf Schalenwild in Notzeiten auszuüben (§ 19 Abs. 1 Nr. 10 BJagdG), hat der nordrhein-westfälische Landesgesetzgeber auf einen Umkreis von 300 m und Zeiten ausgedehnt, die keine Notzeiten sind (§ 27 Abs. 1 Nr. 2 DVO LJG-NRW). Speziell verboten ist in Nordrhein-Westfalen zudem die Jagd an Lockfütterungen (Kirrungen) auf Schalenwild außer Schwarzwild (§ 27 Abs. 1 Nr. 1 DVO LJG-NRW).

86. Wann „führt" man eine Jagdwaffe im waffenrechtlichen Sinne?

Kurzantwort für die schriftliche Prüfung

✓ wenn man die tatsächliche Gewalt über sie außerhalb der eigenen Wohnung, des eigenen befriedeten Besitztums, der eigenen Geschäftsräume oder einer Schießstätte ausübt

Hintergrundorientierung für die mündlich-praktische Prüfung

Der waffenrechtliche Begriff des „Führens" einer Waffe ist in der Anlage 1 zu § 1 Abs. 4 WaffG definiert: Nach Abschnitt 2 Nr. 4 dieser Anlage „führt" eine Waffe, wer die tatsächliche Gewalt darüber außerhalb der eigenen Wohnung, Geschäftsräume, des eigenen befriedeten Besitztums oder einer Schießstätte ausübt.

87. Bei welcher Behörde ist ein Beizvogel anzumelden?

Kurzantwort für die schriftliche Prüfung

✓ bei der örtlich zuständigen unteren Jagdbehörde

Hintergrundorientierung für die mündlich-praktische Prüfung

Die Haltung eines Beizvogels ist der nach Landesrecht zuständigen Stelle binnen vierer Wochen nach Begründung des Eigenbesitzes unter Angabe von Zahl, Art, Alter, Geschlecht, Herkunft, Verbleib, Standort, Verwendungszweck und Kennzeichen schriftlich anzuzeigen (§ 36 Abs. 1 Nr. 2 BJagdG i. V. m. § 3 Abs. 2 Nr. 4 BWildSchV). Zuständige Stelle dafür ist in Nordrhein-Westfalen die untere Jagdbehörde (§ 48 LJG-NRW).

88. Welche Formvorschriften bestehen für den Jagdpachtvertrag?

Kurzantwort für die schriftliche Prüfung

✓ Der Vertrag ist zwingend schriftlich abzuschließen.

Hintergrundorientierung für die mündlich-praktische Prüfung

Jagdpachtverträge sind bundesrechtlich zwingend schriftlich abzuschließen (§ 11 Abs. 4 Satz 1 BJagdG).

89. Was verstehen Sie unter dem „Jagdausübungsrecht“?

Kurzantwort für die schriftliche Prüfung

✓ die Befugnis zur Ausübung des Jagdrechts, also des Rechts, innerhalb eines Jagdbezirkes Wild zu hegen, es aufzusuchen, ihm nachzustellen, es zu erlegen, zu fangen und sich anzueignen

Hintergrundorientierung für die mündlich-praktische Prüfung

Das vom eigentlichen Jagdrecht zu unterscheidende Recht zur Ausübung der Jagd (Jagdausübungsrecht) umfasst die Befugnis, innerhalb eines Jagdbezirkes (Eigenjagdbezirkes oder gemeinschaftlichen Jagdbezirkes) wildlebende Tiere, die dem

Jagdrecht unterliegen (Wild), zu hegen, sie aufzusuchen, ihnen nachzustellen, sie zu erlegen, zu fangen und sich anzueignen (§ 1 Abs. 1 und 4 BJagdG). Das Aneignungsrecht beinhaltet dabei die ausschließliche Befugnis, krankes oder verendetes Wild, Fallwild und Abwurfstangen sowie die Eier von Federwild sich anzueignen (§ 1 Abs. 5 BJagdG).

90. Welche der folgenden Wildarten unterliegen nicht der Abschussplanung?

Kurzantwort für die schriftliche Prüfung

✓ sämtliche Wildarten außer Schalenwild (ohne Reh- und Schwarzwild)

Hintergrundorientierung für die mündlich-praktische Prüfung

Bundesrechtlich dürfen Schalenwild (mit Ausnahme von Schwarzwild) sowie Auer-, Birk- und Rackelwild sowie Seehunde nur auf Grund und im Rahmen eines Abschussplanes erlegt werden (§ 21 Abs. 2 Satz 1 und 2 BJagdG).

Landesrechtlich ist in Nordrhein-Westfalen ein Abschussplan – da Auer-, Birk- und Rackelwild sowie Seehunde in Nordrhein-Westfalen kein Wild darstellen (vgl. § 2 LJG-NRW) – abweichend von § 21 Abs. 2 BJagdG allein für Schalenwild außer Reh- und Schwarzwild vorgesehen (§ 22 Abs. 1 Satz 1 LJG-NRW).

91. Für welche Wildarten besteht ein Nachtjagdverbot?

Kurzantwort für die schriftliche Prüfung

✓ in Nordrhein-Westfalen für jegliches Wild außer Schwarz- und Raubwild

Hintergrundorientierung für die mündlich-praktische Prüfung

Nach bundesrechtlicher Vorgabe ist die Nachtjagd auf Schalenwild, ausgenommen Schwarzwild, sowie Federwild, ausgenommen Möwen, Waldschnepfen, Auer-, Birk- und Rackelwild verboten (§ 19 Abs. 1 Nr. 4 Halbs. 1 und 3 BJagdG). Als Nachtzeit gilt dabei die Zeit von eineinhalb Stunden nach

Sonnenuntergang bis eineinhalb Stunden vor Sonnenaufgang (§ 19 Abs. 1 Nr. 4 Halbs. 2 BJagdG). Dem entspricht nordrhein-westfälisches Landesrecht, das die Nachtjagd allerdings auf alles Wild – außer Schwarzwild und Raubwild – ausschließt (vgl. § 19 Abs. 1 Nr. 6 LJG-NRW).

92. Was verstehen Sie unter dem „Reviersystem"?

Kurzantwort für die schriftliche Prüfung

✓ die gesetzliche Bindung des Jagd- und des Jagdausübungsrechts an Grund und Boden

Hintergrundorientierung für die mündlich-praktische Prüfung

Unter einem „Reviersystem" versteht man die gesetzliche Bindung des Jagdrechtes und des Jagdausübungsrechtes an Grund und Boden – in Form von Eigenjagdbezirken oder gemeinschaftlichen Jagdbezirken (§ 1 Abs. 1 Satz 1 und § 3 Abs. 3 i. V. m. §§ 4, 7 und 8 BJagdG). Zu unterscheiden ist das Reviersystem von dem in vielen ausländischen Staaten bestehenden Lizenzsystem, bei dem eine Erlaubnis (Lizenz, Konzession) für einen bestimmten Abschuss bzw. eine bestimmte Abschussquote unabhängig von Eigentums- oder Besitzrechten an Grund und Boden erworben wird.

93. Darf der Eigentümer eines Grundstückes zur Wildschadenverhütung Schutzmaßnahmen treffen?

Kurzantwort für die schriftliche Prüfung

✓ ja

Hintergrundorientierung für die mündlich-praktische Prüfung

Der Eigentümer ist – ebenso wie der Jagdausübungs- und der Nutzungsberechtigte – berechtigt, zur Verhütung von Wildschäden das Wild von den Grundstücken abzuhalten oder zu verscheuchen. Dabei darf er das Wild weder gefährden noch verletzen (§ 26 BJagdG). In Betracht kommen also Maßnahmen der Einzäunung, des Verstänkerns, der Aufbau von Vogelscheuchen oder etwa akustische Warnsignale. Das diesbezügliche Recht besteht nur im durch den Grundsatz der Verhältnismäßigkeit gezogenen Rahmen. Das Fernhalterecht des Eigentümers ist dabei gegenüber der Bejagung durch den Jagdausübungsberechtigten subsidiär.

94. Ihr Jagdgebrauchshund ist wirksam gegen Tollwut geimpft. Dürfen Sie ihn in einen tollwutgefährdeten Bezirk mitnehmen?

Kurzantwort für die schriftliche Prüfung

✓ ja

Hintergrundorientierung für die mündlich-praktische Prüfung

Ein unter wirksamem Impfschutz gegen die Tollwut stehender Jagdgebrauchshund darf in einen tollwutgefährdeten Bezirk mitgenommen und dort sogar frei laufen gelassen werden, soweit er von einer Person begleitet wird, der er zuverlässig gehorcht (§ 8 Abs. 3 TollwV).

95. Ein Fahrer, der in Nordrhein-Westfalen ein Stück Wild anfährt, ist gesetzlich verpflichtet, dies bei einer Polizeidienstelle zu melden. Dies gilt für

Kurzantwort für die schriftliche Prüfung

✓ Schalenwild

Hintergrundorientierung für die mündlich-praktische Prüfung

In Nordrhein-Westfalen ist derjenige, der ein Fahrzeug führt und damit Wild verletzt oder getötet hat, verpflichtet, dies unverzüglich bei einer Polizeidienststelle anzuzeigen, soweit es sich um Schalenwild handelt (§ 28a Abs. 2 Satz 1 LJG-NRW). Damit für solche Fälle der Kontakt zum Revierinhaber sichergestellt ist, haben die Jagdausübungsberechtigten für jeden Jagdbezirk der zuständigen Polizeidienststelle mindestens eine zur Jagd befugte Person zu benennen, die bei Wildunfällen Benachrichtigungen entgegenzunehmen und die Pflichten der jagdausübungsberechtigten Person hat.

96. Wie viel Munition für Langwaffen kann ein Jagdscheininhaber erwerben?

Kurzantwort für die schriftliche Prüfung

✓ unbegrenzt viel

Hintergrundorientierung für die mündlich-praktische Prüfung

Der Erwerb von Munition für Langwaffen durch Jagdscheininhaber – Tages- wie Jahresjagdscheininhaber – unterliegt keinen Mengenbegrenzungen (§ 13 Abs. 5 WaffG). Allein der Transport auf Straße und Schiene ist für ihn – wie auch allgemein – ohne Vorliegen weiterer Genehmigungen auf 50 kg Patronen und 3 kg Pulver begrenzt (vgl. dazu § 3 GGVSEB i. V. m. Anlage 2 zur GGVSEB).

97. Welche der genannten Hühnervogelarten unterliegen nicht dem Jagdrecht?

Kurzantwort für die schriftliche Prüfung

✓ bundesrechtlich das Steinhuhn

✓ landesrechtlich in Nordrhein-Westfalen: Steinhuhn, Auerhuhn, Birkhuhn, Rackelwild und Alpenschneehuhn.

Hintergrundorientierung für die mündlich-praktische Prüfung

Von den zur Ordnung der Hühnervögel (galliformes) gehörenden Familien kommen in Deutschland die Rauhfußhühner (Auerhuhn, Birkhuhn, Rackelwild, Steinhuhn, Alpenschneehuhn und Haselhuhn), die Feldhühner (Rebhuhn und Europäische Wachtel), die Fasanen und die Truthühner vor. Bis auf das Steinhuhn unterliegen alle der genannten Hühnervogelarten in Deutschland bundesrechtlich dem Jagdrecht (§ 2 Abs. 1 Nr. 2 BJagdG). Landesrechtlich ist der Katalog der jagdbaren Federwildarten um die Arten reduziert, die nicht regelmäßig in Nordrhein-Westfalen brüten: In Nordrhein-Westfalen unterliegen daher unter den in Deutschland vorkommenden Hühnervogelarten Steinhuhn, Auerhuhn, Birkhuhn, Rackelwild und Alpenschneehuhn nicht dem Jagdrecht (vgl. § 2 Nr. 2 LJG-NRW).

98. An welche Personen darf ein Jagdschein nicht erteilt werden?

Kurzantwort für die schriftliche Prüfung

✓ an Personen, die das sechzehnte Lebensjahr noch nicht vollendet haben

✓ an Personen, die nicht über eine ausreichende Jagdhaftpflichtversicherung verfügen

✓ an Personen, die die erforderliche körperliche Eignung nicht aufweisen

✓ an Personen, die unzuverlässig sind

✓ an Personen, die die Jägerprüfung nicht bestanden haben

✓ an Personen, denen der Jagdschein entzogen worden ist für die Dauer der Entziehung oder einer Sperre

Hintergrundorientierung für die mündlich-praktische Prüfung

Ein Jagdschein darf – außer im Falle von Ausländerjagdscheinen – Personen nicht erteilt werden, die keinen erfolgreichen Abschluss der Jägerprüfung in Deutschland nachweisen können (§ 15 Abs. 5 Satz 1 und Abs. 6 BJagdG). Seine Erteilung ist sodann Personen zu versagen, die noch nicht 16 Jahre alt sind (§ 17 Abs. 1 Satz 1 Nr. 1 BJagdG), bei denen Tatsachen die Annahme rechtfertigen, dass sie die erforderliche Zuverlässigkeit oder körperliche Eignung nicht besitzen (§ 17 Abs. 1 Satz 1 Nr. 2 BJagdG), denen der Jagdschein entzogen ist, während der Dauer der Entziehung oder einer Sperre (§ 17 Abs. 1 Satz 1 Nr. 3 BJagdG) oder die keine ausreichende Jagdhaftpflichtversicherung (fünfhunderttausend Euro für Personenschäden und fünfzigtausend Euro für Sachschäden) nachweisen (§ 17 Abs. 1 Satz 1 Nr. 4 BJagdG).

99. In welcher Zeit dürfen in Nordrhein-Westfalen Füchse, ausgenommen Jungfüchse, nicht bejagt werden?

Kurzantwort für die schriftliche Prüfung

✓ in der Zeit vom 29. Februar bis einschließlich 15. Juli

Hintergrundorientierung für die mündlich-praktische Prüfung

Nach der bundesrechtlichen Regelung ist die Jagd auf Füchse – ausgenommen für die Aufzucht notwendige Elterntiere in der Setzzeit bis zum Selbständig werden der Jungtiere (§ 22 Abs. 4 BJagdG) – ganzjährig zulässig (§ 1 Abs. 2 JagdZVO). Von der den Ländern allgemein zukommenden Abweichungsmöglichkeit zur Festsetzung der Jagdzeiten (§ 22 Abs. 1 Satz 3 BJagdG) hat Nordrhein-Westfalen insofern Gebrauch gemacht, als es die Jagdzeit für Füchse – ausgenommen Jungfüchse – auf die Zeit vom 16. Juli bis zum 28. Februar verkürzt hat (§ 1 Abs. 1 Nr. 12 LJZeitVO NRW). Da die in Nordrhein-Westfalen bestehende Schonzeit für Füchse die Setzzeit und die eigentliche Aufzuchtzeit vollständig abdeckt, dürfen in Nordrhein-Westfalen Füchse – mit der Ausnahme von Jungfüchsen – nur vom 29. Februar bis einschließlich 15. Juli nicht bejagt werden.

100. Darf ein Jagdscheininhaber nach der Jagd seine Kurzwaffe mit zum Schützenfest nehmen?

Kurzantwort für die schriftliche Prüfung

✓ nein

Hintergrundorientierung für die mündlich-praktische Prüfung

Die Privilegierung des Jägers, die Waffe auch ohne den ansonsten erforderlichen Waffenschein (§ 10 Abs. 4 Satz 1 WaffG) führen zu dürfen, bezieht sich allein auf die Nutzung von Jagdwaffen zur befugten Jagdausübung einschließlich des Ein- und Anschießens im Revier, zur Ausbildung von Jagdhunden im Revier, zum Jagdschutz oder zum Forstschutz (§ 13 Abs. 6 Satz 1 WaffG). Der Besuch eines Schützenfestes ist von diesem Rahmen nicht umfasst.

101. Ist ein Jagdgast zur Durchführung von Hegemaßnahmen verpflichtet?

Kurzantwort für die schriftliche Prüfung

✓ ja, in angemessenem Umfang auf Verlangen

Hintergrundorientierung für die mündlich-praktische Prüfung

Landesrechtlich ist der Jagdgast in Nordrhein-Westfalen verpflichtet, auf Verlangen des Pächters an Hegemaßnahmen in angemessenem Umfang mitzuwirken, soweit diese erforderlich sind (§ 12 Abs. 8 LJG-NRW).

102. Kann dem Inhaber des ersten Jahresjagdscheines eine entgeltliche Jagderlaubnis erteilt werden?

Kurzantwort für die schriftliche Prüfung

✓ ja

Hintergrundorientierung für die mündlich-praktische Prüfung

Die Erteilung von Jagderlaubnisscheinen regeln nach geltendem Bundesrecht die Länder (§ 11 Abs. 1 Satz 3 BJagdG). In Nordrhein-Westfalen hat der Gesetzgeber dies durch § 12 LJG-NRW getan und dabei – jenseits eigens angeordneter Formvorschriften – allein die entsprechende Anwendung der für Jagdpachtverträge geltenden Bestimmungen der §§ 12 und 13 BJagdG angeordnet (§ 12 Abs. 3 Satz 2). Von der Bestimmung einer entsprechenden Anwendbarkeit der Vorschrift des § 11 Abs. 5 Satz 1 BJagdG, die festlegt, dass Jagdpächter nur sein kann, wer über einen geltenden Jahresjagdschein verfügt und einen solchen während dreier Jahre in Deutschland besessen hat (also jagdpachtfähig ist), hat er abgesehen. Folglich kann eine entgeltliche Jagderlaubnis in Nordrhein-Westfalen auch dem Inhaber eines ersten Jahresjagdscheines erteilt werden.

103. Womit muss sich der zuständige Jagdaufseher ausweisen?

Kurzantwort für die schriftliche Prüfung

✓ der bestätigte Jagdaufseher: mit der Bescheinigung über seine Bestätigung als Jagdaufseher (Dienstausweis).

Hintergrundorientierung für die mündlich-praktische Prüfung

Der bestätigte Jagdaufseher muss sich bei dienstlichem Einschreiten auf Verlangen – es sei dann, dass ihm dies aus Sicherheitsgründen nicht zugemutet werden kann – mit einer Bescheinigung über seine Bestätigung als Jagdaufseher (Dienstausweis) ausweisen (§ 26 Abs. 3 Satz 4 LJG-NRW). Anderes gilt für den nicht bestätigten Jagdaufseher: Da dieser nicht selbst jagdschutzberechtigt ist (§ 25 Abs. 1 Satz 1 BJagdG) und ihm die besonderen Kompetenzen des bestätigten Jagdaufsehers (u. U. Rechte und Pflichten der Polizeibeamten und Funktion einer Ermittlungsperson der Staatsanwaltschaft, § 25 Abs. 2 BJagdG) nicht zukommen, entfällt für ihn die Ausweispflicht.

104. Es ist verboten

Kurzantwort für die schriftliche Prüfung

✓ mit gehacktem Blei – auch als Fangschuss – und mit Schrot und Posten – außer beim Fangschuss – auf Schalenwild zu schießen

✓ die Jagd mit Vorderladerwaffen, Bolzen oder Pfeilen

✓ bei der Jagd Büchsenmunition mit bleihaltigen Geschossen (mit Ausnahme der Kalibergruppen bis 5,6 mm/.22') sowie bleihaltige Flintenlaufgeschosse zu verwenden

✓ mit Bleischrot die Jagd an und über Gewässern auszuüben

✓ auf Rehwild und gestreifte Schwarzwildfrischlinge (noch nicht einjährige Stücke) mit Büchsenpatronen zu schießen, deren Auftreffenergie auf 100 m (E 100) weniger als 1.000 Joule beträgt

✓ auf alles übrige Schalenwild mit Büchsenpatronen unter einem Kaliber von 6,5 mm zu schießen; im Kaliber 6,5 mm und darüber müssen die Büchsenpatronen eine Auftreffenergie auf 100 m (E 100) von mindestens 2.000 Joule haben

✓ auf Wild mit halbautomatischen oder automatischen Waffen, die mehr als zwei Patronen in das Magazin aufnehmen können, zu schießen

✓ auf Wild mit Pistolen oder Revolvern zu schießen, ausgenommen im Falle der Bau- und Fallenjagd sowie zur Abgabe von Fangschüssen, wenn die Mündungsenergie der Geschosse mindestens 200 Joule beträgt

- ✓ die Lappjagd innerhalb einer Zone von 300 Metern von der Bezirksgrenze, die Jagd durch Abklingeln der Felder und die Treibjagd bei Mondschein auszuüben
- ✓ Wild, ausgenommen Schwarzwild und Raubwild, zur Nachtzeit zu erlegen
- ✓ künstliche Lichtquellen, Spiegel, Vorrichtungen zum Anstrahlen oder Beleuchten des Zieles, Nachtzielgeräte, die einen Bildwandler oder eine elektronische Verstärkung besitzen und für Schusswaffen bestimmt sind, Tonbandgeräte oder elektrische Schläge erteilende Geräte beim Fang oder Erlegen von Wild aller Art zu verwenden oder zu nutzen sowie zur Nachtzeit an Leuchttürmen oder Leuchtfeuern Federwild zu fangen
- ✓ zum Anlocken von Wild Tauben- oder Krähenkarussells zu verwenden, sofern keine Attrappen verwendet werden
- ✓ Vogelleim, Fallen, Angelhaken, Netze, Reusen oder ähnliche Einrichtungen sowie geblendete oder verstümmelte Vögel beim Fang oder Erlegen von Federwild zu verwenden
- ✓ Belohnungen für den Abschuss oder den Fang von Federwild auszusetzen, zu geben oder zu empfangen
- ✓ die Baujagd auf Füchse oder auf Dachse im Naturbau auszuüben
- ✓ Saufänge, Fang- oder Fallgruben ohne Genehmigung der zuständigen Behörde anzulegen
- ✓ Schlingen jeder Art, in denen sich Wild fangen kann, herzustellen, feilzubieten, zu erwerben oder aufzustellen
- ✓ die Jagdausübung und das Errichten von Jagdeinrichtungen für die Ansitzjagd im Umkreis von 300 Metern von der Mitte von Wildquerungshilfen (Wildunterführungen und Wildgrünbrücken); von dem Verbot der Jagdausübung ausgenommen ist die Ausübung der Nachsuche
- ✓ Wild von Ansitzen aus zu erlegen, die weniger als 75 m von der Grenze eines benachbarten Jagdbezirks entfernt sind; die-

ses Verbot gilt nicht, soweit die Jagdnachbarn eine abweichende schriftliche Vereinbarung getroffen haben

- ✓ Fanggeräte, die nicht unversehrt fangen, sowie Selbstschussgeräte zu verwenden
- ✓ Schalenwild in einem Umkreis von 300 Metern von Fütterungen zu erlegen
- ✓ Wild aus Luftfahrzeugen, Kraftfahrzeugen oder maschinengetriebenen Wasserfahrzeugen zu erlegen; das Verbot umfasst nicht das Erlegen von Wild aus Kraftfahrzeugen durch Körperbehinderte mit Erlaubnis der zuständigen Behörde
- ✓ die Hetzjagd auf Wild auszuüben
- ✓ die Such- und Treibjagd auf Waldschnepfen im Frühjahr auszuüben
- ✓ Wild zu vergiften oder vergiftete oder betäubende Köder zu verwenden
- ✓ die Brackenjagd auf einer Fläche von weniger als 1.000 Hektar auszuüben
- ✓ Abwurfstangen ohne schriftliche Erlaubnis des Jagdausübungsberechtigten zu sammeln
- ✓ eingefangenes oder aufgezogenes Wild später als vier Wochen vor Beginn der Jagdausübung auf dieses Wild auszusetzen
- ✓ das Töten von Katzen

Hintergrundorientierung für die mündlich-praktische Prüfung

Spezielle Verbote ergeben sich u. a. aus § 19 Abs. 1 BJagdG in ausdrücklicher Ergänzung durch § 19 Abs. 1 LJG-NRW. Legt man diese dort aufgeführten speziellen Verbote übereinander kommt auf 30 Einzeltatbestände. Dabei werden die des BJagdG teilweise durch die des LJG-NRW überlagernd ergänzt und verändert. So ist in Nordrhein-Westfalen etwa der Fangschuss auf Schalenwild mit Schrot und Posten erlaubt, das Erlegen von Wild um Fütterungsstellen jedoch sogar im Umkreis von 300 m statt 200 m und auch außerhalb von Notzeiten verboten.

105. Kann krankes Wild in der Schonzeit und über den Abschussplan hinaus geschossen werden?

Kurzantwort für die schriftliche Prüfung

✓ Ja, soweit es schwerkrank ist, es sei denn, es genügt und ist möglich, es zu fangen und zu versorgen.

Hintergrundorientierung für die mündlich-praktische Prüfung

Soweit das betroffene Wild schwerkrank ist, ist sein Abschuss grundsätzlich auch in der Schonzeit und zudem dann zulässig, wenn der Abschussplan bereits erfüllt ist: Voraussetzung ist jedoch zum einen, dass es nicht genügt und möglich ist, es zu fangen und zu versorgen (§ 22a Abs. 1 Halbs. 2 BJagdG). Zum anderen bedarf der Abschuss in solchen Fällen der Genehmigung der unteren Jagdbehörde, es sei denn, das sofortige Erlegen erscheint im Einzelfall unerlässlich, um dem Wild vermeidbare Schmerzen oder Leiden zu ersparen oder die Ausbreitung von Seuchen zu verhindern. In jedem Falle hat der Jagdausübungsberechtigte den Abschuss der unteren Jagdbehörde unverzüglich mitzuteilen und ihr auf Verlangen das erlegte Wild vorzuzeigen (§ 24 Abs. 4 LJG-NRW). Der damit gegebene Rahmen der in solchen Fällen auch in der Schonzeit und über den Abschussplan hinausgehenden Berechtigung zum Schießen kranken Wildes wird in Nordrhein-Westfalen nun auch insofern ausdrücklich erweitert, als es dem jedem Jäger erlaubt ist, schwerkrankes, verunfalltes Wild sogar im fremden Revier zu schießen, wenn der Jagdausübungsberechtigte nicht erreicht werden kann oder nicht erscheint. In diesem Falle muss der Abschuss dem Jagdausübungsberechtigten angezeigt werden. Ein Fortschaffen ist unzulässig (vgl. § 28a Abs. 1 LJG-NRW).

106. Was verstehen Sie unter einem Verbissgutachten?

Kurzantwort für die schriftliche Prüfung

✓ die im Rahmen der Anhörung der Forstbehörde zum zur Bestätigung eingereichten Abschussplan gegenüber der unteren Jagdbehörde erstattete Expertise zu verzeichnenden oder zu erwartenden Wildschäden: seit der Novelle des LJG-NRW im Jahre 2015 als „Gutachten zum Einfluss des Schalenwildes auf die Verjüngung der Wälder (Verbissgutachten)“ bezeichnet.

Hintergrundorientierung für die mündlich-praktische Prüfung

Der vom Jagdausübungsberechtigten eingereichte Abschussplan wird von der unteren Jagdbehörde nur bestätigt, wenn die Voraussetzungen des § 22 Abs. 4 LJG-NRW vorliegen. Dazu gehört, dass der vorgelegte Plan jagdrechtlichen Vorschriften entsprechen und das Ergebnis eines „Verbissgutachtens“ berücksichtigen muss (§ 22 Abs. 4 lit. a LJG-NRW). Folglich muss er eine Jagdausübung als Teil der Hege vorsehen, die Beeinträchtigungen einer ordnungsgemäßen Forstwirtschaft, insbesondere Wildschäden, möglichst vermeidet (§ 1 Abs. 2 Satz 2 BJagdG). Um das vor Bestätigung sicherzustellen, besteht die Pflicht der unteren Jagdbehörde, vor Bestätigung eines ihr vorgelegten Abschussplans die Forstbehörde dazu anzuhören (§ 22 Abs. 4 LJG-NRW). Das bei der Beurteilung des Abschussplanes durch die untere Jagdbehörde zu berücksichtigende Gutachten der Forstbehörde wurde bis zur Novelle des LJG-NRW im Jahre 2015 als „Forstliche Stellungnahme zum Abschussplan“ bezeichnet. Seither ist sie legaldefiniert als „Gutachten zum Einfluss des Schalenwildes auf die Verjüngung der Wälder (Verbissgutachten)“ (§ 22 Abs. 5 LJG-NRW), das alle drei bis fünf Jahre vorzulegen ist und die Wahrung der Ansprüche der Forstwirtschaft auf Schutz gegen Wildschäden im Blick haben muss. Es beinhaltet eine fachliche Einschätzung dazu, ob der vorgelegte Plan bereits eingetretenen oder zu erwartenden Wildschäden hinreichend Rechnung trägt und eine nachhaltige Verringerung des Wildbestandes auf eine tragbare Wilddichte gewährleistet (vgl. dazu § 22 Abs. 6 LJG-NRW). Mit der im Jahr 2015 erfolgten Einführung eines Gutachtens zum Einfluss des Schalenwildes auf das waldbauliche Betriebsziel soll, der Gesetzesbegründung folgend, der Wahrung berechtigter Ansprüche der Forstwirtschaft auf Schutz gegen Wildschäden Rechnung getragen werden. Demnach wird eine neue Qualität gegenüber der bisherigen „Forstlichen Stellungnahme“ angestrebt. Grundlage soll eine konkrete Datenerhebung vor Ort zu Verbiss und Schäle nach anerkannten wissenschaftlichen Methoden unter Verknüpfung größtmöglicher Objektivität, Nachvollziehbarkeit und Überzeugung sein (vgl. Gesetzentwurf der Landesregierung zu einem Zweiten Gesetz zur Änderung des Landesjagdgesetzes Nordrhein-Westfalen und zur Änderung anderer Vorschriften [Ökologisches Jagdgesetz], LT-Drs. 16/7383 vom 24.11.2014 S. 79). Das Verbissgutachten soll der unteren Jagdbehörde eine forst-fachliche Grundlage für ihre eigene Feststellung dazu liefern, ob die Maßgabe der weitgehenden Vermeidung von Beeinträchtigungen der ordnungsgemäßen Forstwirtschaft im vorgelegten Plan erfüllt wird.

107. Wie groß muss der Zwinger für einen mittelgroßen Jagdhund sein?

Kurzantwort für die schriftliche Prüfung

✓ 8 qm

Hintergrundorientierung für die mündlich-praktische Prüfung

In einem Zwinger muss dem Hund entsprechend seiner Widerristhöhe eine uneingeschränkt benutzbare Bodenfläche zur Verfügung stehen, wobei die Länge jeder Seite mindestens der doppelten Körperlänge des Hundes entsprechen muss und keine Seite kürzer als 2 m sein darf. Das Verhältnis von Widerristhöhe zur benutzbaren Bodenfläche ist dabei gesetzlich so festgelegt, dass für kleine Hunde, also solche bis 50 cm Widerristhöhe, 6 qm Bodenfläche, für mittlere Hunde, also solche von 50 bis 65 cm Widerristhöhe, 8 qm Bodenfläche und für große Hunde, also solche über 65 cm Widerristhöhe, 10 qm Bodenfläche vorgeschrieben sind (§ 6 Abs. 2 Nr. 1 TierschHuV).

108. Wann erlischt der Jagdpachtvertrag vorzeitig?

Kurzantwort für die schriftliche Prüfung

✓ wenn der Jagdpachtvertrag wirksam ordentlich oder außerordentlich gekündigt wurde oder wenn dem Jagdpächter der Jagdschein unanfechtbar entzogen, seine Verlängerung bestandskräftig versagt ist oder der Pächter die Voraussetzungen einer Verlängerung nicht fristgemäß erfüllt

Hintergrundorientierung für die mündlich-praktische Prüfung

Der Jagdpachtvertrag erlischt – wie jeder andere Pachtvertrag – zunächst dann vorzeitig, wenn er wirksam ordentlich oder außerordentlich gekündigt wurde. Er erlischt zudem, wenn dem Jagdpächter der Jagdschein unanfechtbar entzogen, seine Verlängerung bestandskräftig versagt ist oder der Pächter die Voraussetzungen einer Verlängerung nicht fristgemäß erfüllt (§ 13 Satz 1 BJagdG). Der Jagdpächter hat dem Verpächter den aus der Beendigung des Pachtvertrages entstehenden Schaden zu ersetzen, wenn ihn ein Verschulden trifft (§ 13 Satz 2 BJagdG).

109. Was verstehen Sie unter „schwerer Wilderei“?

Kurzantwort für die schriftliche Prüfung

✓ die Begehung der Wilderei in gewerbs- oder gewohnheitsmäßiger Form, in der Schonzeit, unter Anwendung von Schlingen oder in anderer nicht waidmännischer Weise oder von mehreren mit Schusswaffen ausgerüsteten Beteiligten gemeinschaftlich

Hintergrundorientierung für die mündlich-praktische Prüfung

Unter „Wilderei“ versteht man das unter Verletzung fremden Jagdrechts oder Jagdausübungsrechts erfolgende Nachstellen, Fangen, Erlegen, Zueignen oder Drittübereignen von Wild oder das Zueignen, Drittübereignen oder Zerstören einer dem Jagdrecht unterliegenden Sache (§ 292 Abs. 1 StGB). Diese wird mit Freiheitsstrafe bis zu drei Jahren oder mit Geldstrafe bestraft. Ein besonders schwerer Fall (schwere Wilderei) – mit der Folge des höheren Strafmaßes von drei

Monaten bis zu fünf Jahren – liegt regelmäßig dann vor, wenn die Wilderei in gewerbs- oder gewohnheitsmäßiger Form, in der Schonzeit, unter Anwendung von Schlingen oder in anderer nicht waidmännischer Weise oder von mehreren mit Schusswaffen ausgerüsteten Beteiligten gemeinschaftlich begangen wird (§ 292 Abs. 2 StGB).

110. Unterliegen aus Wildgehegen ausgebrochene Tiere dem Jagdrecht?

Kurzantwort für die schriftliche Prüfung

✓ ja, wenn es sich bei den Tieren um Exemplare von Wildarten im i. S. d. Jagdrechts handelt, der Eigentümer sie nicht unverzüglich verfolgt oder die Verfolgung aufgegeben hat

Hintergrundorientierung für die mündlich-praktische Prüfung

Voraussetzung ist zunächst, dass es sich bei den ausgebrochenen Tieren um Exemplare von Tierarten handelt, die nach landesrechtlicher Bestimmung zum Wild zu zählen sind (§ 2 LJG-NRW). Denn Tiere von nicht zum Wild zu zählenden Tierarten unterfallen unabhängig von ihrer eigentumsrechtlichen Zuordnung nicht dem Jagdrecht: Ein Ausbruch macht Tiere dieser Arten zwar frei, jedoch nicht zu Wild. Handelt es sich dagegen um Exemplare von Tierarten, die zum Wild zählen, ist weitere Voraussetzung, dass sie „herrenlos" werden. Dies ist der Fall, wenn der Eigentümer der Tiere sie nicht unverzüglich verfolgt oder ihre Verfolgung aufgegeben hat (§ 960 Abs. 2 BGB).

111. Was ist eine Wildfolgevereinbarung?

Kurzantwort für die schriftliche Prüfung

✓ eine schriftliche Absprache zwischen Jagdausübungsberechtigten benachbarter Jagdbezirke darüber, ob unter welchen Voraussetzungen die Jagd auf krankgeschossenes Wild, das in einen benachbarten Jagdbezirk überwechselt, fortgesetzt werden darf

Hintergrundorientierung für die mündlich-praktische Prüfung

Eine Wildfolgevereinbarung ist eine – zwingend schriftlich niederzulegende – Absprache zwischen den Jagdausübungsberechtigten aneinander angrenzender Jagdbezirke darüber, ob unter welchen Voraussetzungen krankgeschossenes Wild, das in den betreffenden Nachbarjagdbezirk wechselt, verfolgt werden darf (§ 22a Abs. 2 Satz 1 BJagdG). Nach bundesrechtlicher Grundregel ist eine solche Verfolgung (Wildfolge) grundsätzlich unzulässig und nur gestattet, wenn eine solche Wildfolgevereinbarung der Jagdnachbarn vorliegt. Den Ländern kommt es jedoch zu, zum einen eine Pflicht der Jagdnachbarn anzuordnen, eine solche Wildfolgevereinbarung abzuschließen und zum anderen für den Fall Wildfolgebestimmungen zu treffen, dass trotz einer solchen Verpflichtung keine Wildfolgevereinbarung abgeschlossen worden ist (§ 22a Abs. 2 Satz 2 BJagdG). Nordrhein-Westfalen hat dies getan: Die Jagdnachbarn sind verpflichtet, binnen sechs Monaten nach Beginn der Jagdnachbarschaft eine Wildfolgevereinbarung zu treffen. Gleichzeitig ist festgelegt, dass von gewissen Mindestinhalten nicht abgewichen werden darf (§ 29 Abs. 1 Satz 2 LJG-NRW) und bestimmte gesetzliche Wildfolgebestimmungen unmittelbar gelten, solange noch keine Vereinbarung abgeschlossen worden ist (§ 29 Abs. 1 Satz 3 LJG-NRW).

112. Durch welche Vorschriften werden die nicht jagdbaren wildlebenden Tierarten geschützt?

Kurzantwort für die schriftliche Prüfung

✓ durch das BNatSchG und die BArtSchV

Hintergrundorientierung für die mündlich-praktische Prüfung

Für die Tierarten, für die keine speziellen jagd- oder fischereirechtlichen Bestimmungen gelten, gelten die Schutzvorschriften des BNatSchG (§ 39 Abs. 2 BNatSchG). Dabei handelt es sich um das fünfte Kapitel des BNatSchG (§§ 37 bis 55 BNatSchG). Diese Vorschriften werden ergänzt durch die auf der Grundlage des BNatSchG erlassene und über dem Landesrecht stehende BArtSchV.

113. Was regelt das Washingtoner Artenschutzübereinkommen?

Kurzantwort für die schriftliche Prüfung

✓ die Aus- und Einfuhr besonders gefährdeter Pflanzen- und Tierarten

Hintergrundorientierung für die mündlich-praktische Prüfung

Das Washingtoner Artenschutzübereinkommen (CITES) von 1973 enthält Regelungen über den grenzüberschreitenden Handel mit gefährdeten Tier- und Pflanzenarten durch Vorschreibung bestimmter Ein- und Ausfuhrgenehmigungen, Ursprungsbescheinigungen etc.

114. Welche Aussagen sind richtig? Zu den gesetzlich befriedeten Bezirken gehören immer

Kurzantwort für die schriftliche Prüfung

✓ Gebäude, die zum Aufenthalt von Menschen dienen, und Gebäude, die mit solchen Gebäuden räumlich zusammenhängen

✓ Hofräume und Hausgärten, die unmittelbar an eine Behausung anstoßen und durch irgendeine Umfriedung begrenzt oder sonst vollständig abgeschlossen sind

✓ Friedhöfe

✓ Wildgehege, soweit sie nicht jagdlichen Zwecken dienen

✓ Bundesautobahnen

✓ Kleingartenanlagen gemäß Bundeskleingartengesetz und Dauerkleingärten gemäß Baugesetzbuch

Hintergrundorientierung für die mündlich-praktische Prüfung

In befriedeten Bezirken ruht die Jagd (§ 6 Satz 1 BJagdG). Was befriedete Bezirke sind, wird jedoch allein landesgesetzlich ausgeprägt. In Nordrhein-Westfalen gehören die vorstehend unter „Kurzantwort für die schriftliche Prüfung“ aufgeführten Flächen bereits kraft Gesetzes zu den befriedeten Bezirken (§ 4 Abs. 1 LJG-NRW). Weitere Flächen können durch die untere Jagdbehörde von Amts wegen zu befriedeten Bezirken erklärt werden (§ 4 Abs. 2 LJG-NRW). Daneben besteht die Möglichkeit, bestimmte Flächen auf Antrag einer natürlichen Person aus ethischen Gründen dazu zu erklären (§ 6a BJagdG).

115. In welcher Zeit ist ein Abbrennen der Bodendecke auf Feldrainen und Böschungen verboten?

Kurzantwort für die schriftliche Prüfung

✓ ganzjährig

Hintergrundorientierung für die mündlich-praktische Prüfung

Es ist während des ganzen Jahres untersagt, die Bodendecke auf Feldrainen, Böschungen, nicht bewirtschafteten Flächen und an Straßen- und Wegrändern abzubrennen (§ 29 Abs. 5 Satz 1 Nr. 1 BNatSchG).

116. Wo darf in der freien Landschaft und im Walde geritten werden?

Kurzantwort für die schriftliche Prüfung

✓ in der freien Landschaft über den Gemeingebrauch an öffentlichen Verkehrsflächen hinaus auf privaten Straßen und Wegen, im Wald über den Gemeingebrauch an öffentlichen Verkehrsflächen hinaus auf privaten Straßen und Fahrwegen sowie auf den nach den Vorschriften der Straßenverkehrsordnung gekennzeichneten Reitwegen

Hintergrundorientierung für die mündlich-praktische Prüfung

Nach Landesgesetz ist in Nordrhein-Westfalen das Reiten in der freien Landschaft über den Gemeingebrauch an öffentlichen Verkehrsflächen hinaus auf privaten Straßen und Wegen gestattet (§ 58 Abs. 1 Satz 1 LNatSchG NRW). Für einzelne, örtlich abgrenzbare Bereiche, in denen die Gefahr erheblicher Beeinträchtigungen anderer Erholungssuchender oder erheblicher Schäden besteht, können die unteren Naturschutzbehörden für bestimmte Wege Reitverbote festlegen (§ 58 Abs. 5 LNatSchG NRW).

Im Wald ist es forstrechtlich – vorbehaltlich einer naturschutzrechtlichen Zulassung – grundsätzlich verboten (§ 3 Abs. 1 Satz 2 LFoG NRW). Naturschutzrechtlich wiederum ist es im Wald auf privaten Straßen und Fahrwegen sowie auf den nach den Vorschriften der Straßenverkehrsordnung gekennzeichneten Reitwegen gestattet (§ 58 Abs. 2 Satz 1 LNatSchG NRW). In Gebieten mit regelmäßig geringem Reitaufkommen können die unteren Naturschutzbehörden einerseits im Einvernehmen mit der Forstbehörde das Reiten auch auf allen privaten Wegen im Wald zum Zweck der Erholung zulassen (§ 58 Abs. 3 LNatSchG NRW). Sie können andererseits aber auch auf Waldflächen, die in besonderem Maße für Erholungszwecke genutzt werden, das Reiten im Wald auf die nach den Vorschriften der Straßenverkehrsordnung gekennzeichneten Reitwege beschränken (§ 58 Abs. 4 LNatSchG NRW) oder für einzelne, örtlich abgrenzbare Bereiche, in denen die Gefahr erheblicher Beeinträchtigungen anderer Erholungssuchender oder erheblicher Schäden besteht, für bestimmte Wege Reitverbote festlegen (§ 58 Abs. 5 LNatSchG NRW).

117. Welche Waldbereiche unterliegen nicht dem Betretungsrecht?

Kurzantwort für die schriftliche Prüfung

✓ Forstkulturen, Forstdickungen, Saatkämpen und Pflanzgärten, ordnungsgemäß als gesperrt gekennzeichnete Waldflächen, Waldflächen, während auf ihnen Holz eingeschlagen oder aufbereitet wird, jagdliche Ansitzeinrichtungen und forstwirtschaftliche, jagdliche, imkerliche und teichwirtschaftliche Einrichtungen im Walde

Hintergrundorientierung für die mündlich-praktische Prüfung

Das Bundesnaturschutzrecht überlässt die Regelung des Betretens des Waldes dem Forstrecht des Bundes und der Länder sowie dem sonstigen Landesrecht (§ 59 Abs. 2 BNatSchG).

Auch der nordrhein-westfälische Landesgesetzgeber hat zur Regelung auf das Forstrecht verwiesen (§ 57 Abs. 1 Satz 2 LNatSchG NRW).

Nach dem Bundesforstrecht ist das Betreten des Waldes zum Zwecke der Erholung allgemein gestattet und den Ländern die Regelung der Einzelheiten überlassen, wobei diese das Betreten aus wichtigem Grund, insbesondere des Forstschutzes, der Wald- oder Wildbewirtschaftung, zum Schutz der Waldbesucher oder zur Vermeidung erheblicher Schäden oder zur Wahrung anderer schutzwürdiger Interessen des Waldbesitzers, einschränken können (§ 14 BWaldG). Dem hat Nordrhein-Westfalen Rechnung getragen und das zum Zwecke der Erholung erfolgende Betreten des Waldes allgemein gestattet (§ 2 Abs. 1 Satz 1 LFoG NRW) und – vorbehaltlich einer besonderen Befugnis – das Betreten von Forstkulturen, Forstdickungen, Saatkämpen und Pflanzgärten, ordnungsgemäß als gesperrt gekennzeichneter Waldflächen, Waldflächen, während auf ihnen Holz eingeschlagen oder aufbereitet wird, von jagdlichen Ansitzeinrichtungen und von forstwirtschaftlichen, jagdlichen, imkerlichen und teichwirtschaftlichen Einrichtungen im Walde verboten (§ 3 Abs. 1 Satz 1 lit. a bis d LFoG NRW).

118. Dürfen Waldfrüchte in geringen Mengen gesammelt werden?

Kurzantwort für die schriftliche Prüfung

✓ ja, jedoch nur für den persönlichen Bedarf

Hintergrundorientierung für die mündlich-praktische Prüfung

Jedermann darf wild lebende Blumen, Gräser, Farne, Moose, Flechten, Früchte, Pilze, Tee- und Heilkräuter sowie Zweige wild lebender Pflanzen aus der Natur an Stellen, die keinem Betretungsverbot unterliegen, in geringen Mengen für den persönlichen Bedarf pfleglich entnehmen und sich aneignen (§ 39 Abs. 3 BNatSchG).

119. Welche Schutzkategorien kennt das Landschaftsrecht?

Kurzantwort für die schriftliche Prüfung

✓ Naturschutzgebiete, Nationalparke, Nationale Naturmonumente, Biosphärenreservate, Landschaftsschutzgebiete, Naturparke, Naturdenkmäler, geschützte Landschaftsbestandteile und gesetzlich geschützte Biotope

Hintergrundorientierung für die mündlich-praktische Prüfung

Nach Naturschutzrecht (frühere Bezeichnung: „Landschaftsrecht") können Teile von Natur und Landschaft rechtsverbindlich als Naturschutzgebiet (§ 23 BNatSchG), als Nationalpark (§ 24 Abs. 1 bis 3 BNatSchG) oder als Nationales Naturmonument (§ 24 Abs. 4 BNatSchG), als Biosphärenreservat (§ 25 BNatSchG), als Landschaftsschutzgebiet (§ 26 BNatSchG), als Naturpark (§ 27 BNatSchG), als Naturdenkmal (§ 28 BNatSchG) oder als geschützte Landschaftsbestandteile (§ 29 BNatSchG) geschützt werden. Erforderlich ist jeweils eine Festsetzung der Naturschutzbehörde (§ 43 LNatSchG NRW). Zusätzlich sind bestimmte Teile von Natur und Landschaft, die eine besondere Bedeutung als Biotope haben, von Gesetzes wegen geschützt, ohne dass es eines besonderen Unterschutzstellungsaktes bedürfte (gesetzlich geschützte Biotope, § 30 BNatSchG, § 42 LNatSchG NRW). Hinzu kommen – dabei handelt es sich allerdings nicht um eigene Schutzkategorien, sondern nur um Festsetzungen, die gebietsbezogen getroffen werden können, um einen besonderen Zweck zu erreichen – Zweckbestimmungen für Brachflächen (§ 11 LNatSchG NRW) und forstliche Festsetzungen in Naturschutzgebieten und geschützten Landschaftsbestandteilen (§ 12 LNatSchG NRW).

120. Welche jagdbaren Arten enthält die „Rote Liste Nordrhein-Westfalen"?

Kurzantwort für die schriftliche Prüfung

✓ von den in Nordrhein-Westfalen jagdbaren Arten alle, außer Elster und Fasan

- ✓ von den in Nordrhein-Westfalen jagdbaren Federwildarten: Rebhuhn (stark gefährdet), Wildtruthuhn (nicht bewertet), Ringeltaube (ungefährdet), Höckerschwan (ungefährdet), Graugans (ungefährdet), Kanadagans (nicht bewertet), Nilgans (nicht bewertet), Stockente (ungefährdet), Waldschnepfe (gefährdet), Rabenkrähe (ungefährdet), Elster (ungefährdet)
- ✓ von den in Nordrhein-Westfalen jagdbaren Haarwildarten: Dachs (ungefährdet), Damhirsch (nicht bewertet), Feldhase (Vorwarnliste), Fischotter, Fuchs (ungefährdet), Hermelin (Daten unzureichend), Iltis (Vorwarnliste), Marderhund (ungefährdet), Mufflon (nicht bewertet), Reh (ungefährdet), Rothirsch (nicht bewertet), Sikahirsch (nicht bewertet), Steinmarder (ungefährdet), Waschbär (ungefährdet), Wildkaninchen (Vorwarnliste), Wildschwein (ungefährdet)

Hintergrundorientierung für die mündlich-praktische Prüfung

Bei den Tierarten, nach denen gefragt wird, handelt es sich um alle in § 2 LJG-NRW aufgeführten und damit in Nordrhein-Westfalen dem Jagdrecht unterliegenden Tierarten (Wild), die zugleich in der „Roten Liste der gefährdeten Pflanzen, Pilze und Tiere in Nordrhein-Westfalen“ aufgeführt sind, die vom Landesamt für Natur, Umwelt und Verbraucherschutz Nordrhein-Westfalen (LANUV NRW) herausgegeben wird (gegenwärtig: 4. Fassung, Band 2 „Tiere“, Recklinghausen 2011 [LANUV-Fachbericht 36]). Entgegen einer verbreiteten Annahme bedeutet die Aufführung einer Art in der Roten Liste – die rechtlich unverbindlich ist – dabei nicht, dass es sich um eine gefährdete Tierart handelte, sondern lediglich, dass die Tierart Gegenstand der Beratungen war, die zur Roten Liste führten. Die Liste führt die jeweilige Tierart auf und ordnet ihr eine Beurteilung des Gefährdungsgrades zu. Sie enthält dabei auch Arten, die sie als „nicht bewertet“ (z. B. Damhirsch und Kanadagans) oder „ungefährdet“ (z. B. Wildschwein und Rabenkrähe) einstuft.

Der angestrebten Breite der Beratungen wegen enthält die Rote Liste Nordrhein-Westfalen dabei die meisten der jagdbaren Tierarten. Lediglich Elster und Fasan finden sich nicht auf der Liste.

121. Welche Aufgaben hat die Landschaftswacht?

Kurzantwort für die schriftliche Prüfung

✓ die zuständigen Behörden über nachteilige Veränderungen in der Landschaft zu benachrichtigen und darauf hinzuwirken, dass Schäden von Natur und Landschaft abgewendet werden

Hintergrundorientierung für die mündlich-praktische Prüfung

Die landesrechtlich in Nordrhein-Westfalen bestehende Naturschutzwacht (frühere Bezeichnung: „Landschaftswacht") soll die zuständigen Behörden über nachteilige Veränderungen in der Landschaft benachrichtigen und darauf hinwirken, dass Schäden von Natur und Landschaft abgewendet werden (§ 69 Abs. 1 Satz 3 LNatSchG NRW). Die Naturschutzwacht wird dabei durch die untere Naturschutzbehörde auf Vorschlag des Naturschutzbeirats gebildet, indem Beauftragte für den Außendienst bestellt werden (§ 69 Abs. 1 Satz 1 LNatSchG NRW), die ehrenamtlich tätig sind (§ 69 Abs. 1 Satz 4 LNatSchG NRW). Die Obliegenheiten der Naturschutzwacht werden jeweils durch eine Dienstanweisung der unteren Naturschutzbehörde geregelt, deren Rahmen durch die oberste Naturschutzbehörde festgelegt ist, die dabei auch Dienstabzeichen vorschreiben kann (§ 69 Abs. 2 LNatSchG NRW).

Die Naturschutzwacht wurde bis zum Inkrafttreten des Gesetzes zum Schutz der Natur in Nordrhein-Westfalen und zur Änderung anderer Vorschriften vom 15.11.2016 (GV. NRW. S. 934) als „Landschaftswacht" bezeichnet. Auf diese frühere Bezeichnung stellt die aus der Zeit vor dieser Gesetzesänderung datierende amtliche Frage noch ab.

122. Bei der Nachsuche eines Kitzes kommen Sie mit Ihrem Hund an die Reviergrenze. Wie verhalten Sie sich?

Kurzantwort für die schriftliche Prüfung

✓ wenn sich das Kitz in Sichtweite von der Reviergrenze niedertut, bin ich gesetzlich verpflichtet, die Reviergrenze zur Abgabe des Fangschusses zu überschreiten, das Stück zu erlegen, zu versorgen und – ohne das Stück fortzuschaffen – den Revierinhaber zu informieren.

✓ wenn sich das Kitz nicht in Sichtweite von der Reviergrenze niedertut, bin ich gesetzlich verpflichtet, den Anschuss und die Stelle des Überwechselns zu verbrechen, das Überwechseln dem benachbarten Revierinhaber oder dessen Vertreter unverzüglich anzuzeigen und mich für die Nachsuche zur Verfügung zu stellen.

Hintergrundorientierung für die mündlich-praktische Prüfung

Bundesrecht verpflichtet, krankgeschossenes Wild unverzüglich zu erlegen, um es vor vermeidbaren Schmerzen oder Leiden zu bewahren (§ 22 a Abs. 1 Hs. 1 BJagdG). Zugleich bestimmt es, dass krankgeschossenes Wild, das in einem fremden Jagdbezirk wechselt, nur verfolgt werden darf (Wildfolge), wenn mit dem Jagdausübungsberechtigten des Nachbarbezirkes eine schriftliche Vereinbarung über die Wildfolge abgeschlossen worden ist, und stellt den Ländern anheim, nähere Bestimmungen hierzu zu treffen, dabei insbesondere eine Verpflichtung der Jagdausübungsberechtigten benachbarter Jagdbezirke zum Abschluss von Wildfolgevereinbarungen und ergänzende Vorschriften über die Wildfolge vorzusehen (§§ 22 a Abs. 2 BJagdG). Nordrhein-Westfalen hat diese Möglichkeit genutzt und eine Pflicht der Jagdnachbarn zum Abschluss von Wildfolgevereinbarungen vorgesehen (§ 29 Abs. 1 Satz 1 LJG-NRW). Zugleich hat es ergänzende gesetzliche Bestimmungen zur Wildfolge erlassen (§ 29 Abs. 2 bis 5 LJG-NRW), die bis zum Abschluss der Wildfolgevereinbarung gelten und darin nur teilweise abgeändert werden können (§ 29 Abs. 1 Satz 2 und 3 LJG-NRW). Nach diesen landesgesetzlichen Bestimmungen ist hinsichtlich der Rechtspflichten des das Stück Schalenwild krankgeschossen habenden Jagdausübungsberechtigten grundsätzlich danach zu unterscheiden, ob sich das Kitz in Sichtweite von der Reviergrenze niedergetan hat oder nicht: Hat sich das Kitz in Sichtweite von der Reviergrenze niedergetan, ist der das Stück krankgeschossen habende Jagdausübungsberechtigte verpflichtet, die Reviergrenze zur Abgabe des Fangschusses zu überschreiten, das Stück zu erlegen, zu versorgen und – ohne das Stück fortzuschaffen – den Nachbarrevierinhaber zu informieren (§ 29 Abs. 2 LJG-NRW). Hat sich das Stück Schalenwild dagegen nicht in Sichtweite von der Reviergrenze niedergetan, ist der Schütze verpflichtet, den Anschuss und die Stelle des Überwechselns zu verbrechen, das Überwechseln dem benachbarten Revierinhaber oder dessen Vertreter unverzüglich anzuzeigen und sich für die Nachsuche zur Verfügung zu stellen (§ 29 Abs. 3 LJG-NRW). Dabei sind allein die Pflicht zur Erlegung und Versorgung krankgeschossenen und in Sichtweite befindlichen Schalenwildes und die Pflicht des benachbarten Revierinhabers zur Gestattung der Nachsuche abänderungsfest. Vorbehaltlich dessen können beide der thematisierten Konstellationen in Wildfolgevereinbarungen verändert behandelt werden.

123. Bei einer Treibjagd erscheint plötzlich eine Gruppe von Jagdgegnern und stört den Ablauf. Wie verhalten Sie sich als Jagdleiter?

Kurzantwort für die schriftliche Prüfung

✓ die Jagd aus Sicherheitsgründen sofort unterbrechen, Waffen entladen lassen, auf Provokationen nicht eingehen und die zuständige Kreispolizeibehörde informieren

Hintergrundorientierung für die mündlich-praktische Prüfung

Jagdgegner sind in der Regel Personen bar nachhaltigen Eigenwissens über die Entwicklung der betroffenen Ökosysteme bei Wegfall der Jagd und ohne Bewusstsein dafür, dass die flächendeckende Jagd ein Preis für die Verantwortung des Menschen infolge der Zerstörung des ursprünglichen ökologischen Gleichgewichts ist. Diesen Mangel gleichen sie in vielen Fällen durch ideologische Überzeugungen aus, die mit dem üblichen, totalen Geltungsanspruch vertreten werden. Diskussionen mit solchen Personen sind üblicherweise nutzlos, da ein sachlicher Austausch Vernunft voraussetzt, die wiederum mit jeder Form von Ideologie unvereinbar ist. Es sollte daher auf Provokationen in keiner Weise eingegangen, die Jagd aus Sicherheitsgründen unterbrochen und die örtlich zuständige Kreispolizeibehörde informiert werden. Die Waffen sollten unmittelbar entladen werden. Es ist sodann an der Polizei, die erforderlichen Platzverweise auszusprechen, damit die Jagd als rechtlich zulässige und ökologisch gebotene Hegemaßnahme ordnungsgemäß fortgesetzt werden kann.

124. Ein Waldbesucher betritt ohne besondere Befugnis eine Forstkultur. Darf der Jagdschutzberechtigte die Person auffordern, sich auszuweisen?

Kurzantwort für die schriftliche Prüfung

✓ nein

Hintergrundorientierung für die mündlich-praktische Prüfung

Das ohne Vorliegen einer besonderen Befugnis erfolgende Betreten einer Forstkultur ist zwar verboten. Es stellt jedoch einen Verstoß gegen forstrechtliche Vorschriften dar (vorliegend: § 14 BWaldG i. V. m. § 3 Abs. 1 Satz 1 lit. a LFoG NRW) – keinen Verstoß gegen jagdrechtliche Vorschriften hingegen. Der durch den Jagdschutzberechtigten ausgeübte Jagdschutz allerdings umfasst rechtlich nur die Sorge für die Einhaltung der zum Schutz des Wildes und der Jagd erlassenen Vorschriften (§ 23 BJagdG). Die forstrechtlichen Vorschriften zum Schutz von Forstkulturen dienen allein dem Schutz der Forstpflanzen, nicht dem des Wildes. Folglich ist auch die Befugnis des Jagdschutzberechtigten zur Personenfeststellung (§ 25 Abs. 4 Nr. 1 LJG-NRW) nicht einschlägig. Einschlägig dagegen wäre die Kompetenz der Forstbehörde und des Forstschutzberechtigten zum Forstschutz (§§ 52 Abs. 1, 53 LFoG NRW).

125. Ein Spaziergänger lässt seinen Hund im Wald außerhalb der Wege frei laufen. Wie verhalten Sie sich als Jagdgast?

Kurzantwort für die schriftliche Prüfung

✓ Ich weise ihn freundlich darauf hin, dass nicht jagdlich oder dienstlich eingesetzte Hunde im Wald nur auf den Wegen frei laufen dürfen.

Hintergrundorientierung für die mündlich-praktische Prüfung

Soweit es sich nicht um im Rahmen jagdlicher Tätigkeiten eingesetzte Hunde oder um Polizeihunde handelt, müssen Hunde im Wald außerhalb der Wege angeleint geführt werden (§ 2 Abs. 3 Satz 2 LFoG NRW). Einen nicht jagdlich oder dienstlich geführten Hund außerhalb der Wege frei laufen zu lassen, stellt eine Ordnungswidrigkeit dar (§ 70 Abs. 1 Nr. 1 LFoG NRW). Ordnungswidrigkeiten können forstrechtlich in Nordrhein-Westfalen mit Geldbuße bis zu 25.000 Euro geahndet werden (§ 70 Abs. 3 LFoG NRW). Da dem Jagdgast vorliegend keine Jagdschutzbefugnisse zukommen, sollte er den Spaziergänger höflich auf diesen forstrechtlichen Rahmen und die ansonsten für Hund und Wild bestehenden Gefahren hinweisen.

Yuri Kranz

Landesforstgesetz Nordrhein-Westfalen

Neben Regelungen zum Betreten des Waldes enthält das Landesforstgesetz u.a. Bestimmungen zur Förderung der Forstwirtschaft, zum öffentlichen und privaten Waldbesitz und zur Erhaltung und Vermehrung des Waldbestandes. Die Kommentierung legt einen Schwerpunkt auf die Entscheidungen der nordrhein-westfälischen Verwaltungsgerichte, insbesondere auf die des Oberverwaltungsgerichts in Münster. Der Anhang enthält weitere relevante Texte für diese Rechtsmaterie.

Kommentar, Stand 2022, Loseblattausgabe, 716 Seiten, ISBN 978-3-8293-1566-1, 99 €

Hans Jürgen Marker

Sachkunde im Waffenrecht

Das Lehrbuch bereitet auf die staatliche Sachkundeprüfung nach § 7 des Waffengesetzes vor und ist als Begleitliteratur für entsprechende Lehrgänge konzipiert. Es beinhaltet die Themen der ca. 900 Prüfungsfragen, die das Bundesverwaltungsamtes erstellt hat. Die Inhalte der Prüfungsfragen werden unkompliziert erklärt und mit zahlreichen Bildern aus der polizeilichen Praxis anschaulich dargestellt. Viele Grafiken verdeutlichen die oft komplizierten Zusammenhänge auf einfache Weise.

Lehrbuch, 2021, Softcover, 418 Seiten, ISBN 978-3-8293-1622-4, 42 €